混沌电子学

柏逢明　著

U0263298

科学出版社

北　京

内 容 简 介

　　本书结合典型的科研成果和应用实践，深入论述了电子器件和电子系统中混沌现象的存在及其主要行为特征，并全面阐述了混沌电子学理论及其在现实应用中的价值和前景。全书共 12 章。第 1 章介绍混沌电子学的发展现状；第 2 章阐述相关的理论基础；第 3、4 章从三阶电路系统和光电子系统方面分析混沌信号的产生过程；第 5、6 章研究电子器件和电子系统中混沌现象的特性和应用可能性；第 7~12 章分别从不同的领域探讨混沌电子的应用研究现状和前景。

　　本书可供高等院校电子工程、通信工程、自动化等相关专业高年级本科生、研究生学习，也可以作为相关领域研究人员的参考书。

图书在版编目(CIP)数据

混沌电子学/ 柏逢明著. ——北京：科学出版社，2014.7

ISBN 978-7-03-039105-6

I. ①混⋯ II. ①柏⋯ III. ①混沌理论 – 应用 – 电子学 IV. ①TN01

中国版本图书馆 CIP 数据核字 (2013) 第 266659 号

策划编辑：王 哲 / 责任编辑：唐保军 王 哲 / 责任校对：刘小梅
责任印制：徐晓晨 / 封面设计：迷底书装

科 学 出 版 社 出版
北京东黄城根北街 16 号
邮政编码：100717
http://www.sciencep.com

北京凌奇印刷有限责任公司 印刷
科学出版社发行 各地新华书店经销
*

2014 年 7 月第 一 版　　开本：720 × 1 000 1/16
2019 年 1 月第三次印刷　　印张：24 3/4
字数：498 000

定价：138.00元
（如有印装质量问题，我社负责调换）

前　　言

混沌电子学是以电子学与混沌理论及其应用为主要研究内容的非线性电子系统理论与技术，隶属于非线性科学范畴。随着电子学领域科学技术的发展变革，非线性科学技术在电学与光电子学中不断被挖掘与利用，产生诸多研究成果。混沌现象作为非线性动力学的物理行为，在电学、光学、天体物理学和生物学等科学技术研究中成为重要的研究课题，得到迅猛发展。

本书主要介绍了混沌电子学及其相关应用技术，内容涵盖了传统非线性系统和现代混沌电子理论与技术，重点阐述了常规的非线性方程、混沌基本概念、李雅普诺夫稳定性及混沌的产生、控制、同步方法和系统仿真。本书结合科技发展新成果，讨论了混沌电子学的基本理论、技术条件和实现过程。结合典型科研成果和学术观点，进一步研究了电子学理论与系统中混沌的特性和行为，以及电子器件的非线性物理特性和混沌规律。对于最新的技术，如超混沌、神经网络混沌、混沌语音、混沌图像和混沌视频水印加密等，本书也给予一定关注。

作者总结多年来从事混沌和超混沌在电子学中发展变化规律方面研究的经验和结果，同时参考国内外最新研究成果，形成了本书关于非线性电子学与混沌研究的基础理论。书中涉及非线性系统理论、电子器件、电子线路和运用混沌解决相关电子信息技术等实际问题的案例（这些案例均在实践应用中得以验证）。书中大部分混沌电子学理论与技术应用数据取自于作者发表的学术论文、所指导研究生的学位论文和科学研究的部分成果。

全书共12章。第1章为绪论，主要回顾了电学和光学中混沌与超混沌的发展概况，评述了近年来该领域的最新成果和进展，归纳了超混沌研究中所使用的方法，概括了电学和光电子学混合系统超混沌发展及其研究的意义，并简要说明了混沌的典型应用。

第2章主要介绍非线性系统与混沌基本理论，讨论了混沌电子学中用到的相关非线性系统方程及其稳定性，微分方程连续性与初始条件和参数变化的关系，状态方程解的可微性和灵敏度方程，奇点（平衡点）、极限环、分岔，吸引子和奇怪吸引子，混沌及其研究方法等概念性问题。

第3章以典型三阶电路系统研究混沌信号的产生与控制过程，包括混沌信号产生的条件和特征、混沌的数值分析方法，并介绍常用的6种非线性系统的混沌控制方法,如OGY控制等,对典型Lorenz混沌系统进行详尽讨论与分析。

第4章研究如何采用电学调制方法对半导体和双环掺铒光纤激光器进行参数调制以产生超混沌,如何利用数值模拟的方法实现电光混合系统的超混沌控制和同步,如何利用混沌电路的级联方法和建立独立的超混沌电路叠加到光学系统中的方法实现超混沌系统的控制与同步。

第5章提出单元功能电路模块化设计思想,采用单元电路组合法构建超混沌电路。首先,以混沌和超混沌动力学方程作为问题研究的切入点,以集成运算放大器电路的单元模块构造超混沌电路;然后,构造两个五阶超混沌电路,进行实验调整测试,用示波器观察实验超混沌现象;接着,总结出该方式下的动力学方程,进行数值分析和实际结果对比;最后,进行超混沌控制与同步。

第6章以Logistic映射和人字映射为基础,构造出一个新的复合混沌映射,以用来解决离散系统的控制与同步问题。并在此映射的基础上提出采用系数跳变的方法来产生混沌扩频序列的方案,通过自相关和互相关特性来产生扩频码地址,为混沌通信提供便利条件。

第7章论述超混沌保密通信,提出了基于软件无线电的超混沌语音保密通信系统,设计了一个基于扩频序列的超混沌模块应用电路,用于家庭、个人和机关团体的电话语音加密和信息密码保存。设计了一个基于计算机应用系统的图文图像等多媒体文件的信息加密应用软件,全方位设防,确保信息安全。

第8章论述混沌加密的图像及音频数字水印算法。首先利用图像数字水印技术及多尺度几何分析,通过轮廓波变换和非下采样轮廓波变换,讨论分析混沌加密和非下采样轮廓波变换的图像数字水印处理;其次采用复倒谱理论及水印嵌入方法,研究混沌图像加密混合域中同时嵌入鲁棒水印和脆弱水印的算法。

第9章论述基于混沌加密的网上银行电子身份认证技术,包括网上银行身份认证理论及信息传输,基于动态口令的网上银行身份认证与混沌保密技术,基于混沌同步加密的网上银行动态口令身份认证技术,以及基于超混沌同步加密的网上银行动态口令身份认证技术。

第10章论述掺铒光纤弱信号混沌检测系统,内容包括混沌与信号检测、光纤弱信号检测理论与方法、混沌状态判别方法和构建掺铒光纤弱信号检测系统。

第11章论述无线超短波语音数字化集群混沌加密系统,内容涉及集群加密系统理论、加密算法分析和集群系统混沌密码叠加方法等。为了验证了加密系统的安全性,利用Logistic映射产生混沌序列,利用二值化方法产生混沌伪随机序列,在超短波条件下运用集群系统进行语音信号混沌保密通信的仿真和实验,证明了系统具有较强的抗破译能力。

第12章主要介绍视频编码与混沌动态影像加密,内容涉及视频加密算法与性能分析、H.264的视频压缩编码标准、基于混沌和H.264的视频加密系统设计,以及基于混沌和提升小波的视频加密算法等。

本书从概念入手,力求深入浅出、系统全面、突出理论性和实用性。考虑到不同读者的需求,对具体技术应用阐述有所侧重,第8~12章内容相互独立,便于读者取舍,提高阅读效率,对全书体系不构成影响。

本书以理工类硕士研究生、博士研究生为主要阅读对象,对于电子信息类、通信、自动化、测控和计算机等相关学科领域的研究人员进一步学习和研究混沌电子学也具有参考价值。

本书的部分内容参考了孙占龙、燕慧英、高敏、陈阳、王俊平、颜飞、陈鸣等的硕士论文,余家斌、赵霞、孙德成、孙鑫彤和赵广朋等研究生对本书的文字录入和图形修改做出了重要贡献,在此一并表示衷心感谢。另外,还要特别感谢长春理工大学对本书出版给予的鼎力支持和基金资助。

由于本人水平有限,加之时间仓促,书中难免存在不妥之处,恳请广大读者批评指正。

柏逢明

Email: baifm@cust.edu.cn

2013年6月于长春理工大学

目　　录

第1章 绪 论

1.1 非线性电子学研究进展

丹麦工程师范德波尔(van der Pol)于1927年在电学中发现混沌。他在进行一项以正弦电压源来驱动氖灯RLC(resistor, lenz and capacitor)张弛振荡器的实验过程中,采用了一个与该振荡实验系统相互耦合的电话机作为检测工具。从电话耳机中传来"一种不规则的噪声"。这种奇特的噪声现象是电路系统的周期依次叠加、噪声的交替变化和布朗运动的过程。Gollub等在后来实验中使用多个耦合非线性振子,也观察到了较复杂的频率组合现象。范德波尔和Gollub等虽然当时没有发现后人所揭示的混沌规律,但是已经监测到了混沌的振动状态。这是最早的有关混沌的电路实验。

由于电子技术的条件限制,在20世纪五六十年代,混沌研究基本上是混沌动力学研究,即对非线性动力学电路的研究。

1978年,日本京都大学Ueda使用非线性电感、电容加上正弦电压构成非线性电路,做了较详细的仿真实验,发现方程 $\ddot{x}+k\dot{x}+x^3 = E\cos\omega t$ 所描述的非线性电路中有7/3阶的高次谐波振荡和随机转变过程。经过电路改进和参数调整,用示波器显示电压的李萨如图形,同时用频谱仪观察恒压源的限流电阻变化时的频谱变化,开拓出一条从准周期进入混沌的道路。

1980年,日本的Ueda和Akamatsu两人将负阻元件与电容并联后,通过电阻、电感加正弦电压的方法做仿真实验,发现了范德波尔方程 $\mu(1-x^2)\dot{x}+x^3 = E\cos\omega t$ 所描述的非线性电路中的奇怪吸引子和准周期振荡。1981年,美国麻省理工学院的Linsay做了强迫二阶非线性电容电路的混沌实验,采用具有非线性特性的变容二极管通过电阻、电感加上正弦电压的电路,证实了费根鲍姆(Feigenbaum)关于周期倍增导致混沌的预言,并验证了费根鲍姆数,这是分岔与混沌现象的第一个电路实验。为了验证费根鲍姆关于一维非线性映射分岔规律的理论,Linsay提出了一个含有变容二极管的二阶电路,并在实验中得到了倍周期分岔和混沌谱。后来又有人用频率控制得到分岔图,用测得的频率锁定效应,发现周期区内的混沌"岛"。

1982年,蔡少棠设计了一个能够产生复杂混沌现象的最简单的三阶非线性自治电路(即蔡氏电路)。它只含有一个非线性元件(由运算放大器构成的一个三阶分段线性电阻器)、两个电容和一个电感。由这个非线性电阻的分段线性函数导出电路的状态方程,通过调整参数,得到双涡卷的奇怪吸引子。

1983~1993年,Chua电路的研究非常活跃。大量的研究论文和成果以专刊、专利和专著的形式被报道,出现了Chua电路的集成芯片。同时,非线性混沌电路的研究也蓬勃展开,至今仍是最为活跃的实验研究领域。非线性混沌电路的构成大致有三个方面:①利用电子元件本身的非线性特点,构成产生混沌的非线性电路,这样的电路几乎遍及所有的非线性器件,包括非线性电阻、电容、电感,以及各种二极管、单结晶体管、工作在饱和截止区的三极管等。其中,对于著名的Chua电路,人们经过多年的潜心研究,在理论分析、实验测试、模拟计算等方面都取得了重要成果。②利用集成运算放大器、模拟乘法器等组件构成乘积电路、负阻电路、回转电路、分段线性电路、积分电路和微分电路等单元模块,进行优化组合构成非线性动力学系统。这样,利用所构建的非线性单元模块,既可以创造出更新颖的非线性电子电路,又能为某种特殊需要,实现一些只能用数学模型表达的新的动力学系统供研究。③对于上述电路或模块的分解和重组,构成多维超混沌系统,或者实施耦合、反馈、同步等研究方案,以开展对各种混沌、超混沌的控制方法、同步方法和通信方法的研究等。

20世纪90年代以后,特别是进入21世纪的近些年来。随着电子技术和电子器件的不断进步,计算机仿真给电路混沌技术研究带来了便利,加快了混沌电路的研究步伐。神经网络混沌、时间序列构造的状态空间重构、混沌信号的子值域特性分析、数字混沌系统等新型混沌电路和混沌模拟仿真分析方法不断涌现。1998~2000年,混沌电路研究领域出现了计算机参与的混沌芯片、混沌加密软件和计算机混沌系统的新热点。在军事研究上,又出现跳频(frequency hopping,FH)通信的混沌扩频序列产生器件。利用MCS-51单片机实现FH序列产生器,进行$x_{n+1}=1-2x_n^2$的混沌迭代运算,利用计算机编程的优化高效算法,使混沌扩频序列的产生变得轻而易举。一些关于神经网络电路混沌和安全保密通信的混沌密码学也在世纪之交有所突破。

进入21世纪,混沌电子学的理论与应用逐步细分,并相继在各个不同领域内得到发展,如网络电子身份信息安全认证、扩频/跳频保密通信系统、数字水印加密和神经网络信息图像加密算法等。

总之,电路混沌研究目前已经发展到日趋成熟的阶段,模拟技术与数字技术、硬件设计与软件技术的相互融合,产生出大量的研究课题,使混沌在电子学研究领域不断得到扩大和深入,成果不断涌现。

1.2 光电子学混沌研究进展

光学混沌作为混沌的一个分支学科，其发展也已经有近30年历史。光学混沌研究较电路混沌起步晚，但发展很快。早在20世纪60年代初激光器研制出来以后，就在实验室观察到激光器输出的尖峰效应和跳模现象，存在着确定性混沌，但当时是以弛豫振荡模型加以解释。1964年，格拉丘克(Grazyuk)和奥拉耶夫斯基(Oraevski)从理论上研究均匀加宽、单模环形腔激光器的稳定性时，发现了方程具有随时间无规律变化的解。最先研究光学混沌的是哈肯(Haken)，他在1975年从理论上指出，描写单模激光器运转的麦克斯韦-布洛赫(Maxwell-Bloch)方程与描写大气湍流运动的洛伦茨(Lorenz)方程在形式上一致，从而预言激光混沌的存在，并且在研究激光器稳定性基础上，建立了均匀加宽激光器的方程组——洛伦茨-哈肯(Lorenz-Haken)方程。1978年，Casperson在理论和实验中研究了非均匀加宽高增益的激光器，对Xe(氙)激光器的不稳定性和第二阈值条件进行分析。1979年，池田(Ikeda)研究光学双稳态时，建立了光学双稳态的不稳定性模型——池田方程。这个延时型方程，预示了光学双稳态系统混沌的存在。

20世纪80年代，随着激光器理论与技术研究的不断完善和深化，光学混沌才真正出现热点和突破，在一系列激光器中观测到了混沌。1981年，Gibbs等在电-光混合型光学双稳态系统中首先观测到光学混沌。采用铅基的掺镧钛酸镉(PLZT)作为电光混合型的光学双稳态系统的非线性介质，以He-Ne激光器作为入射光源，通过电信号的延迟、反馈注入，激发非线性介质PLZT，使它的折射率发生非线性改变，引起输出光强的变化，产生混沌。这是第一个在理论指导下观察到的光学混沌。1982年，Arecchi等通过调制激光器谐振腔的腔内损耗办法，使用稳频CO_2激光器，腔内放置电光晶体(CdTe)作为损耗调制器，在实验中也观测到了混沌。1983年，Weiss等利用He-Ne激光器输出$\lambda = 3.39\ \mu m$的激光，完成了通过三种途径进入混沌的理论分析和实验工作，指出进入混沌的途径与研究大气运动时发现的途径完全相同：①倍周期分岔导致混沌；②周期3窗口叠加并通过系统阵发性转变进入混沌(阵发混沌)；③系统振荡的准周期运动形成混沌。同年，Gioggia和Abraham在实验室观测到Xe激光器混沌。Lugiato等研究激光器的横向效应时，发现了时空混沌，并指出，横向效应引起的不稳定现象比平面波理论要丰富得多，当两个或更多个振荡模被激发生长时，光场相互干扰形成的拍频斑图，就是十分复杂的时-空不稳定现象。Lugiato等后来又在均匀场极限和光场高斯-拉盖尔(Gauss-Laguerre)函数展开的基础上，对球面镜环形腔激光器进行横向效应分析，得到了横向效应的一些重要性质。

1985年，Weiss专门设计了NH_3激光器，再次从实验中观测到了洛伦茨混沌，同时也进一步证实了哈肯在1975年的理论成果。由于NH_3分子结构简单,它的光谱、弛豫过程和增益特性等已经被掌握,这使得NH_3激光器成为观察洛伦茨混沌的首选对象。Weiss在后来做过的$81\,\mu m$和$153\,\mu m$波长NH_3激光器实验时,发现在分子转动和振动跃迁中产生非均匀加宽,证实了$81\,\mu m\,NH_3$激光器在高气压下的动力学行为与洛伦茨模型相一致,但在低气压时,由于泵浦相干效应变得很重要,系统行为发生重大变化,因此不再符合洛伦茨模型。另外,Weiss指出,用激光泵浦的远红外连续激光器可达到第二阈值,从实验结果来看,Haken-Lorenz模型的性质,也已在远红外激光器上被观察到。

1985~1989年,开始出现关于非线性光学现象的混沌的实验报道,在光学二次谐波、光注入半导体激光器的四波混频(four waves mixing, FWM)、相位共轭、光折变,以及在光纤实验中的受激布里渊(Brillouin)散射、受激拉曼(Raman)散射等非线性光学现象中,均观测到了混沌。另外,核磁共振激光器(nuclear magnetic resonance, NMR)也因波长较长和共振的线宽较小而受到人们的关注。因此说,20世纪80年代是光学混沌研究的兴旺时期,对光与物质相互作用过程中出现的混沌现象研究非常活跃。

进入90年代,光学混沌的发展进入一个崭新的发展时期。如果说80年代以前的光学混沌研究是探索与认识过程的话,那么,90年代就是研究如何发展与利用光学混沌的时期。最突出的表现是参照电学混沌研究途径,对光学混沌进行有效的控制和利用,并取得了突破性进展,出现了混沌控制和混沌同步两大研究热点。

1990年,美国马里兰大学的物理学家Ott、Grebogi和Yorke提出了混沌控制理论和方法,利用参数微扰控制混沌,称为OGY方法。OGY方法基于混沌奇怪吸引子有着极其稠密的不稳定周期轨道,为非线性系统不稳定轨道(或不动点)的研究开辟了一个崭新的领域。随后又有人通过引入延迟坐标嵌入技术和连续反馈技术,扩展了OGY方法,同时应用到电子线路、化学、激光和心脏波形系统的研究中,并指出,OGY方法可在不改变系统的基础上实现对S曲线的不稳定的控制,使人们看到了混沌是可以控制和复制的,为混沌的应用研究提供了理论支持和技术保证。

同年,美国海军实验室的Pecora和Carroll首先在电子线路实现了混沌同步,并阐述了混沌同步化原理(方案),称为P-C方法。针对洛伦茨模型等经典模型做了数值验证,并且在电路实验中获得了混沌的同步输出。

1992年,美国卓治亚大学的Roy等利用正反馈技术在腔内倍频Nd (钕离子):YAG激光器上实现了小周期微扰法的光学混沌控制。1994年,Roy又使用两台Nd:YAG激光器,进行激光混沌同步实验研究。同年,Toshiki等利用CO_2激光器进行了混沌同步实验,取得与Roy一样的效果。1995年,Ernst等发现,在脉冲耦合的振子中,时间延迟和抑制耦合对同步起关键作用,甚至只要任意小的时间延迟,都会导致相位达到稳定同步,在抑制耦合下更是如此。延迟相互作用甚至产生共同相位下的多稳集团同步。

2001年至今的十几年间,大量的文章是利用各种研究方法去控制和利用混沌,特别是混沌在激光器中以及在光学安全保密通信系统上讨论最多,也有相当一部分是讨论光学混沌方程及其稳定性研究。还有部分研究光电子微观理论(如光子跃迁、电子无序运动带来的非线性现象和混沌出现对光电子流动规律的影响等)。因此,光电子学混沌研究也日趋成熟并向着动态信息传输阵发混沌和信息冗余技术领域扩展。

1.3 超混沌理论研究进展与电光混合调制系统

对混沌现象和混沌理论,到目前为止已经有了比较清楚的认识。人们已经学会了构造混沌电路、构造混沌动力学模型、利用和控制混沌的方法,在几乎所有学科范围内都形成了各自的混沌科学体系,产生了不同的混沌学科。但是所有的混沌现象和理论,都是在典型的三维系统中只存在着一个正的李雅普诺夫(Lyapunov)指数(简称李指数)的混沌行为。实际上,自然界、社会经济领域和实验室中广泛存在着高维非线性系统,而且至少存在两个或两个以上正的李指数,即超混沌。超混沌现象更贴近自然现象,具有自然科学和社会科学普遍属性。随着人们对混沌理论不断深入的理解,超混沌现象和理论研究才引起重视。超混沌现象较混沌更加复杂化,这是由于超混沌系统存在两个正的李指数($\lambda > 0$),混沌系统具有更强的不稳定性,因而将非线性系统由超混沌控制到周期态就更加困难。所以,探索超混沌的理论和方法,具有重要意义。

1.3.1 电路超混沌研究

电路超混沌研究是在电路混沌基础上发展起来的。1979年,Rössler发表了第一个超混沌方程。此后,人们在许多耦合的振荡器系统中也发现了从混沌到超混沌的转变。超混沌耦合振子在电学、光学等众多学科都存在超混沌运动。

1986年,Matsumoto和Chua等联合设计一个利用分段线性的特性做成的可以产生超混沌运动的电子线路,并且实验成功,观察到了超混沌现象。

1994年,Mitsubori、Suzuki和Saito等用附加滞后的分段线性特性构造了一种四维的自治混沌电路,并进行了超混沌现象的理论分析。1995年,Kocarev等提出了一种利用目前熟知的混沌系统来构造高维超混沌系统的方法,将通常的三维自治混沌系统或二维非自治混沌系统进行组合或级联,构成超混沌系统。由于原混沌系统中各有一个正的李指数,所以能够很方便地组成五维甚至更高维的多于一个正的李指数的超混沌系统。这种方法简单易做,为开展以电子学为手段的超混沌应用研究带来便利。

1998~2000年，电路超混沌研究有了新的起色，计算机模技术加快了研究的步伐。国内学者也瞄准超混沌开展研究。1998年，南明凯等将线性反馈设计方法用于超混沌保密通信系统。1999年，方锦清、罗晓曙等利用混沌动力学方法，利用延长信号的等效关联时间和相空间压缩法实现超混沌控制。1999年，代明等利用超混沌迭代同步研究语音保密系统。

特别是2000年，在超混沌的控制与同步研究基础上，有人将非线性控制系统微分几何理论与李指数相结合，在做了一定的假设前提下，设计了一种实现连续时间标量超混沌信号同步控制的非线性反馈控制器。指出，连续时间超混沌系统的标量输出在控制器的控制下，不仅能同步于给定参考标量混沌信号，而且是大范围渐近同步的，计算机仿真结果也证实了设计控制器的有效性。

2001年，有人利用蔡氏电路构建基于四阶超混沌的保密通信系统，利用变型蔡氏电路在发送端对有用信息进行两级调制，从而改善整个系统的安全性能，同年也有用蔡氏电路采用超混沌LC振子模型的相互耦合作用实现同步。

1999年，国内一些大学进行了超混沌控制、同步及其应用研究，并进行了非线性动力学系统的仿真和可视化研究，设计了运算放大器混沌，研究了高周期混沌轨道的构造方法，取得了创造性成果。

1.3.2　光学超混沌研究

光学超混沌与光学混沌一样，起步较晚但发展迅速。1998年，法国的Goedgebuer等利用延时反馈连续可调的激光二极管产生超混沌并进行光学密码系统的同步实验研究，取得进展。国内利用变量反馈方法研究并联驱动声光双稳模型的超混沌控制，通过对系统的变量引入相同形式的反馈项，将超混沌态的相空间进行分割、压缩，或控制到若干周期态，系统各变量均可被控制到相同的周期数目。

2002年，Ohtsubo利用光反馈方法对半导体激光器进行混沌信号研究和混沌同步研究，给出动力学方程和接收、发送系统结构，并对参数调整进行讨论，同年开展的激光器同步研究较为活跃，提出多种方法实现半导体激光器超混沌的同步。利用光纤激光器实现超混沌控制与同步的文章开始增多，主要是用于光通信，还有高位速率的光通信混沌同步和超混沌同步。

国内高功率半导体激光国家重点实验室在开展光学混沌研究中也取得很大进展。在光学超混沌中出现半导体激光器的电调制研究成果和双环掺铒光纤激光器超混沌研究成果，实现了超混沌的控制和同步。

1.3.3 电光混合系统超混沌研究进展

目前看来混合光学双稳系统研究是一个新热点。其双稳装置是一种光和电的混合装置,用来模拟含有非线性介质的法布里－珀罗(Fabry-Perot)谐振腔的光学双稳现象,曾在1973年由Kastalskii完成。1977年,Smith等在前人研究的基础上做了改进,在弱激光功率下可观测光学双稳现象且不受激光波长的限制。1978年,Garmire等提出了无腔双稳装置,由电光调制器和反馈电路组成。1981年,Gibbs等在电光混合系统中用微处理器实现了反馈回路的时间延迟,并首次在实验中观察到了光学混沌。

20世纪80年代,电光系统混沌研究报道较多,在各自研究系统中相继观察到混沌现象,分析了不稳定因素,建立起非线性光电子学混沌模型。

声光光学双稳系统研究主要是声光晶体内光场与声场相互作用机理的研究。对于声光双稳系统中的混沌行为研究,绝大部分为布拉格(Bragg)型的双稳系统。理论和实验已经证明,当反馈系统引入一个大于系统响应时间的附加延迟时,整个声光双稳系统则会出现自脉冲、倍周期分岔、高次谐波和混沌行为。

关于利用电学方法,建立独立的超混沌电路,作为混合系统的反馈电路叠加到光学系统中,或利用电参数调制光学系统产生超混沌的研究目前少见有关报道。

1.4 混沌及超混沌的控制与同步方法

如前所述,近年来出现了混沌和超混沌的控制与同步研究的热潮,人们掌握混沌、利用混沌的愿望越来越迫切。继OGY方法和P-C方法之后,又涌现出大批的相关文献报道。归纳起来,不论是电学混沌,还是光学混沌,其研究方法基本相同。

1.4.1 混沌控制

混沌的控制方法主要有反馈混沌控制法和无反馈混沌控制法两种。

1.反馈混沌控制法

反馈混沌控制法按其性质可分为参数控制法、变量控制法和时空控制法。

（1）参数控制法:以参数微扰法(OGY方法)和它的改进法最多,其次是偶然正比反馈法(occasional proportional feedback, OPF)。

（2）变量控制法:包括连续变量控制(外力反馈、延迟反馈)、正比变量脉冲反馈控制、线性与非线性反馈和直接反馈。

（3）时空控制法:包括变量反馈、定点注入、局部模式反馈、正比控制器和继电器控制法等。

2.无反馈混沌控制法

无反馈混沌控制法发展很快,特别是借助于计算机进行一系列智能控制。目前报道有以下几种控制方法:①自适应控制法;②参数共振和谐波微扰法;③外加强迫和传输——迁移法;④神经网络与人工智能法;⑤外部噪声与振荡吸收法;⑥相位调节与混沌信号同步;⑦随机跟踪与概率密度分布控制法;⑧数字有限脉冲相应滤波器控制法。

1.4.2　混沌同步

混沌同步主要包括时间混沌同步和时空混沌同步两种。

(1)时间混沌同步:时间混沌同步研究比较早,也比较成熟,主要有主动–被动反馈(active passive decomposition, APD)同步、驱动–响应同步、相互耦合与外噪声感应同步、连续变量反馈同步、正比反馈与相位匹配同步、自适应控制同步等方法。

(2)时空混沌同步:时空混沌同步包括反馈技术和驱动变量反馈同步法。

1.4.3　超混沌控制

虽然超混沌运动在自然现象中普遍存在,其性质更贴近于客观实际,人们也认识到超混沌控制和同步更具有开发价值和实际应用潜力,但是,由于超混沌动力学行为更加复杂,其内部规律还有待进一步探索,超混沌的控制与同步研究刚刚起步,许多问题尚需研究解决。

目前,超混沌控制与同步的研究基本上还是沿用混沌控制、混沌同步原理和方法。其中的部分类型只不过是经过参量转化、方程拓广后产生超混沌并加以控制及同步。

超混沌控制主要采用偶然正比变量反馈法、线性反馈控制法、非线性反馈控制法和直接反馈法。

偶然正比变量反馈法是一种分析技术,从原理上也是一种依赖于时间的小微扰控制方法,该方法通过窗口比较器来判断是否对系统进行扰动。由于该技术允许有足够大的微扰,对动力学系统会造成一定的影响,但技术上的实用性和高效性使该方法得到比较广泛的应用。其优点是不需要构造庞加莱截面,因为它比OGY方法还要迅速,特别适合于快速过程。

线性反馈控制法是一种源于线性控制论的工程控制方法,其反馈信号或者来自目标信号与输出混沌信号的差值,或者直接为混沌系统本身输出的部分信号。

该方法十分简单,但由于该方法对参数的微小变化不十分敏感,在多变量的非线性系统中不十分有效,因此人们又采用非线性反馈控制法。

非线性反馈控制法是将系统输出的变化量以一定的强度反馈到系统中,实现混沌系统中的某一周期状态的稳定控制。它与线性反馈控制法的主要区别是以系统变化量作为控制信号。

1.4.4 超混沌同步

超混沌同步研究中,主要沿用混沌同步的方法,实现超混沌的同步。主要采用的方法有驱动－响应同步、耦合感应同步、变量反馈同步、主动－被动反馈同步和驱动加变量反馈同步等。

在超混沌同步中应用最多的是驱动－响应同步法和主动－被动反馈同步法。主动－被动反馈同步法是驱动－响应同步法的一种推广形式,其基本思想是将驱动系统的某一变量通过某种手段,以一定的函数关系作用于被驱动系统的响应变量或某一特征参数,从而实现驱动与被驱动系统间的混沌同步。由于主动－被动同步法在实际系统中易于实现,因而,在光学和电学系统应用中被普遍采用。

1.5 电路与光学混沌的应用状况

1.5.1 通信与信息安全中的混沌保密系统

由于混沌振荡频谱既有貌似随机又有宽频带连续频谱,很适合用于保密通信与扩频通信。利用混沌进行保密通信,要求双方必须有完全相同的非线性系统(电路),这样才能达到同步,从而实现加密信号从发射机的编码到接收机解码的全过程。到目前为止,利用混沌进行保密通信的资料报道日益增多,并出现了超混沌保密通信研究。

由于超混沌系统至少有2个李指数是正的,因此,它具有更为复杂的动力学行为,比混沌具有更复杂的振荡,更适于保密通信。国际上,利用混沌进行保密通信是电子学领域的热点,不过,最近又出现掺铒光纤混沌保密通信研究报道。但是,利用超混沌同步进行保密通信的前景更为广阔,效率更高,信息量更大。超混沌信号作为载波,有更高的保密性,在信道中传输的信号即使被攻击者截获,要想破译出信息信号,从截取信号中重构出超混沌信号也是不可能的。有资料显示,国内正在致力于研究如何利用超混沌实现保密通信。采用耦合迭代超混沌系统主动－被动反馈同步法实现信号的加密与解密,具有保密性强、同步速度快、恢复信号精度高、运算简单等特点,而且还可以用于数字语音保密通信。

1.5.2　光电混沌娱乐系统

从2012年以来报道的资料看还仅限于国外报道,市场上已出现电路混沌构成的游戏机、混沌计算机游戏软件和混沌解码图等一些成熟的游戏娱乐和大型演唱会视频背景应用系统。

1.5.3　改善和提高激光器的性能

应用混沌控制和同步来提高激光器的性能,是当前研究的热点之一。利用跟踪控制法可以自动补偿系统随时间演化或其他因素导致的参数变化,保证系统的稳定运行;利用混沌的控制技术,可以消除激光器的混沌,实现对周期状态,尤其是高周期态的稳定控制,如激光加工(切割)与激光测距。

1.5.4　自由空间激光混沌信息传输与测试

在自由空间中进行光学混沌保密通信,以光学混沌作为信息载体,通过适当编码、解码过程进行通信。有资料显示,铒光纤激光器混沌实现弱信号检测,利用混沌系统对初始条件和分岔参数的极其敏感的特性,将微弱信号加载到初始条件或分岔条件上,通过系统吸引子的变化,探测出被测信号的微小变化,达到弱信号检测的目的。

1.5.5　利用非线性电子器件单元研究新的混沌电子学现象

利用现有的混沌电路或混沌光学器件研究和发现新的混沌现象,如利用混沌信号来驱动多个不同参数的非线性动力学子系统,来研究实现各子系统之间的同步问题。

1.5.6　光信号的放大与压缩

理论与实验发现,当光信号的频率与分岔点的振荡频率接近时,系统对光信号有明显的放大作用。

1.6　视频动态影像编码与混沌加密的研究现状

在密码学和混沌理论飞速发展的同时,视频压缩编码技术也在迅猛发展,随着各标准不断推出,数据压缩和传输的技术将更趋于规范化。但音频、视频等压缩编码工作还远没有结束,人们在不断寻求一种比目前方案压缩性能更好、适用性更强的编码方案,H.264协议也就在这种背景下出现了。H.264压缩编码标准的颁布是视频压缩编码学科发展的一件大事,它优异的压缩性能在数字电视广播、视频实时通信、网络视频流媒体传递和多媒体短信等方面发挥着重要作用。

小波变换理论也是近期刚刚兴起的一门学科,它可以同时考察信号的时频特性,它的多分辨率特性有利于提取信号的特征,目前小波变换已经成功地应用于许多图像编码算法中。采用小波变换编码没有对原始图像进行分块和离散余弦变换(discrete cosine transform, DCT),而是直接对图像进行小波变换,因此不会出现"块效应"。

近年来,一些学者尝试将混沌理论和H.264压缩编码标准以及小波变换结合起来应用于视频加密中,选取视频信息中的部分重要数据进行加密,取得了很好的效果,但对视频信息的安全性研究进展还未达到令人满意的程度。由于互联网在线交易的兴起,以及对保密视频信息需求的增多,对视频信息安全系统的研究越来越成为视频信息领域里的一个重要课题。

1.6.1 视频加密技术的国内外发展过程

视频加密算法在20世纪70年代被提出,在90年代后期被广泛研究。这些算法都能够满足一定的安全性要求,有些算法针对视频数据的传输和显示处理的实时性,有些算法保证压缩比不变,也有一些算法考虑了格式相容性和可操作性。就其发展过程来看,可以分为以下四个阶段。

第一个阶段,主要是研究置乱算法,即直接置乱图像或视频数据,以达到使数据混乱而不能被理解的目的。

在国外,1987年,Matias提出采用空间填充曲线方法来置乱图像或视频数据,置乱后的图像或视频序列无法识别;1992年,欧洲电视网采用Eurocrypt加密标准来加密电视信号,以行为单位置乱每一帧电视画面。

在国内,很多学者采用数学变换的方法来置乱图像的像素位置。2002年,鲍官军结合Logistic映射,设计了一种基于魔方变换的图像加密/解密算法;2006年,商艳红提出在数学斐波那契(Fibonacci)变换的基础上置乱图像位置的方法。这类算法共同的优点是计算复杂度低,能够满足实时性应用的要求。但是,其安全性取决于每帧图像的大小,这种安全性的不足使得其很难用于安全性要求高的应用场合,而且,这些置乱过程改变了像素间的统计关系,从而不利于压缩处理,因此不适合需要压缩编码的应用。

第二个阶段,随着多媒体技术的发展,多媒体压缩编码标准在20世纪90年代初纷纷出台,通常使用的视频数据都先经过压缩编码,再进行保存、传输等操作,这就需要采用新型算法对压缩过的视频数据进行加密。

在国外,1998年,Qiao和Nahrsted提出一种数据加密标准(data encryption standard, DES)的改进算法,即视频加密算法(video encryption algorithm, VEA),

这种算法将加密复杂度降为接近原来的一半,同时具有较高的安全性;1999年,Romeo等提出一种称作RPK的加密算法,用于视频数据加密,其既具有流密码的快速性特点又具有块密码的高安全性特点;2007年,由Ahmed等提出一种混沌反馈流密码的概念,这种流密码的新特性包括数据相关迭代次数、数据相关输入和三个不相关反馈机制,在进行图像加密和传输过程中可以提供一个安全而有效的方法。

在国内,2003年,吴敏等提出一种超混沌掩盖加密方法,采用了非线性"扰频"技术;2004年,将Logistic映射和猫映射相结合,构造了一种语音加密算法;2006年,将图像数据矩阵看作普通数据流,提出一种基于混沌系统的独立密钥DES数字图像加密算法。这类算法注重安全性,但是,由于要加密压缩过的所有数据,计算复杂度高,对于数据量大的应用,不能满足实时性要求;另外,加密后的数据格式被改变了,无法直接进行播放、剪切等操作。

第三个阶段,采用部分加密方法来加密视频数据。随着网络技术的飞速发展,视频数据的应用更加广泛和频繁,这些应用对实时性要求很高,通常要求实时编码传输、实时解码播放等。采用以前的直接加密算法完成加密,很难满足实际应用的要求。因此需要选择加密少量数据类来降低计算复杂度,从而满足实时性要求。

在国外,2000年,Cheng给出在小波变换的图像或视频编码中选择加密一部分码流的加密方法;2004年,Ahn提出一种帧内预测模式加扰的方法,将所有的帧内块预测模式分别随机加扰,但难以抵抗已知明文的攻击;2006年,提出了一种改进型视频加密算法,直接加密所有运动矢量的幅值。

在国内,2004年,袁春等结合非对称公钥加密算法和流加密算法,提出一种基于混沌的选择性视频加密算法;2007年,提出一种利用输出反馈模式(output feedback, OFB)对H.264少量视频数据进行加密的算法;2008年,有人提出对DCT(discrete cosine tranform)的系数符号以及部分DCT系数值加密的方法,适合视频安全传输的要求。这类算法降低了加密的数据量,容易满足实时性应用要求,一般不改变数据格式,可以对加密过的数据进行直接播放、剪切和粘贴等操作,更适应实际应用需求,代价是降低了安全性。

第四个阶段,通常是将编码过程和加密过程相结合,使编码和加密同时进行。

在国外,1999年,Araki提出将编码和加密相结合,并以小波变换编码中的系数置乱为例,介绍了这种方法的可行性;2001年,Tosun和Feng给出使用前通过纠错编码实现加密的方法;2005年,有人就指出选择性加密不能保持压缩比不变,并提出了采用多种Huffman树的加密方法。这种方法使得纠错过程可以在不解密的情况下完成,这样可以节省更多时间,因此很适合用于对纠错性能要求高的无线多媒体网络中。

2007~2012年,国内学者结合国际流行视频编码提出基于适应性=元算术编码(context-based adaptive binary arithmetic coding, CABAC)的数字视频加密算法和用于H.264的快速视频加密算法,在基于适应性变动长度编码(contert-based adaptive variable-length code, CAVLC)中加密残差数据中的拖尾系数。这类编码和加密相结合的方法可以保持数据格式的相容性和可操作性,并且因为其实现快速的特点,很适合用于无线多媒体的保密传输。

1.6.2 基于H.264的视频加密算法概述

H.264是由国际标准化组织(International Organization for Standards, ISO)和国际电信联盟(International Telecommunication Union, ITU)联合专家组提出的新一代视频编码国际标准,它继承了许多优秀编码技术,同时也采用了很多全新的编码方法。它的优良性能决定了其广泛的应用范围,因此对H.264视频加密算法的研究是非常有意义的。现阶段国内外对视频加密算法的研究主要是部分加密,较常见的有DCT系数加密、预测模式加密、量化系数加密、运动矢量加密和残差系数加密。还有少量是针对CAVLC、CABAC和FMO(fast moving object)分组加密的。下面分别对一些常见算法做简单的介绍和评价。

1.DCT系数加密

由于DCT系数加密具有良好的实时性,同时能保证较好的加密安全性和数据可操作性,这类算法成为H.264加密算法的研究热点。

2005年,曹奕等对H.264标准中基于DCT的视频加密算法进行了研究,提出了若干视频加密算法。具体算法是:①对DCT系数符号的翻盘。把经过量化之后的宏块中的系数符号与随机生成的密钥异或加密。②对4×4块的随机洗牌。把一个宏块中每个4×4块作为一个基本单位进行随机置乱,而块内的系数相对位置不变。③高低频系数之间洗牌。把同一个4×4块,8×8块或者16×16宏块中的系数在高频与低频之间随机置乱,即系数之间的相对位置完全改变。

2.帧内、帧间预测模式加密

H.264针对不同的块尺寸分别采用了不同的预测模式。亮度4×4块有9种预测模式,8×8块预测模式与4×4块预测模式相同;亮度16×16块有4种预测模式;色度8×8块采用了与亮度16×16块相同的4种预测模式。在编码时,编码器根据不同的块尺寸和块内图像的复杂度选择最佳的预测模式。

亮度4×4块对应的9种预测模式在H.264码流语法中用1 bit的标志字pre_inta4×4_pred_mode_flag和3 bit的定长码字rem_intra4×4_ped_mode来表示。pre_ inta4×4_pred_mode_flag为1表示当前块的预测模式等于相邻左边和上边两个块的预测模式中的较小值,此时该块没有3 bit的rem_intra4×4_ped_mode;当pre_inta4×4_pred_mode_flag为0则表示不等于该较小值,此时当前块的预测模式需要后面的rem_intra4×4_ped_mode来表示,这个码字是3 bit定长的(因为这时已经排除了一种模式,故只剩下8种模式的可能,可用3 bit来表示)。可见H.264采用对预测模式进行预测的方案可以实现减小编码比特数的作用。对这个3 bit的码字加密不会影响到码流的语法格式,因此,可以从密钥流中依次提取3 bit与原始的3 bit预测模式进行异或。

3.运动矢量加密

由于视频序列中P帧是根据I帧预测的,预测的残差和运动矢量分别编码传输,对运动矢量加密就是使恢复的时候采用错误的预测值,而且运动矢量有累积效应,几帧过后就有面目全非的效果。对于一组有明显运动的视频序列,在运动刚刚开始时,其加密效果不显著,但随着运动的累加,加密运动矢量所产生的密文信息就被不断累加,加密效果就越来越显著。

1.6.3　视频加密研究的发展趋势

随着多媒体网络技术的飞速发展和视频产品的广泛应用,视频加密技术研究日趋重要,它将沿着以下两个方向发展。

(1)视频信源特征研究:选择部分关键数据加密,可以有两种方法。一是在已编码数据中和在编码过程中选择关键数据加密。二是应用密码原理,根据视频信源特征研究特殊的简捷算法。该算法运算量要小,要通过安全性分析确定其抗攻击能力。

(2)面向应用的全面适用加密方案的研究:方案提供多层密级、计算速度、使用资源成本和一些功能的可选参数,用户可以根据实际需要选择,达到最好的折中效果。方案要求综合考虑各项性能,全面满足不同视频加密的需要。

在今后的多媒体网络高速发展中,多媒体数据的实时性、容错性和数据格式的兼容性等都要求加密算法能很好地与压缩和容错编码过程相结合,这是未来研究的热点。视频加密技术涉及多学科技术的交叉结合,近年来虽然出现了一定的研究成果,但还很不完善、不成熟。充分研究和利用视频编码技术和信源特征,有机地结合密码技术,面向应用研究全面适用的视频加密方案,可能会更有效地解决当前视频加密技术存在的缺陷和矛盾,取得更好的实用效果,这方面还需要进行大量的研究工作。

1.7　语音电子信息加密的研究现状

1.7.1　语音电子信息加密的国外进展

声音是人们交流最常用的方式,无论何时语音的交流都在人们的生活中起到至关重要的作用。随着通信、网络的不断发展,语音监听、语音信息的泄露成为人们十分关注的话题之一,为了保障语音通信的安全性,对语音信号进行加密的研究成为现代通信中一个非常重要的问题。早期的语音加密主要是对模拟方式加密,即先对语音信号进行采样,对采样后的信号进行量化,对量化后得到的模拟信号进行编码,对编码后的语音信号进行加密,最后把加密后得到的信号再转化成相应的模拟信号。常用的语音加密方法主要有时间域的加密(简称时域加密)、频率域的加密(简称频域加密)和混合域的加密(即对时间和频率域的信号都进行加密)。

在20世纪80年代的末期,对语音信号在混合域进行加密(即在时域和频域都进行加密)被有些研究者所提出,此方法可以同时在时、频两域中实现信号的置乱。1983年,蔡少棠提出了蔡氏电路产生混沌现象,利用一组随机数字对语音信号进行叠加,以达到加密的效果,使得混沌加密有了一个较好的开端。他设计的电路是利用电阻R、电感L、电容C和非线性电阻(后来被人们称为蔡氏电阻)构成一个回路,可以产生两个吸引子区域。传统的模拟加密方式具有简单的结构,并且占用频带的范围比较小,但是模拟加密后的语音信号的安全性相对来说比较差,并且加密后的信息的可读懂性太高,这是因为模拟方式的语音加密没有很好地改变语音信号的复杂度。比如,Goldburg和Sridharan指出的基于频带分割的离散傅里叶变换(discrete Fourier tansform,DFT)算法的不安全性,此后又提出了一种运用频谱相关矢量码来攻击变换域范围内的有关语音模拟加密的方法。

对于数字语音加密而言,除了对模拟的语音信号进行数字化之外,还要对数字化的信号再进行编码、加密,最后以数字形式传输出去。语音信号的加密方法又可分为直接加密、选择加密和混合加密。直接加密是将语音信号作为一般的二进制数据进行整体加密。常用的有1977年美国国家标准局提出的DES、1978年美国麻省理工学院三人合作开发的RSA算法(由Rivest、Shamir和Adleman合作完成)、1990年瑞士学者提出国际数据加密算法(international data encryption algorithm,IDEA)等。直接加密算法的运算量过大,处理信息需要较大的时延,对于实时通信系统而言,该加密算法并不适合。并且这类算法对噪声过于敏感,不易使用。选择加密算法有Servetti提出来的对语音进行部分加密的方法和对于G.729编码的部分信息进行加密的方法。这类部分加密方法可以减小加密的数据量,提高加密效率,但是没有通用的安全性分析方法,所以算法的安全性得不到保障,并且大多数的选择加密算法比较复杂。混合加密就是将前两者加密方法相结合并同时进行,Sridhara提出的将语音加密与快速傅里叶变换相结合的加密方法就是典型的混合加密方法。除此之外,Iskender提出了一种对于多媒体的Zig-zag方式的置乱加密的方法,Kuo提出了基于多Huffman码表的加密方法。以上算法的提出吸引了很多研究人员进行讨论,使得语音加密算法越来越成熟。

1.7.2　语音加密国内研究现状进展

随着时代的前进和科学技术水平的不断提高,信息的安全备受关注,纵观加密技术的发展史,20世纪80年代就有人提出了加密算法,当时只是简单的叠加,后来就逐渐发展成为高效率、高可靠性、高复杂度和高保密性的加密方式。密码学也因此发展为一个独立的学科,加密技术也因此成为隐藏信息最安全有效的技术之一。

伴随着国际技术交流的不断频繁,国内有关语音加密的算法也迅速发展起来。1986年,在青岛召开了"第一次全国计算机安全学术交流会议",为我国信息安全技术的发展奠定了基石。至2013年,已经举行了27次,当初只是单纯的翻译外文研究,经过几十年的艰苦探索和发展。迄今,我国已经有很多研究者在进行研究,并取得了突破性的进展。

与发达国家相比,我国的研究较国外还有一定的差距,但是越来越多的专家学者投入加密算法的研究中,使得我国的研究也迅速发展起来。在2000年,有人设计了对数字语音进行加密的通信系统,通过实验仿真出数字通信的模型。在2002年就实现了一个有关IDEA的语音加密工具,该加密工具是一次性只从指定文件中读取字节数,使得用户不用记住加密前所需要的文件类型。到2006年,以IDEA为基础设计出密码流发生器产生的密码序列进行加密,并设计出基于IDEA和RSA算法的集群语音混合加密方案,使得IDEA可以软件化。最典型的混合加密算法是有关使用一定长度编码的FLC（fix length coding）和可变化长度编码的VLC（variable length coding）从而进行混合加密的方案。

现阶段的加密算法正在向量子密码算法和混沌密码算法方向发展。20世纪60年代末和70年代初,人们发现了混沌现象,在当时曾被称为物理学的第三次重要的革命。为此,许多学者开始尝试着利用混沌,来构造加密算法。比如,沈柯教授编写了《光学混沌》一书,通过调节光学二极管来达到密码同步问题,它的出现对混沌的研究做出了重大贡献。1999年,邓浩提出混沌伪随机序列的概念,使得扩频因子得到进一步的改善。2002年,作者研究出自动同步混沌加密系统,通过实验仿真出混沌信号和源信号同步传输的问题。2005年,吴德会等利用单片机通过编程方式产生的混沌信号代码实现对语音信号加密的通信研究。2009年,金建国开发混沌级联通信系统,仿真结果显示能有效地抵御特定的攻击。2012年和2013年作者通过神经网络技术与混沌相结合构造出高精加密系统模型并得到应用。这些方案的提出为语音加密算法进一步发展提供了一种新思路。

1.7.3　语音信息加密具体应用研究

1.数字水印信息加密与信息安全

数字水印是信息化时代一门非常重要的技术。它在信息安全方面发挥着巨大作用,并且被广泛运用于数字信息的版权保护上。而音频水印是数字水印中较难实现的一种,对其进行研究很重要。

目前,已构造出一种基于复倒谱变换音频水印算法,以及一种在小波和复倒谱混合域同时嵌入鲁棒和脆弱水印的算法。第一种算法通过Arnold变换来对原始二值水印图像做置乱操作,选择时域能量相对大的载体音频段作为准备嵌入水印的位置。进而,采用量化方法将水印序列嵌入复倒谱系数,水印提取的过程实现了盲提取。第二种算法通过Logistic映射生成的混沌序列来对原始的两个水印加密,利用量化方法将经过加密的鲁棒水印序列和脆弱水印序列分别嵌入离散小波变换后的低频分量和高频分量的复倒谱系数中。实验结果表明,这两种算法嵌入的水印不可感知性都很好,对重采样、重量化、低通滤波和加噪声等常规信号处理操作具有良好的鲁棒性。且对于常规的信号处理攻击,脆弱水印的敏感性很好。

2.扩频序列与语音保密通信

通过对混沌映射的研究,针对单一映射产生的扩频序列系统复杂度低,容易通过反向逆推估计出系统初值的缺点,以Logistic映射和人字映射为基础,构造出了一个新的映射。该映射容易被数字电路实现,且具有较高的系统复杂度。并在此映射的基础上,提出采用系数跳变的方法来产生超混沌扩频序列的方案。

通过对混沌与超混沌同步的了解与分析,对常用的三种同步方法进行比较可知,主动－被动反馈同步法其各方面特性均优于其他同步方法,因此采用主动－被动反馈同步法来实现超混沌系统的同步。以主动－被动反馈同步法为基础构造的混沌同步保密通信系统具有高解密精度、抗干扰性强、实用性强、设计的灵活性高和安全性高等优点。

根据对超混沌与超混沌扩频序列的研究,利用超混沌序列的高度伪随机性,把超混沌序列用于数字保密通信系统中,达到保密的要求。另外,利用混沌掩盖保密通信原理采用超混沌掩盖－混沌加密方法实现图像保密通信。

通过对混沌映射的研究,针对单一映射产生的扩频序列系统复杂度低,容易通过反向逆推估计出系统初值的缺点,以Logistic映射和蔡氏电路产生的混沌序列为基础,提出串联结构的混沌产生器构想,来产生一个新的混沌序列,并研究了该混沌序列的随机性、平衡性、游程特性、自相关和互相关函数等多项指标,结果表明该序列非常适用于混沌保密通信中。

对混沌保密通信系统进行了系统的理论分析,进一步研究了跳频通信系统和混沌序列的应用,表明跳频通信系统较其他的通信系统具有多址和较高的频带利用率。利用MATLAB语言中的Simulink工具包构造出跳频通信系统,运用产生的混沌序列取代跳频通信中的伪随机序列来实现更深层的保密通信功能,并分析其可行性。结果表明串联结构混沌产生器产生的混沌扩频序列具有良好的自相关和互相关特性,而且构建的跳频通信系统,容易实现并且保密性能优异。

3.复倒谱、多尺度与混沌数字水印图像加密

数字水印技术产生和发展是和日常生活中的需求密切相关的,多尺度几何分析理论的出现为数字水印的研究提供了新的工具。多尺度几何分析是比小波变换更高效的图像稀疏表示技术,采用多尺度几何分析方法设计的数字水印,通常具有更好的性能。

另外,本书提出了一种新的基于非下采样轮廓波变换的数字水印算法和一种新的曲波域数字水印算法。使用Logistic混沌序列对水印信号进行置乱和加密处理,能够增强水印算法的安全性和鲁棒性。将模糊控制方法用于水印嵌入强度控制,可以更好地利用数字图像的掩蔽特性,提高水印算法的性能。

实验结果表明,本书提出的两种水印算法具有较好的安全性、鲁棒性和不可见性,能够有效地抵抗JPEG压缩、滤波、剪切等攻击。

1.8　混沌电子学的其他应用

1.8.1　电子身份认证与超混沌序列安全

目前, 由于网上银行的身份认证系统存在诸多漏洞,用户在信息传输的过程中安全问题难以得到保障, 在身份认证技术中动态口令技术的发展,给用户信息安全又加了一层"密码", 让攻击者没有可乘之机。

基于对传统的身份认证技术的深入研究,网上银行目前常用的动态口令认证技术存在漏洞,而混沌同步加密技术可以解决这些问题。典型的混沌系统具有初值敏感性和类随机性等特点,使其在身份认证技术上有着较好的应用前景。

通过混沌同步加密技术对传统方法的改进，可以提高信号的抗攻击能力，适用于网上银行电子身份认证动态口令技术。在对超混沌系统的详细分析和研究的基础上，提出了一种基于超混沌理论的网上银行身份认证技术，其仿真结果表明其比普通混沌理论的银行身份认证动态口令技术具有更加可靠的保密性。

1.8.2 图像信息的混沌电子信息处理

在图像信息处理技术中，利用 Logistic 混沌序列打乱水印信号并进行加密处理，可以提高水印算法的鲁棒性与安全性。借助数字图像特有的掩蔽特性，用模糊控制方法控制水印嵌入强度，进一步增强了水印算法的性能。实验结果显示，这两种建议的水印算法具有很好的安全性、不可见性和鲁棒性，对于 JPEG 格式压缩、滤波以及剪切等攻击具有较好的抵抗能力。

复倒谱变换的音频水印算法通过 Arnold 变换对原始二值水印图像进行置乱，选择时域能量比较大的载波频率为嵌入水印的位置。然后，再将量化的水印序列嵌入复倒谱系数，实现水印提取过程的盲提取。混沌序列通过（Logistic）映射生成混沌序列的小波倒谱混合域嵌入的鲁棒性和弱水印算法加密原始的两个水印，通过量化方式将已经做过加密处理的脆弱水印序列和鲁棒水印序列相对应地嵌入经过离散小波变换的高频分量和低频分量的复倒谱系数当中。大量实验结果显示，在重采样、低通滤波、重量化、加噪声等常用信号处理方法当中都有较好的不可感知性。

1.8.3 掺铒光纤弱信号混沌检测系统

弱信号检测技术的研究始终是信号处理方面的重要课题，同时也是国内外多年来的研究热点和难点，研究强噪声环境中对弱正弦信号的检测具有极重要的意义，有利于在雷达探测、声呐技术、地震反演探测、故障检测、通信和生物医学等领域检测提取弱信号。频域中的基于傅里叶变法和小波变换的方法，时域中的相关检测法和随机共振检测法等是目前几大主要弱信号检测的手段，最近几十年，随着非线性科学不断发展，混沌振子系统已逐渐成为强噪声环境中检测微弱信号的新方法，应用前景良好。此检测系统，将未知信号作为一参数扰动并引到系统振荡器中，借助计算机通过判断系统状态改变方式确定待检测信号的存在与否，从而实现弱信号的提取，同时获取其幅值、频率特性等参数。

掺铒光纤传输的微弱信号检测系统结合了传统的检测方法对采样信号进行预处理，以达到在强噪声环境中检测被湮没的未知微弱信号并改善未知微弱信号信噪比的目的。含有中途掺铒光纤放大器作用的掺铒光纤的弱信号传输介质不仅具有降低损耗、长距离传输和较强的抗电子干扰特点，还大大减少了远距离传输过程中的信号损失，其性能强度远胜于光电光中继的传统传输方式，易于实现全光远距离传输，为全光网络传输技术奠定了重要基础。

掺铒光纤传输的微弱信号检测系统主要提出并设计高精度、混沌循环阈值的实时判定方法：混沌循环阈值判定依据，这是微弱信号检测的关键技术之一。分析并改进现有的间歇混沌周期检测方法中，间歇周期大尺度的检测方法，这属于弱信号的检测。幅度检测中新的有效检测算法尤其适用于对混沌检测高要求的实时性和算法存在的复杂度性问题，该算法具有较好的实时性和有效性。

1.8.4　混沌细胞神经网络基础研究

如何完善混合的加扰和扩散结构图像的加密算法、混沌控制参数以及高阶混沌系统是目前确保电子信息安全需要解决的主要问题。通过对系统方案的研究，运用复合混沌映射产生校准阶段控制参数，以此来设置加扰的图像行列之间高度相关的像素。在扩散阶段，通过用不同的初始条件和参数复合混沌映射来产生高阶的基于混沌细胞神经网络的密钥流。混沌细胞神经网络的加密方法具有良好的鲁棒性和抗攻击性能。

基于混沌控制参数置乱和扩散结构的混沌图像加密算法，应用复合的混沌映射产生随机阶段控制参数，对图像进行打乱处理，打破图像像素之间的高度相关性。在扩散阶段，霍普菲尔（Hopfield）混沌神经网络初始状态通过不同的控制参数和初始条件生成，迭代神经网络产生扩散阶段的密钥流，该算法所具有的抗攻击性能良好，已达到相应安全级别的水平。

1.8.5　基于混沌理论的视频加密系统研究

最近提出的基于混沌安全级别可调技术的视频加密方法，其依据是混沌映射以及视频压缩标准 AVC/H.264 的原理及特点。该方法使用一维的分段线性混沌学复合映射来生成加密序列，然后根据应用场合的安全级别要求对预测模式、运动矢量和 DCT 系数进行选择性加密。该视频加密方法增加了三种级别的安全保护并且加密强度和安全级别是逐级递增的，同时加密和压缩过程同步，具有较高的可操作性与实时性。

此外，近年开发的基于混沌加密算法和提升小波变换的视频加密技术，是根据人眼的生物特性选择提升小波分解后的低频子带纹理块来进行加密处理的。该算法只对极少数的重要因素做加密处理，计算方便，且不影响加密安全性，该方法不仅实时性好，而且易于硬件实现。

第2章　非线性系统与混沌基本理论

非线性系统在电子学领域普遍存在,对电子学理论、器件和应用影响很大。本章从概念入手,对非线性系统、非线性系统方程和混沌相关概念给予阐述。

2.1　非线性系统方程及其解的稳定性

自然界中普遍存在的事物都是在不断发展变化的。在电子学研究和应用领域,随着认识的提高和研究手段的进步,人们已经对电子部件、材料和电路构成的非线性现象有了更加深刻的理解,达成了广泛的共识。通过电子器件(晶体管、电阻、电容和电感等)构成电子线路,由于电子元件的特性和相互作用,整个电路系统将会产生非线性现象,从而导致输出的非线性。

2.1.1　非线性系统和范德波尔方程

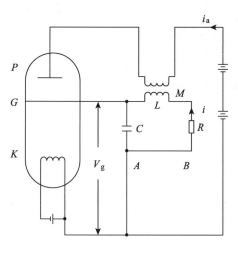

图2.1　电子管振荡器

系统是由一些相互联系(或相互作用)的客观事物组成的集合。系统描述的是客观事物发展变化的规律,随着认识的不断深入,这些规律可采用数学公式加以描述,即关于状态变量的微分方程(差分方程)更加严谨、科学。这些方程既可以是线性的,也可以是非线性的。但绝大多数表现为非线性,而线性方程也可以看成是非线性方程的简化或近似。由非线性方程描述的系统称为非线性系统。

1927年,丹麦工程师范德波尔在试验研究电子管RLC振荡器的基础上,首先提出的最简单又最具典型意义的非线性系统,即所谓的范德波尔方程。范德波尔提出的电子管振荡电路如图2.1所示。这是一个与电子管栅极 G 相连接的RLC电路,电路的非线性主要是由振荡系统受到非线性阻尼作用引起的。

在电路中运用基尔霍夫(Kirchhoff)电压定律,得

$$L\frac{\mathrm{d}i}{\mathrm{d}t} + Ri + V_\mathrm{g} - M\frac{\mathrm{d}i_\mathrm{a}}{\mathrm{d}t} = 0 \tag{2.1}$$

电子管的阳极电流i_a受到栅极电压V_g调控,即

$$i_\mathrm{a} = SV_\mathrm{g}\left(1 - \frac{V_\mathrm{g}^2}{3K^2}\right) \tag{2.2}$$

式中,S为电子管的互导,K为常数。

在电路RC回路中有$i = C\dfrac{\mathrm{d}V_\mathrm{g}}{\mathrm{d}t}$,将其代入式(2.1),可得

$$LC\frac{\mathrm{d}V_\mathrm{g}}{\mathrm{d}t^2} + \left(\frac{MS}{K^2}V_\mathrm{g} + RC - MS\right)\frac{\mathrm{d}V_\mathrm{g}}{\mathrm{d}t} + V_\mathrm{g} = 0 \tag{2.3}$$

令

$$x = \frac{1}{K}\left(\frac{MS}{MS - RC}\right)^{1/2} V_\mathrm{g}, \quad \alpha = \frac{MS - RC}{LC}, \quad \omega^2 = \frac{1}{LC} \tag{2.4}$$

代入式(2.3)得

$$\frac{\mathrm{d}^2 x}{\mathrm{d}t^2} + \alpha(x^2 - 1)\frac{\mathrm{d}x}{\mathrm{d}t} + \omega^2 x = 0 \tag{2.5}$$

式(2.5)即为著名的范德波尔方程,由于非线性出现在方程一阶导数的系数中,因此形象地描述为非线性阻尼。如果在图2.1中的A、B两点间接入一个信号源$E_0\cos\Omega t$,并取$F = \dfrac{E_0}{LCK}\left(\dfrac{MS}{MS - RC}\right)^{1/2}$,则式(2.5)就变为带有外部余弦信号驱动的范德波尔方程,即

$$\frac{\mathrm{d}^2 x}{\mathrm{d}t^2} + \alpha(x^2 - 1)\frac{\mathrm{d}x}{\mathrm{d}t} + \omega^2 x = F\cos\Omega t \tag{2.6}$$

在经典范德波尔方程的启发下,可以利用现有的各种具有负电阻特性的电子元件构成电子振荡电路。采用单结晶体管和隧道二极管等元件可以构成振荡电路,就是利用了电子元器件本身具有的负阻特性。图2.2为隧道二极管的伏安特性曲线,其中AB段即为负阻区段。在此区段中,电流与电压的关系式为

$$i = -aV + bV^3 \tag{2.7}$$

式中，a和b为常数。

利用含有负阻元件N的隧道二极管构成的振荡电路如图2.3所示。

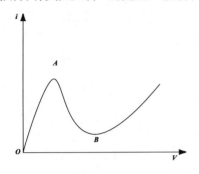

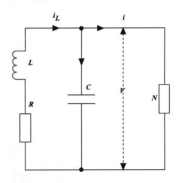

图2.2 隧道二极管伏安特性曲线　　　图2.3 负阻元件构成的振荡电路

由图2.3可得

$$i_C = C\frac{\mathrm{d}V}{\mathrm{d}t}, \quad \frac{\mathrm{d}i_C}{\mathrm{d}t} = C\frac{\mathrm{d}^2V}{\mathrm{d}t^2}$$

$$L\frac{\mathrm{d}i_L}{\mathrm{d}t} + Ri_L + V = 0$$

$$i_L = i_C + i, \quad \frac{\mathrm{d}^2i}{\mathrm{d}t^2} = \frac{\mathrm{d}i_L}{\mathrm{d}t} - \frac{\mathrm{d}i_C}{\mathrm{d}t}$$

所以

$$-a\frac{\mathrm{d}V}{\mathrm{d}t} + 3bV^2\frac{\mathrm{d}V}{\mathrm{d}t} = (-V - Ri_L)/L - C\frac{\mathrm{d}^2V}{\mathrm{d}t^2}$$

$$= [-V - R(i_C + i)]/L - C\frac{\mathrm{d}^2V}{\mathrm{d}t^2}$$

$$= \left[-V - RC\frac{\mathrm{d}V}{\mathrm{d}t} + R(aV - bV^3)\right]\bigg/L - C\frac{\mathrm{d}^2V}{\mathrm{d}t^2}$$

于是

$$\frac{\mathrm{d}^2V}{\mathrm{d}t^2} + \left(\frac{3b}{C}V^2 + \frac{R}{L} - \frac{a}{C}\right)\frac{\mathrm{d}V}{\mathrm{d}t} + \left(\frac{1-aR}{LC}\right)V + \frac{Rb}{LC}V^3 = 0 \qquad (2.8)$$

令

$$x = \beta V, \quad \beta = \left(\frac{3bL}{aL - RC} \right)^{1/2}, \quad \alpha = \frac{aL - RC}{CL}$$

$$\omega = \frac{1 - aR}{LC}, \quad \mu = \frac{aRL - R^2C}{3 L^2 C} \qquad （2.9）$$

则式（2.8）可化简为

$$\frac{\mathrm{d}^2 x}{\mathrm{d}t^2} + \alpha(x^2 - 1)\frac{\mathrm{d}x}{\mathrm{d}t} + \omega^2 x + \mu x = 0 \qquad （2.10）$$

式（2.10）和范德波尔方程很相似，仅多出μx项。一般情况下，电阻R很小，当R足够小，以至于可使$\mu x \approx 0$时，式（2.10）就与范德波尔方程完全一致了。

　　非线性电路方程可以表现出非线性系统的状态。状态方程可能有解，也可能无解；可能有唯一解，也可能有多解或无穷多解。由于所选取的初始状态不同，状态方程会表现出许多在定性方面不相同的解，有时只能得到满足一定要求的近似解，或者是只能找出解的最终边界或某一确定的区域。

2.1.2　微分方程的解及其稳定性

1.相空间

　　空间不断发展变化的运动系统可以分为两种运动描述体系，一种是确定性描述体系，另一种是随机性描述体系。如果一个过程的整个未来发展和整个过去的行为都能够由现在的状态来决定，则这个过程是确定性的。因此，一种初值和速度可以推演出一条确定的运动轨迹。过程的所有可能状态的集合称为相空间或状态空间。

　　在非线性系统研究中，采用由变量x_1, x_2, …, x_n构成的相空间（或状态空间），每一时刻的状态（方程解x_i的取值）用相空间的一点表示，状态随时间的变化是一条曲线，因此相轨迹也就是一条积分曲线。

　　状态变量x包含了预测系统未来状态的信息。状态随时间在相空间中移动，形成一条有向空间曲线，即轨道。

2.常微分方程的一般形式

　　微分方程有各种不同的形式，一般分为一元高阶微分方程和多元高阶微分方程组,一元高阶方程按照方程是否显含时间变量又分为自治方程(方程中不显含时间)和非自治方程(方程中显含时间)。但是,一般的非线性常微分方程都可以转化为自治的一阶常微分方程组的形式。对于高阶自治方程,只要把各阶导数当成新的变量即可。

对于自治的二阶常微分方程

$$\frac{\mathrm{d}x}{\mathrm{d}t} = f\left(x, \frac{\mathrm{d}x}{\mathrm{d}t}\right) \tag{2.11}$$

令 $y = \frac{\mathrm{d}x}{\mathrm{d}t}$,则可化为一阶方程组,即

$$\begin{cases} \dfrac{\mathrm{d}x}{\mathrm{d}t} = y \\ \dfrac{\mathrm{d}y}{\mathrm{d}t} = f(x, y) \end{cases} \tag{2.12}$$

对于非自治的微分方程,只要把方程中显含的时间t当成新的变量,设$z = t$,并引入一个新的方程$\dfrac{\mathrm{d}z}{\mathrm{d}t} = 1$,便可组成一阶方程组

$$\begin{cases} z = t \\ \dfrac{\mathrm{d}z}{\mathrm{d}t} = 1 \end{cases} \tag{2.13}$$

这样,原来的n个变量非自治方程就变成了$n+1$个变量的自治微分方程组。

如果非自治方程中显含的时间是以某些特殊函数的形式出现的,则可以根据该函数的特点进一步简化。例如,范德波尔方程的外加驱动项$\cos\Omega t$含有时间因子,是方程$\dfrac{\mathrm{d}^2 z}{\mathrm{d}t^2} = -\Omega z$的解,因此可引入新的含有两个变量的一阶方程组

$$\begin{cases} \dfrac{\mathrm{d}z}{\mathrm{d}t} = u \\ \dfrac{\mathrm{d}u}{\mathrm{d}t} = -\Omega^2 z \end{cases} \tag{2.14}$$

来表示此余弦因子。因此,受迫范德波尔方程,即式(2.6)可化解为自治的一阶微分方程组,即

$$\begin{cases} \dfrac{\mathrm{d}x}{\mathrm{d}t} = y \\[2mm] \dfrac{\mathrm{d}y}{\mathrm{d}t} = -\omega^2 x - \alpha(x^2 - 1)y + Fx \\[2mm] \dfrac{\mathrm{d}z}{\mathrm{d}t} = u \\[2mm] \dfrac{\mathrm{d}u}{\mathrm{d}t} = -\Omega^2 z \end{cases}$$

在只有两个变量的情况,方程为

$$\begin{cases} \dfrac{\mathrm{d}x_1}{\mathrm{d}t} = f_1\,(x_1,\ x_2) \\[2mm] \dfrac{\mathrm{d}x_2}{\mathrm{d}t} = f_2\,(x_1,\ x_2) \end{cases} \tag{2.15}$$

消去t得到相平面中解的轨线的斜率为

$$\frac{\mathrm{d}x_2}{\mathrm{d}x_1} = \frac{f_2\,(x_1,\ x_2)}{f_1\,(x_1,\ x_2)} \tag{2.16}$$

　　对于自治的微分方程,其相空间平面内给定点(x_1, x_2)对应的f_1和f_2的值都是唯一的,因而轨线的斜率$\mathrm{d}x_2/\mathrm{d}x_1$也是一定的。这表明在相空间平面上解的轨线不能相交。值得注意的是,如果方程是非自治的,f_1和f_2还是时间的函数,对于给定的相平面上的点(x_1, x_2),不同时刻的f_1和f_2的值不同,从而轨线是可以相交的。

3.方程解的形式

　　对于非线性方程而言,除少数个别情形外,大多数方程都不存在解析解。但可以利用近似计算方法和计算机进行近似求解,很容易求得方程的数值解或用图形把解表示出来。与线性方程类似,非线性方程的解在经过初始阶段的暂态过程后,即可达到一稳定形式。

　　一般说来,非线性方程的解主要有以下几种形式。

1)稳定定态解

当

$$f_i\,(x_j) = 0 \qquad (i, j = 1, 2, \cdots, n) \tag{2.17}$$

即

$$\frac{\mathrm{d}x_i}{\mathrm{d}t} = 0 \qquad (i = 1, 2, \cdots, n) \tag{2.18}$$

时,系统的状态变量x_1, x_2, $\cdots$, x_n不随时间变化。因此,称满足式(2.17)的状态为定态。但是,定态不一定都是平衡态,如稳定电流在外界电磁感应耦合等影响下平稳状态改变而被称为非平衡态。

相空间中的轨迹在定态代表点处的斜率不定,这种斜率不定的点称为奇点,定态对应着相空间的奇点。

2)发散解

当定态处于不稳定时,方程的解可能是发散的。也就是说,若赋予x_i有限的初值,x_i将随时间无限制地偏离有限值。对于大多数此类问题,其发散解不具有实际意义。

3)振荡解

非线性系统中,有相当部分的解随着时间产生振荡,即方程的解总是在一定范围内不停地变化。振荡解又分为周期振荡、准周期振荡和混沌振荡。其中,周期振荡的状态变化总是周而复始沿着固定的周期重复进行的。方程的解在相空间的平面轨迹为闭曲线。除个别的保守振荡系统外,大多数非线性方程的周期解都与初始条件无关,而仅由方程本身和其中的参数值来决定。图2.4所示为利用计算机计算范德波尔方程所得的数值解,图中,设$\omega=1$,即方程为

$$\frac{\mathrm{d}^2 x}{\mathrm{d}t^2} + \alpha(x^2 - 1)\frac{\mathrm{d}x}{\mathrm{d}t} + x = 0 \tag{2.19}$$

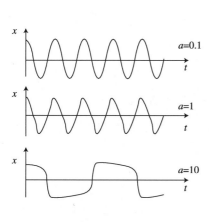

(a)x-t时域波形

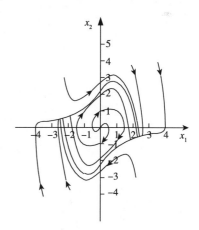

(b)$\dfrac{\mathrm{d}x}{\mathrm{d}t}$-$x$相平面轨迹($a=\omega=1$),原点为不稳定的奇点

图2.4 范德波尔方程$\dfrac{\mathrm{d}^2 x}{\mathrm{d}t^2} + \alpha(x^2 - 1)\dfrac{\mathrm{d}x}{\mathrm{d}t} + x = 0$的解

从图2.4（b）可以看出,振荡解在相平面上是用孤立的封闭曲线表示。不同初始条件下解空间的轨线经过一段暂态过程,最后都会落在这条封闭曲线上。相平面上这种孤立的闭曲线称为极限环。混沌振荡没有确定的波形,或者说波形极其复杂,没有一定的周期。这种非周期的随机状态的解被称为混沌。

4.方程解的稳定性

非线性方程的解的形式与其定态解是否稳定有着重要的关系。作为一个系统,在实际应用中,总是不可避免地受到各种扰动的作用。这些扰动可以是外部环境的微小变化(如温度和电磁场的影响),也可以是系统内部起伏变化。系统运动方程的解是稳定的,是指方程的解在扰动下发生偏离,但仍然可以自动返回此状态,即系统可以长期稳定地处于此状态,或者是至少不会偏离此状态太远。反之,则称方程的解是不稳定的。不稳定的解是指在不可避免的扰动下系统一旦稍许偏离此状态,它将不能返回此状态,而是偏离此状态更多。这表明系统即使在某一时刻处于此种状态,它也会立刻自动地偏离此状态而偏向其他状态,此状态自然就是不稳定的。显然,这种不稳定的解不能代表实际存在的状态。

如前所述,周期解或混沌解是否存在与定态解的稳定性有关,因此判断定态解的稳定性具有更重要的意义。

李雅普诺夫稳定性的描述如下。

（1）设$t = t_0$时方程的解为$\pmb{x}_0(t_0)$,另一受扰动偏离它的解为$\pmb{x}(t_0)$。如果对于任意小的数$\varepsilon > 0$,总有一小数$\eta(\varepsilon, t_0) > 0$存在,使得当

$$|\pmb{x}(t_0) - \pmb{x}_0(t_0)| < \eta$$

必有

$$|\pmb{x}(t) - \pmb{x}_0(t)| < \varepsilon \qquad (t_0 < t)$$

则称解$\pmb{x}(t)$是在李雅普诺夫意义下稳定的,简称李雅普诺夫稳定或稳定的。

（2）如果解$\pmb{x}_0(t)$是稳定的,且

$$\lim_{t \to \infty} |\pmb{x}(t) - \pmb{x}_0(t)| = 0$$

则称此解是渐近稳定的。

（3）不满足李雅普诺夫稳定的解称为不稳定解。

李雅普诺夫稳定性表示在扰动或初始条件发生小的变化时,解不至于发生太大的偏离。在渐近稳定条件下,即使受到扰动,系统最终仍将回到无扰动时的解。在不稳定情况下,初始条件的适当改变,就足以使得解的偏离超出任意给定的范围。

2.2　微分方程连续性与初始条件、参数变化的关系

根据系统在t_0时刻的状态预测其未来状态的微分方程,初值问题

$$\frac{\mathrm{d}\boldsymbol{x}}{\mathrm{d}t} = f(t, \boldsymbol{x}) \quad (\boldsymbol{x}(t_0) = \boldsymbol{x}_0) \quad\quad\quad (2.20)$$

必须有唯一解,也就是所谓的存在性和唯一性问题。一个微分方程成立的基础是其数值解的连续性。至少希望个别方程得到的解对于已知条件存在着任意小的偏差,但对非线性系统不会引起较大的误差。初值问题的已知条件就是初始状态$\boldsymbol{x}_0$、初始时刻t_0和等式右边的$f(t, \boldsymbol{x})$。对初始条件$(t_0, \boldsymbol{x}_0)$和对f的参数连续性,要看状态方程(2.20)的解。因此它与初始状态$\boldsymbol{x}_0$、初始时间t_0和$f(t, \boldsymbol{x})$相关。由积分关系

$$\boldsymbol{x}(t) = \boldsymbol{x}_0 + \int_{t_0} f[s, \boldsymbol{x}(s)]\mathrm{d}s$$

可明显看出,解对初始时间的连续依赖。

　　设$\boldsymbol{y}(t)$是式(2.20)的一个解,初始状态$\boldsymbol{y}(t_0) = \boldsymbol{y}_0$且定义在时间区域$[t_0, t_1]$上。如果在$\boldsymbol{y}_0$附近的解定义在同一时间区间,且在这一区间内彼此接近,则该解连续依赖于$\boldsymbol{y}_0$。用ε-δ语言可描述为:给定$\varepsilon > 0$,总存在有$\delta > 0$,使得对于球$\{\boldsymbol{x} \in \mathbf{R}^n \mid \parallel \boldsymbol{x} - \boldsymbol{y}_0 \parallel < \delta\}$($\parallel\ \parallel$代表距离数,是空间坐标的半径)内的所有$\boldsymbol{z}_0$,方程$\frac{\mathrm{d}\boldsymbol{x}}{\mathrm{d}t} = f(t, \boldsymbol{x})$,在$\boldsymbol{z}(t_0) = \boldsymbol{z}_0[t_0, t_1]$内有唯一解$\boldsymbol{z}(t)$,且对于所有$t \in [t_0, t_1]$满足$\parallel \boldsymbol{z}(t) - \boldsymbol{y}(t)\parallel < \varepsilon$。用类似方法可定义对方程右边函数$f$的连续依赖,但为了精确描述定义,需要函数$f$的扰动的数学表达式。一个可能的表达式就是用函数序列f_m代替f。当$m \to \infty$时,f_m一致收敛于f。对于每个函数f_m,方程$\frac{\mathrm{d}\boldsymbol{x}}{\mathrm{d}t} = f_m(t, \boldsymbol{x})$,$\boldsymbol{x}(t_0) = \boldsymbol{x}_0$的解由$\boldsymbol{x}_m(t)$表示。如果当$m \to \infty$时,$\boldsymbol{x}_m(t) \to \boldsymbol{x}(t)$,则说明该解连续依赖于方程右边的函数。更为严格、更为简单的表达式是,假设f连续依赖于一组常数参数,即$f = f(t, \boldsymbol{x}, \lambda)$,$\lambda \in \mathbf{R}^n$。常数参数可以是物理参数,对这些扰动的研究可说明参数老化造成建模误差或变化。设$\boldsymbol{x}(t, \lambda_0)$是$\frac{\mathrm{d}\boldsymbol{x}}{\mathrm{d}t} = f(t, \boldsymbol{x}, \lambda_0)$,$\boldsymbol{x}(t_0, \lambda_0) = \boldsymbol{x}_0$定义在$[t_0, t_1]$上的解。如果对于任意$\varepsilon > 0$,存在$\delta > 0$使得对于球$\{\lambda \in \mathbf{R}^n \mid \parallel \lambda - \lambda_0 \parallel < \delta\}$内的所有$\lambda$,方程$\frac{\mathrm{d}\boldsymbol{x}}{\mathrm{d}t} = f(t, \boldsymbol{x}, \lambda)$,$\boldsymbol{x}(t_0, \lambda) = \boldsymbol{x}_0$在$[t_0, t]$内有唯一解,且对于所有$t \in [t_0, t_1]$

满足$\|x(t, \lambda) - x(t, \lambda_0)\| < \varepsilon$,则称其解连续依赖于$\lambda$。

2.3　状态方程解的可微性和灵敏度方程

假设对于所有$(t, x, \lambda) \in [t_0, t_1] \times \mathbf{R}^n \times \mathbf{R}^p$, $f(t, x, \lambda)$对于(t, x, λ)连续,且对于x和λ有一阶偏导数,设λ_0是λ的一个标称值,并假设标称状态方程

$$\frac{\mathrm{d}x}{\mathrm{d}t} = f(t, x, \lambda_0) \qquad (x(t_0) = x_0)$$

在$[t_0, t_1]$上有唯一解$x(t, \lambda_0)$。当所有λ足够接近λ_0,即$\|\lambda - \lambda_0\|$足够小时,状态方程

$$\frac{\mathrm{d}x}{\mathrm{d}t} = f(t, x, \lambda) \qquad (x(t_0) = x_0)$$

在$[t_0, t_1]$上有唯一解$x(t, \lambda)$,该解接近于标称解$x(t, \lambda_0)$。f对于x和λ的连续可微性是指附加性质,即解$x(t, \lambda)$对于λ_0附近的λ是可微的,为说明这一点,取

$$x(t, \lambda) = x_0 + \int_{t_0}^{t} f[s, x(s, \lambda), \lambda] \mathrm{d}s$$

对λ求偏导数,可得

$$x_\lambda(t, \lambda) = x_0 + \int_{t_0}^{t} \left[\frac{\partial f}{\partial x}[s, x(s, \lambda), \lambda] x_\lambda(s, \lambda) + \frac{\partial f}{\partial \lambda}[s, x(s, \lambda), \lambda] \right] \mathrm{d}s$$

式中, $x_\lambda(t, \lambda) = [\partial x(t, \lambda) / \partial \lambda]$, $[\partial x_0 / \partial \lambda] = 0$,因为$x_0$与$\lambda$无关。对$t$求微分,即可看出$x_\lambda(t, \lambda)$满足微分方程

$$\frac{\partial}{\partial t} x_\lambda(t, \lambda) = A(t, \lambda) x_\lambda(t, \lambda) + B(t, \lambda) \quad \left(x_\lambda(t_0, \lambda) = 0 \right) \qquad (2.21)$$

式中

$$A(t, \lambda) = \left. \frac{\partial f(t, x, \lambda)}{\partial x} \right|_{x = x(t, \lambda)}, \quad B(t, \lambda) = \left. \frac{\partial f(t, x, \lambda)}{\partial \lambda} \right|_{x = x(t, \lambda)}$$

当λ足够接近λ_0时,矩阵$A(t, \lambda)$和$B(t, \lambda)$在$[t_0, t_1]$上有定义,因此$x_\lambda(t, \lambda)$也定义在同一区间。在$\lambda = \lambda_0$处,式(2.21)的等式右边仅与标称解$x(t, \lambda_0)$有关。设$S(t) = x_\lambda(t, \lambda_0)$,那么,$S(t)$就是方程

$$\frac{\mathrm{d}S(t)}{\mathrm{d}t} = A(t, \lambda_0) S(t) + B(t, \lambda_0) \qquad (S(t_0) = 0) \qquad (2.22)$$

的唯一解。函数$S(t)$称为灵敏度函数,式(2.22)称为灵敏度方程。灵敏度函数给出解受参数变化影响的一阶估值,也可用于当λ足够接近标称值λ_0时逼近系统方程的解。当$\| \lambda - \lambda_0 \|$较小时,$x(t,\lambda)$可在标称解$x(t,\lambda_0)$附近按泰勒级数展开,得

$$x(t,\lambda) = x(t,\lambda_0) + S(t)(\lambda - \lambda_0) + D$$

式中,D为高阶无穷小项,可以忽略,解$x(t,\lambda)$可由

$$x(t,\lambda) \approx x(t,\lambda_0) + S(t)(\lambda - \lambda_0) \qquad (2.23)$$

近似。式(2.23)的意义在于,知道了标称解和灵敏度函数,就足以逼近在以λ_0为中心的小球内对所有λ值的解。

计算灵敏度函数$S(t)$的步骤可总结如下。

(1)解标称状态方程的标称解$x(t,\lambda_0)$。

(2)计算雅可比矩阵

$$A(t,\lambda_0) = \left. \frac{\partial f(t,x,\lambda)}{\partial x} \right|_{x=x(t,\lambda_0),\lambda=\lambda_0}, \qquad B(t,\lambda_0) = \left. \frac{\partial f(t,x,\lambda)}{\partial \lambda} \right|_{x=x(t,\lambda_0),\lambda=\lambda_0}$$

(3)解灵敏度方程式(2.22),求灵敏度函数$S(t)$。

在上述步骤中,需要解非线性标称状态方程和线性时变灵敏度方程。除某些简单情况外,必须求解这些方程的数值解。另一个计算$S(t)$的方法是同时求解标称解和灵敏度函数,可以对初始状态方程附加变分方程(2.21),然后设$\lambda=\lambda_0$,获得($n+np$)阶增广方程

$$\frac{\mathrm{d}x}{\mathrm{d}t} = f(t,x,\lambda_0) \quad (x(t_0) = x_0)$$

$$\frac{\mathrm{d}S}{\mathrm{d}t} = \left[\frac{\partial f(t,x,\lambda)}{\partial x} \right]_{\lambda=\lambda_0} S + \left. \frac{\partial f(t,x,\lambda)}{\partial \lambda} \right|_{\lambda=\lambda_0} \quad (S(t_0) = 0) \qquad (2.24)$$

这样就可用数值方程求解。值得注意的是,如果初始状态方程是自治的,也就是说,$f(t,x,\lambda)=f(x,\lambda)$,那么增广方程(2.24)也是自治的。

2.4 奇点(平衡点)、极限环和分岔

由线性系统到非线性系统的研究中,离不开对于奇点(平衡点)和极限环的描述,在前面叙述中已经接触到这些问题。分岔是非线性系统的另一种现象。

2.4.1 奇点（平衡点）

1.奇点

奇点是指自治系统 $\dfrac{\mathrm{d}x}{\mathrm{d}t} = f(x)$ 中，$f(x)=0$ 的一个解$x(t)=x_0$为常数。积分曲线是 (t, x)空间中一条平行于t轴的直线，相当于恒定的直流电流。积分曲线$x = x(t)$ 在$t = 0$的超平面上的投影称为系统的轨线。奇点的轨线退化为相平面上的一个 点(平衡点)。

对于二阶电路的自治系统方程$\dfrac{\mathrm{d}x}{\mathrm{d}t} = Ax$可写成

$$\begin{cases} \dfrac{\mathrm{d}x}{\mathrm{d}t} = ax + by \\ \dfrac{\mathrm{d}y}{\mathrm{d}t} = cx + dy \end{cases} \tag{2.25}$$

其特征方程$\left| A - \lambda \right| = \begin{vmatrix} a - \lambda & b \\ c & d - \lambda \end{vmatrix} = \lambda^2 + p\lambda + q = 0$的根为

$$\lambda_{1,2} = \left(-p \pm \sqrt{p^2 - 4q}\right)\big/ 2$$

式中，$p=-(a+d)$，$q=ad-bc$，记$\varDelta = p^2-4q$

根据特征方程的系数和根的不同情况得到可奇点的四种情况。奇点的分布 状态如图2.5所示。

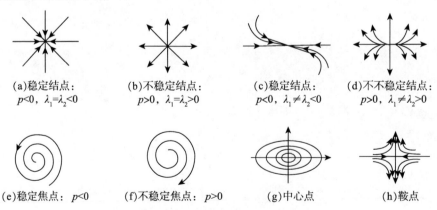

(a)稳定结点：   (b)不稳定结点：   (c)稳定结点：   (d)不不稳定结点：
$p<0$，$\lambda_1=\lambda_2<0$ $p>0$，$\lambda_1=\lambda_2>0$ $p<0$，$\lambda_1\neq\lambda_2<0$ $p>0$，$\lambda_1\neq\lambda_2>0$

(e)稳定焦点：$p<0$ (f)不稳定焦点：$p>0$ (g)中心点   (h)鞍点

图2.5 奇点的分布状况

1）$q>0$，$\Delta \geqslant 0$情况

这时两个特征根λ_1和λ_2都是实数，而且符号相同。图解的发展趋势是按照指数形式沿着$T>0$的方向远离奇点（平衡点）或者沿着$T<0$的方向衰减并趋向奇点。这样的奇点称为结点。它们分别是不稳定的结点和渐近稳定的结点。图2.5中的（a）与（c）为渐近稳定结点，（b）和（d）为不稳定结点。

2）$q>0$，$\Delta<0$情况

这时两个特征根λ_1和λ_2都是复数。其解为振荡解。当$T>0$时解的振幅按指数形式增长；当$T<0$时扰动的振幅又按指数形式进行衰减。这样的奇点称为焦点或螺线点，如图2.4中（e）与（f），其中（e）为渐近稳定焦点，（f）为不稳定焦点。从图中可以看出，其周围解的轨线为螺线。因此，这种螺线型的解分别相当于增幅和阻尼振荡。

3）$q>0$，$p=0$情况

这时两个特征根λ_1和λ_2均为虚数，解是振荡的。它们在相平面上的轨迹是一些封闭的曲线，如图2.5（g）所示。这时的奇点称为中心。中心附近的解的封闭曲线并不趋于中心，因此，中心点为李雅普诺夫稳定而不是渐近稳定。

4）$q<0$情况

这时两个特征根λ_1和λ_2都是实数，但一个为正，另一个为负，如图2.5（h）所示。图中可见这两个根中，一个解随着时间的变化趋于零；而另一个解则趋近于无穷大。因此，奇点一定是不稳定的。这样的奇点称为鞍点。

由此可根据线性化矩阵的本征值中是否存在正的实部来判定奇点的稳定性。如果线性化矩阵的本征值中存在正的实部，即可判定奇点是不稳定的。

2. 多重平衡点

对于线性系统$x=Ax$，如果A没有零特征值，即如果$\det A \neq 0$，那么系统在$x=0$处有一个孤立平衡点。当$\det A \neq 0$时，系统呈现具有平衡点的连续系统。这些仅是线性系统可能具有的平衡点模式，非线性系统可以有多重孤立的平衡点。在此将研究隧道二极管电路的特性，它具有多重孤立平衡点。

隧道二极管电路的状态模型为

$$
\begin{cases}
\dfrac{\mathrm{d}x_1}{\mathrm{d}t} = \dfrac{1}{C}[-h(x_1)+x_2] \\[3mm]
\dfrac{\mathrm{d}x_2}{\mathrm{d}t} = \dfrac{1}{L}[-x_1-Rx_2+\mu]
\end{cases}
\tag{2.26}
$$

假设电路参数分别为：调制系数$\mu=1.2$ V，电阻$R=1.5$ kΩ，电容$C=2$ pF和电感$L=2$ μF，测量时间为纳秒级，电流x_2和h（x_1）的单位是微安，状态模型为

$$
\begin{cases}
\dfrac{\mathrm{d}x_1}{\mathrm{d}t} = 0.5[-h(x_1) + x_2] \\[3mm]
\dfrac{\mathrm{d}x_2}{\mathrm{d}t} = 0.2(-x_1 - 1.5x_2 + 1.2)
\end{cases}
\tag{2.27}
$$

假设 $h(\cdot)$ 为

$$
h(x_1) = 17.76x_1 - 103.79x_1^2 + 229.62x_1^3 - 226.31x_1^4 + 83.72x_1^5
$$

设 $\dfrac{\mathrm{d}x_1}{\mathrm{d}t} = \dfrac{\mathrm{d}x_2}{\mathrm{d}t} = 0$，并解方程（2.27）求平衡点，可验证其具有三个平衡点，分别是（0.063, 0.758）、（0.285, 061）和（0.884, 021）。图2.6所示为由计算机程序生成的隧道二极管电路的相图。相图中三个平衡点分别用 Q_1，Q_2 和 Q_3 表示。从相图看出，除两条逼近 Q_2 的特殊轨线外，其他所有轨线都逼近 Q_1 或 Q_3。平衡点 Q_2 附近的轨线具有鞍点的形式，而 Q_1 和 Q_3 附近的轨线具有结点的形式。两条逼近 Q_2 的特殊轨线是鞍点的稳定轨线，它们形成的曲线把平面分成两半部分，所有始于左半边的曲线都逼近 Q_1，而所有始于右半边的轨线都逼近 Q_3。这条特殊曲线称为分界线，因为它把平面分成具有不同特性的两个区域。根据经验，利用电路中电容的电压和电感的电流的初始值，来研究确定其稳态工作点 Q_1 或 Q_3。但在相图的实际研究中，从不观察位于 Q_2 的平衡点，因为随处存在的物理噪声会引起轨线由 Q_2 点处开始发散。

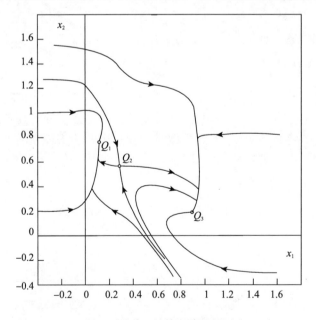

图2.6　隧道二极管电路的相图

　　具有多重平衡点的隧道二极管电路,因为有两个稳态工作点,因而被称为双稳态电路,已用于计算机的存储器中。平衡点Q_1代表二进制状态"0",而平衡点Q_3代表二进制状态"1"。通过幅度足够大的触发信号可实现Q_1到Q_3的触发,或其相反过程,在此期间允许轨线在分界线两边运动。例如,隧道二极管电路负载的调整如图2.7所示,如果电路起始工作点在Q_1,给电压源u施加正脉冲会使轨线进入分界线的右边,脉冲必须有足够的幅度使负载线提高到图2.7的虚线以上,还要有足够的宽度允许轨线进入分界线的右边。

　　如果把电路看成是输入为$u=E$,输出为$y=v_R$的系统,还可揭示出电路的另一特点。隧道二极管电路的迟滞特性如图2.8所示。假设开始时u值较小,系统只有一个平衡点Q_1。一个瞬态周期后,系统处于工作点Q_1。现在逐渐增大u,使电路在"每次增加后处于一个平衡点。对于u的某个取值范围,Q_1是唯一的平衡点。在图2.8所示的系统输入输出特性曲线上,这一范围对应于EA段。当输入增加到大于A时,电路会有两个稳态工作点,在AB段为Q_1,在CD段为Q_3。由于u是逐渐增加的,所以初始条件在Q_1附近,且电路将稳定在Q_1处,因此输出将在AB段。继续增大u,电路会达到只有一个平衡点Q_3的状态,因而在一个瞬态周期后,电路将稳定在Q_3处。在输入输出特性曲线上,以由B到C阶跃的形式出现。当u较大时,输出将保持在CF段。假设现在开始逐渐减小u,首先只有一个平衡点Q_3,即输出将沿FC段移动。当u超过对应于C点的某一值时,电路将有两个稳态工作点Q_1和Q_3,但电路会稳定在Q_3,因为其初始条件较接近Q_3,因此输出将在CD段。当u最终减小到对应于D的某一值时,电路将只有Q_1一个平衡点,其特性曲线出现由D到A的阶跃。因此系统的输入输出特性表现为迟滞特性。

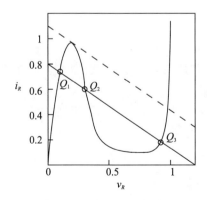

图2.7　隧道二极管电路负载的调整

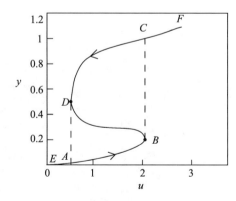

图2.8　隧道二极管电路的迟滞特性

2.4.2　极限环

　　在某些非线性电路中会建立其一种稳定状态,它在相平面上的轨道是一种被称为极限环的闭合曲线。孤立的周期轨道称为极限环。极限环是孤立的封闭轨道,与它相邻的各轨道或是卷向极限环,或是由极限环卷离出去。前者称为稳定极限环,后者为不稳定极限环,如图2.9所示。极限环可以认为是最典型的非线性周期振荡过程。

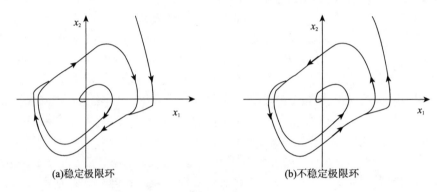

(a)稳定极限环　　　　　　　　　　　　　　(b)不稳定极限环

图2.9　极限环

　　为方便,将前述的范德波尔电路方程改写为

$$\begin{cases} \dfrac{\mathrm{d}x_1}{\mathrm{d}t} = x_2 \\[2mm] \dfrac{\mathrm{d}x_2}{\mathrm{d}t} = -x_1 + \varepsilon(1-x_1^2)x_2 \end{cases} \tag{2.28}$$

来研究参数ε取三个不同值时的相图,三个值分别为一个较小值0.2、一个中等值1.0和一个较大值5.0。这三种情况的相图都显示出有一个唯一的闭轨道吸引所有从轨道出发的轨线。当$\varepsilon=0.2$时,闭轨道是一条平滑轨道,为半径接近于2的圆,如图2.10(a)所示,这是ε较小时(如$\varepsilon<0.3$)的典型情况。当$\varepsilon=1.0$时,闭轨道的形状是扭曲的圆,如图2.10(b)所示。当ε较大为5.0时,闭轨道严重扭曲,如图2.11(a)所示。在这种情况下,如果选择状态变量为$z_1=i_L$, $z_2=v_c$,可得到一个更具启发性的相图,此时状态方程为

$$\begin{cases} \dfrac{\mathrm{d}z_1}{\mathrm{d}t} = \dfrac{1}{\varepsilon}z_2 \\[2mm] \dfrac{\mathrm{d}z_2}{\mathrm{d}t} = -\varepsilon\left(z_1 - z_2 + \dfrac{1}{3}z_2^3\right) \end{cases} \tag{2.29}$$

图2.11（b）所示为$\varepsilon=5.0$时在z_1-z_2平面的相图,除各个方向角(接近竖直)外,闭轨道非常接近曲线$z_1 = z_2 - (1/3)z_2^3$。闭轨道的竖起部分可以看成当其到达某个方向角时,闭轨道从曲线的一个分支跳到另一个分支。发生跳跃现象的振荡通常称为张弛振荡,这是ε较大($\varepsilon > 3.0$)时的典型相图。

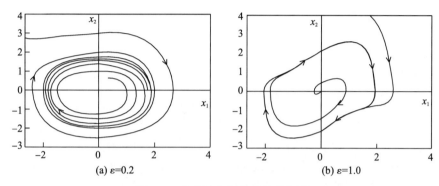

(a) $\varepsilon=0.2$ 　　　　(b) $\varepsilon=1.0$

图2.10　范德波尔振荡电路的相图

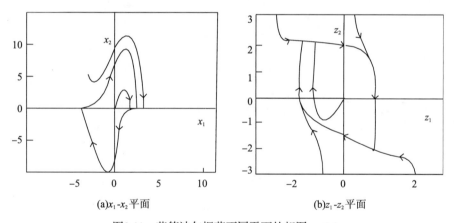

(a)x_1-x_2平面 　　　　(b)z_1-z_2平面

图2.11　范德波尔振荡不同平面的相图$\varepsilon = 5.0$

　　从范德波尔振荡电路方程可知,当$\varepsilon = 1$时,方程的周期解即为极限环;$\varepsilon<0$时范德波尔方程的奇点($0,0$)是稳定结点或稳定焦点,此时范德波尔方程解的轨线都要趋向此奇点,从而不可能形成封闭的极限环;只有当$\varepsilon>0$时,奇点不稳定,才可能出现振荡解。这里所说的稳定极限环只是渐近稳定的,而不稳定极限环则是轨道不稳定的。

　　从以上分析可知,振荡极限环至少具有如下特点:

　　（1）一个极限环的邻域不可能有另外的极限环。这表明在相平面中,极限环所表示的振动状态是孤立的;

（2）极限环的一些特征(大小、形状和周期等)由系统运动规律(方程)和相应的参数来决定,而与初始状态和扰动无关;

（3）包围不稳定点的极限环一定是轨道稳定的,而包围稳定奇点的极限环总是轨道不稳定的。

另外,由于自然界存在的大量周期过程都是非线性的极限环型振荡,这些振荡使得稳定极限环与不稳定极限环还可以交替地相互包围。

2.4.3　分岔

对于非线性方程 $\dfrac{\mathrm{d}x_i}{\mathrm{d}t} = f_i(x_j, \mu)$,参数$\mu$在某一值$\mu_c$附近作微小变化,将引起系统运动发生突变的现象,称为分岔。此时的μ_c称为分岔点。当方程斜率等于1时,周期解失稳而发生分岔。发生倍周期分岔时,其斜率总是为−1。

分岔主要有树枝(超临界交叉)分岔、鞍结点(saddle-node)分岔、霍普夫(Hopf)分岔和它们的派生分岔。

考虑分析问题的方便,将由参数μ决定的二阶非线性系统方程改写为

$$
\begin{cases}
\dfrac{\mathrm{d}x_1}{\mathrm{d}t} = \mu - x_1^2 \\[2mm]
\dfrac{\mathrm{d}x_2}{\mathrm{d}t} = -x_2
\end{cases}
\tag{2.30}
$$

当$\mu > 0$时,系统有两个平衡点$(\sqrt{\mu}, 0)$和$(-\sqrt{\mu}, 0)$。在点$(\sqrt{\mu}, 0)$外线性化,可得到雅可比矩阵$\begin{bmatrix} -2\sqrt{\mu} & 0 \\ 0 & -1 \end{bmatrix}$,这说明$(\sqrt{\mu}, 0)$是一个稳定结点,而在点$(-\sqrt{\mu}, 0)$线性化可得到雅可比矩阵$\begin{bmatrix} 2\sqrt{\mu} & 0 \\ 0 & -1 \end{bmatrix}$,说明$(-\sqrt{\mu}, 0)$是一个鞍点。随着$\mu$值减小,鞍点和结点互相逼近,在$\mu=0$时相遇,而当$\mu<0$时消失。当$\mu$通过零时,会在系统的相图上看到一个戏剧性的变化。图2.12所示为μ值为正、为零和为负时系统的相图。当μ值为正时,无论其多么小,在$\{x_1 > -\sqrt{\mu}\}$内的所有轨线都在稳定结点达到稳态。当μ值为负时,所有轨线最终都逃向无穷。系统的这种特性的变化称为分岔。一般来说,分岔就是当参数变化时,平衡点、周期轨道或稳定性质的改变。参数称为分岔参数,发生变化处的参数值称为分岔点。在上述例子中,分岔参数是μ,分岔点是$\mu=0$。

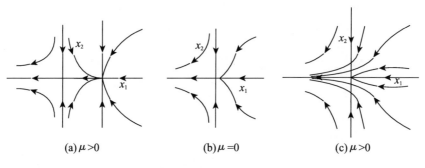

(a)μ>0　　　　　　(b)μ=0　　　　　　(c)μ>0

图2.12　鞍点分岔相图

各类型分岔如图2.13所示。在前面分析中看到的分岔可由图2.13（a）所示的分岔图来表示，该图绘出了平衡点的模（或范数）与分岔参数的关系，稳定结点由实线表示，鞍点由虚线表示。

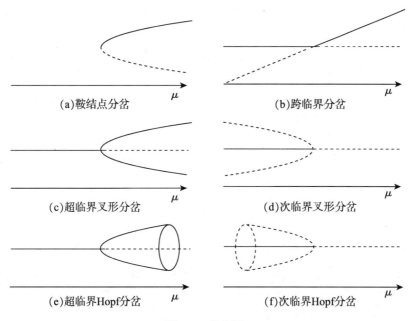

(a)鞍结点分岔　　　　　　　　　　(b)跨临界分岔

(c)超临界叉形分岔　　　　　　　　(d)次临界叉形分岔

(e)超临界Hopf分岔　　　　　　　　(f)次临界Hopf分岔

图2.13　分岔图

通常，分岔图的坐标是平衡点或周期轨道的模值，实线表示稳定结点、稳定焦点和稳定极限环，而虚线表示非稳定结点、非稳定焦点和非稳定极限环，如图2.13所示。图2.13（a）表示的分岔称为鞍结点分岔，因为它是由鞍点和结点相遇产生的。值得注意的是，雅可比矩阵在平衡点有一个为零的特征值，这是图2.13（a）到图2.13（d）的一般特性。图2.13（a）~2.13（f）都是零特征值分岔的例子。图2.13（b）

所示为跨临界(trascritical)分岔,其平衡点在分岔过程中始终存在,但其稳定特性却发生了变化。例如,系统

$$
\begin{cases}
\dfrac{dx_1}{dt} = \mu x_1 - x_1^2 \\[2mm]
\dfrac{x_2}{dt} = -x_2
\end{cases}
\tag{2.31}
$$

有两个点(0,0)和(μ,0)。在(0,0)点的雅可比矩阵为 $\begin{bmatrix} \mu & 0 \\ 0 & -1 \end{bmatrix}$,这说明当$\mu<0$时,(0,0)是稳定结点,而当$\mu>0$时,(0,0)是鞍点。而点($\mu$,0)的雅可比矩阵为 $\begin{bmatrix} -\mu & 0 \\ 0 & -1 \end{bmatrix}$,其中,当$\mu<0$时, ($\mu$,0)是鞍点,而当$\mu>0$时, ($\mu$,0)是稳定结点。所以,当平衡点在整个分岔点$\mu=0$都存在时,(0,0)从稳定结点变为鞍点,而($\mu$,0)从鞍点变为稳定结点。

　　在描述图2.13中的其他分岔前,应首先注意到前面两个系统的重要区别。在后一个系统中,过分岔点引起原点处的平衡点从稳定结点变为鞍点,但同一时刻在(μ,0)处产生一个稳定结点,当μ较小时将接近原点,这意味着分岔对系统性能的影响并不显著。例如,假设系统有一个负的μ值使原点为稳定结点,画出其相图可看出,在$\{x_1>\mu\}$内的所有轨线当时间趋于无穷时都趋向原点。假设μ的标称值模值较小,以至于一个小的扰动就可使μ变为正值,那么原点将是一个鞍点,且在(μ,0)处将会有一个稳定结点。其相图则说明$\{x_1>0\}$内的所有轨线随着时间趋于无穷而趋向稳定结点(μ,0)。当μ值较小时,系统的稳态工作点将接近原点。所以当被扰动系统没有理想的稳态特性时,就接近该标称系统。这种情况与鞍结点分岔的例子大不相同。假设标称系统有一个正的μ值,使$\{x_1 > -\sqrt{\mu}\}$内的所有轨线,当时间趋于无穷时都趋向稳定结点(μ,0)。如果μ的标称值较小,一个小的扰动就会使μ变为负值,那么稳定结点一消失,轨线将偏离理想的稳态工作点,甚至发散到无穷远处。由于对稳态特性的影响不同,在跨临界分岔例子中的分岔称为安全分岔或软分岔,而鞍结点分岔中的分岔称为危险分岔或硬分岔。

　　在分析图2.13 (c)和图2.13 (d)的分岔时,也把分岔分为安全和危险两种情况,这两个图分别表示超临界叉形(树枝)分岔和次临界叉形分岔。超临界叉形分岔是以系统

$$
\begin{cases}
\dfrac{\mathrm{d}x_1}{\mathrm{d}t} = \mu x_1 - x_1^3 \\[2mm]
\dfrac{\mathrm{d}x_2}{\mathrm{d}t} = -x_2
\end{cases}
\tag{2.32}
$$

为例的。当$\mu<0$时,在原点有唯一的平衡点,通过雅可比矩阵,可知原点是稳定结点。当$\mu>0$时,有三个平衡点$(0,0)$,$(\sqrt{\mu},0)$和$(-\sqrt{\mu},0)$。雅可比矩阵的计算说明$(0,0)$是鞍点,而另外两个平衡点是稳定结点。这样,当μ通过分岔点$\mu=0$时,在原点处的稳定结点分岔为一个鞍点,并产生出两个稳定结点$(\pm\sqrt{\mu},0)$。新产生的稳定结点模值随μ增加而增大,因此μ小时模值较小。次临界叉形分岔是以系统

$$
\begin{cases}
\dfrac{\mathrm{d}x_1}{\mathrm{d}t} = \mu x_1 + x_1^3 \\[2mm]
\dfrac{\mathrm{d}x_2}{\mathrm{d}t} = -x_2
\end{cases}
\tag{2.33}
$$

为例的。当$\mu<0$时,有三个平衡点、一个稳定结点$(0,0)$和两个鞍点$(\pm\sqrt{-\mu},0)$。当$\mu>0$时,有唯一的平衡点$(0,0)$,为鞍点。这样当μ通过平衡点$\mu=0$时,稳定结点与鞍点$(\pm\sqrt{-\mu},0)$在原点相遇,并且分岔为鞍点。比较超临界叉形分岔和次临界叉形分岔很容易看出,超临界叉形分岔是安全分岔,而次临界叉形分岔是危险分岔。实际上,如果当$\mu<0$时系统在稳定结点$(0,0)$处有一个标称工作点,那么当μ被扰动变为一个小的正值时,超临界叉形分岔保证了系统接近稳态工作,而次临界叉形分岔的轨线将会偏离标称工作点。

当稳定结点在分岔点失去稳定性时,雅可比矩阵通过零点。如果稳定焦点失去稳定性,则一对复共轭特征值会通过虚轴,如图2.13(e)和图2.13(f)所示。图2.13(e)称为超临界霍普夫分岔,图2.13(f)称为次临界霍普夫霍普夫分岔[①]。超临界霍普夫分岔以系统

$$
\begin{cases}
\dfrac{\mathrm{d}x_1}{\mathrm{d}t} = x_1(\mu - x_1^2 - x_2^2) - x_2 \\[2mm]
\dfrac{\mathrm{d}x_2}{\mathrm{d}t} = x_2(\mu - x_1^2 - x_2^2) + x_1
\end{cases}
\tag{2.34}
$$

---

① 这是霍普夫分岔的细分。

为例。取

$$x_1 = r\cos\theta, \quad x_2 = r\sin\theta$$

则系统可用极坐标表示为

$$\frac{\mathrm{d}r}{\mathrm{d}t} = \mu r - r^3, \quad \frac{\mathrm{d}\theta}{\mathrm{d}t} = 1$$

系统在原点处有唯一的平衡点,图2.14所示为μ的符号不同时对应的临界霍普夫分岔相图。当$\mu<0$时,原点是稳定焦点,所有轨线都被其吸引;而当$\mu>0$时,原点为非稳定焦点,但有一个稳定极限环吸引所有的轨线,零解除外。极限环为$r=\sqrt{\mu}$,表明振荡幅度随μ增大而增大,且当μ值较小时,幅度也较小。由于当稳定焦点因小的扰动消失时,系统会有小幅度的稳态振荡,因此它是安全分岔。为理解分岔过程中特征值的特性,注意到原点的雅可比矩阵

$$\begin{bmatrix} \mu & -1 \\ 1 & \mu \end{bmatrix}$$

其特征值为$\mu \pm j$,当μ从负值增大到正值时,这两个特征值从左到右穿过虚轴。

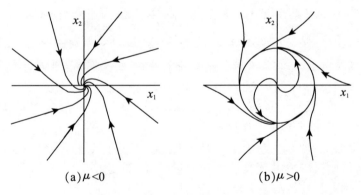

$$(a)\mu<0 \qquad\qquad (b)\mu>0$$

图2.14 超临界霍普夫分岔的相图

次临界霍普夫分岔以系统

$$\begin{cases} \dfrac{\mathrm{d}x_1}{\mathrm{d}t} = x_1[\mu + (x_1^2 + x_2^2) - (x_1^2 + x_2^2)^2] - x_2 \\ \dfrac{\mathrm{d}x_2}{\mathrm{d}t} = x_2[\mu + (x_1^2 + x_2^2) - (x_1^2 + x_2^2)^2] + x_1 \end{cases} \quad (2.35)$$

为例,取

$$\frac{\mathrm{d}r}{\mathrm{d}t} = \mu r + r^3 - r^5, \quad \frac{\mathrm{d}\theta}{\mathrm{d}t} = 1$$

可将系统用极坐标表示。系统在原点处有唯一的平衡点,当$\mu<0$时是稳定焦点,而当$\mu>0$时是非稳定焦点。由方程

$$0 = \mu + r^2 - r^4$$

可确定系统的极限环。当$\mu<0$时,有两个极限环$r^2 = (1 \pm \sqrt{1+4\mu})/2$,其中,极限环$r^2 = (1 + \sqrt{1+4\mu})/2$是稳定的,另一个$r^2 = (1 - \sqrt{1+4\mu})/2$则是非稳定的。当$\mu>0$时,只有一个稳定极限环$r^2 = (1 + \sqrt{1+4\mu})/2$。这样,当$\mu$从负值增大到正值时,原点处的稳定焦点也随非稳定极限环而消失,并且分岔为非稳定焦点,如图2.13(f)的分岔所示。

2.5 吸引子和奇怪吸引子

2.5.1 吸引子

由于耗散系统的相空间容积是收缩的,所以n维耗散系统的稳态运动将位于一个小于n维的"曲面"(超曲面)上,简单说来,这个"曲面"就是吸引子。但是,到目前为止,对吸引子的这个定义还没有令人满意的解释。

吸引子分为平凡吸引子和奇怪吸引子。不是奇怪吸引子的吸引子被称为平凡吸引子。

2.5.2 奇怪吸引子

在数学上,给奇怪吸引子这样一个定义。如果一个吸引子X还具有以下三个性质则这个吸引子是奇怪吸引子:①设U是X的邻域,当$x_0 \in U$时,动力系统$\varphi_t(x_0)$(或$\varphi_j(x_0)$)对初值x_0敏感;②X是拓扑传递的即对任意两个开集U、$V \subset S$,有$t \in \mathbf{R}$,$\varphi_t(U) \cap V \neq \varphi$(或当$j \in \mathbf{Z}$,$\varphi_j(U) \cap V \neq \varphi$);③$\varphi_t(x)$(或$\varphi_j(x)$)的周期轨道在$S$中是稠密的。

奇怪吸引子是轨道不稳定和耗散系统容积收缩两种系统内在性质同时发生的现象。轨道的不稳定性使得轨道局部分离,而耗散系统的耗散性使得相空间收缩到低维的"曲面"上,它表现为结构"紊乱"的吸引子,这里也可以看出保守系统由

于容积保持而不可能出现吸引子。

在状态空间中,伸缩与折叠的无穷多次变换将形成分数维的奇怪吸引子。奇怪吸引子在有限的相空间几何体内,具有无穷嵌套的自相似结构。它对初始条件十分敏感,在参数变化时,各层次的“空洞”发生填充和移位等变化,其运动是遍历的、混合的和随机的。

2.6　混沌及其研究方法

混沌是某些非线性方程所特有的一种解的形态。自然界充满着非线性运动状态,因而混沌现象逐渐被人们所认识。混沌是具有随机性的非周期振动。不是由随机性外因引起的,而是由确定性方程(内因)直接得到的、具有随机性的运动状态,就称为混沌。

2.6.1　从倍周期到混沌的过程

如果仔细考查混沌的形成过程,就不难发现某些普适性规律。

设方程除外加周期激励振幅F为可变参数外,其余参数均取定值

$$\frac{d^2 x}{dt^2} = 0.3\frac{dx}{dt} - x + x^3 = F\cos 1.2t \qquad (2.36)$$

当F由小逐渐变大时,方程的解依次如图2.15所示。$F<0.3$时,解$x(t)$都是周期振荡,而且周围是逐次成倍数增加;$F=0.2$时,振荡周期τ等于外加周期力激励幅值F的周期T

$$\tau = T = 2\pi/1.2$$

当$F=0.27$时,$\tau = 2T$;当$F = 0.28$时,$\tau = 2^2T$;当$F = 0.2867$时,$\tau = 2^3T$;当F继续增大达到某一临界值F_∞($F_\infty \approx 0.3$)时,τ应为2^∞,即周期变为无穷大振荡,此时方程已变得不是周期的了。因此,当$F > F_\infty$时,系统运动不能保持周期,于是便出现混沌。这表明参数逐渐变化时,系统由倍周期分岔进入混沌状态。参数取值是在混沌的范围内如图2.15(e)和(g)之间的(f),还存在着很窄的周期“窗口”,图2.15(f)还是周期为$5T$周期振荡。如果在混沌区中继续加大F值,又会依次出现周期为2^nT的周期振荡,如图2.15(h)、图2.15(i)所示的$2T$和$1T$的振荡。

这种倍周期振荡并由此通向混沌的情况也可由相平面(x, dx/dt)上的轨线看出。图2.16所示为图2.15(a)~(e)相对应的相平面上的轨线。可以看出,周期运动确实都是封闭曲线,周期为$2nT$的周期振荡有n条近似相同走向的轨线,这些轨

线共有n个交点。图2.16(e)是混沌运动轨线,从图上看去这些轨线是杂乱无章的,其实它是有内部结构和规律的。所以,混沌貌似随机,但确实是一个确定性的非线性的动态行为。

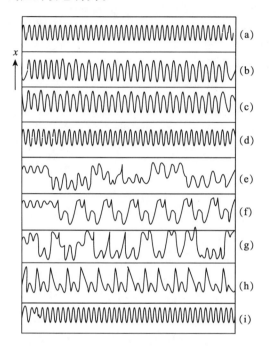

图2.15　周期、倍周期、混沌时域　　　　　　　图2.16　从倍周期到混沌的轨线相图

2.6.2　混沌的常规研究方法

混沌现象从轨迹图可以看出是一个极其复杂的振荡运动。为保证运动状态随时间变化或便于状态轨迹相空间内部规律的正确分析,通常采用一些有效的研究方法。

1.直接观察法

直接观察法是:根据动力学系统的数值运算结果,画出相空间中相轨迹随时间的变化图,以及状态变量随时的历程图。通过对比、分析和综合以确定解的分岔和混沌现象。在相空间中,周期运动对应于封闭曲线,混沌运动对应于一定区域内随机分离的永不封闭的轨迹(奇怪吸引子)。利用这种方法可确定分岔点和普适常数。

2.分频采样法

对周期外力作用下的非线性振子,研究其倍周期分岔和混沌现象,可采用频闪采样法,也称为分频采样法。该方法是实验物理学中闪烁采样法的推广。为避免复杂运动在相空间中轨迹的混乱不清,可以只限于观察隔一定时间间隔(称为采用周期)在相空间的代表点(称为采样点),这样原来在相空间的连续轨迹就被一系列离散点所代表。分频采样法目前是辨认长周期混沌带的最有效的方法。

分频采样法适用于一切由周期外力驱动的非线性系统,具有远高于其他方法的分辨能力。其分辨能力的进一步提高将受计算机字长的限制。但该方法也存在一定的缺点:一是解释不唯一;二是不能分辨比采样频率更高的频率。

3.庞加莱截面法

对于含多个状态变量的自治微分方程系统,可采用庞加莱截面法进行分析。其基本思想是在多维相空间中适当选取$(x_1, dx_1/dt, x_2, dx_2/dt, \cdots, x_n, dx_n/dt)$截面,在此截面上某一对共轭变量[如$(x_1, dx_1/dt)$]取固定值,称此截面为庞加莱截面。观察运动轨迹及此截面截点(庞加莱点),设它们依次为原来相空间的连续P_0, P_1, $\cdots$, P_n, $\cdots$。轨迹在庞加莱截面上可表现为一些离散点之间的映射$P_{n+1}=TP_n$,由它们可得到关于运动特性的信息。

单变量的周期运动在相平面的轨迹是封闭曲线。二变量的周期运动在2×2维相空间的轨迹是二维环面。以此类推,N变量的周期运动在$N \times N$维相空间的轨迹是N维环面。如果不考虑系统初始阶段的暂态过程,只考虑庞加莱截面上的稳态图像,则当庞加莱截面上只有一个不动点或少数离散点时,运动是周期的;当庞加莱截面上是一闭曲线时,运动是准周期的;当庞加莱截面上是成片的密集点,且有层次结构时,运动便是混沌的。通过观察运动轨迹与截面的截点(称为庞加莱点)的分布情况来判断系统是否混沌,但如何选择庞加莱截面,仍然存在较大的困难。

4.相空间重构法

在混沌实验研究过程中,有时候可能只便于对一个变量进行测量,这时采用分频采样法和庞加莱截面法不一定适用。但可以效仿分频采样法并利用相空间的概念进行分析。适当选取一时间延迟量,取得(t)、$(t + T)$、$(t + 2T)$、$\cdots$、$x[t+ (m-1) T]$作为坐标构建m维($m \leqslant 2n + 1$,n为自变量个数)空间轨线。由此可形象地勾画出最大维数,由相空间轨线进一步判断其运动的性质,这样的做法称为相空间重构法。

相空间重构法虽然是用一个变量在不同时刻的值构成相空间,但系统的一个变量的变化与其他变量相互关联。这使得变量随时间的变化隐含着整个系统的变化规律。因此,重构后的相空间的轨线也可反映出系统状态的演化规律。

由于通常要分析的运动中变量常是周期或非周期振荡的,可以依次取变量x相邻两次极大值x_m作离散映像构建$x_m(N+1)$-$x_m(N)$相图。此相图与庞加莱映像类似,由它也可得到关于运动状态及性质的相关信息。

重构的相平面$[x(t), x(t+T)]$或相空间$[(t),(t+T)(t+2T)]$中的图形与相平面$(x, dx/dt)$的图形相似。对于定点,这种作图法的结果仍然是定点;对于周期运动,结果也将是有限点;对于混沌,结果便是一些具有一定分布形式或结构的离散点。

5.功率谱法

谱分析是研究电子学振动和混沌的一个重要手段。首先讨论一下功率谱的定义。信号的功率谱是指信号的总功率在各频率分量上的分布情况,它表示信号能量分布的特征,对于分析信号有非常重要的作用。非周期运动的频率谱是一个连续谱。

目前已有专门仪器可以测出各种信号(过程)的功率谱,然后由功率谱来分析信号的特征,这在分析一些随机过程和混沌状态很有用。

对于已知的运动方程,可以利用计算机直接求其解的功率谱,并以此来分析解的性质来判定是否混沌。关于功率谱方法将在后面还要详细论述。

第3章　三阶电路系统混沌信号产生与控制

在电子学领域中,混沌现象在电子器件、电子线路中普遍存在,其对电路系统的运用产生重要影响。混沌的貌似随机和复杂运动状态,已经引起广泛关注和系统研究。这里以三阶电路系统为研究对象,研究混沌信号的产生与控制,并对典型混沌电路系统进行分析与讨论。

3.1　混沌信号产生的条件和特征

混沌运动是确定性非线性系统特有的复杂运动形态,出现在某些耗散系统、不可积哈密顿(Hamilton)保守系统和非线性离散映射系统中。如前所述,至今科学上仍没有给混沌一个完全统一的定义,它的定常状态不是通常概念下确定性运动的三者状态——静止(平衡)、周期运动和准周期运动,而是局限于有限区域且轨道永不重复、性态复杂的运动。它有时被描述为具有无限大周期的周期运动或貌似随机的运动等。

3.1.1　混沌的特征

与复杂的非线性振荡现象不同的是,混沌运动存在其特有的表征。

(1)初值敏感性。这是混沌和其他运动体制不一样的本质特征,这意味着混沌系统的长期行为是不可预测的,而短期行为是可以确定的。

(2)有界性。这说明无论混沌系统内部多么不稳定,它的运动始终局限于一个确定的区域,这样的区域称为混沌吸引域。因此,从整体看来可以说混沌系统是稳定的,从而便于更深入的研究。

(3)遍历性。大量的实验数据显示,在有限的时间内混沌轨线经过了混沌区域内的每一个状态点,即混沌系统是各态历经的。

(4)确定性方程中的内随机性。在一定条件下,如果系统的某一个状态出现的可能性不确定,则称该系统具有随机性。一般来讲,这种随机性系统只有受到外界干扰时才会产生。与随机性系统相对应的是确定性系统(能用确定的微分方程表示),即在不受外界干扰的情况下,系统状态可以预测。混沌系统虽然具有确定系统的某些特征(能用确定的微分方程表示),但其运动状态却具有某些"随机性",而且这些"随机性"是混沌系统内部自发产生的,即混沌系统的内随机性。混沌的内随机性是由混沌系统的初值敏感性造成的,同时也说明混沌系统是长期不可预测的,混沌局部是不稳定的。

（5）分维性。分维性是指在相空间中混沌运动的行为特征。在相空间中,混沌运动轨线在某个有界区域内经过无限次折叠,和一般确定性运动有所不同,而且一般的几何术语又不能用来表示这种运动,但分数维却能很好地表示这种无限次折叠。

（6）标度性。标度性是指混沌系统在无序运动中的有序态,这种有序态可以理解为:只要有高精度的实验设备或精确的足够多的数据,我们总可以在小尺度的无序的运动区域内看到有序的运动状态。

（7）普适性。普适性是指不同的系统在趋向混沌态时不随具体的系统方程或参数而变而表现出来的某些共有特征,它是混沌的内在一种表现规律。这种普适性可以用几种混沌普适常数来体现,如著名的费根鲍姆常数等。

（8）统计特征,正的李指数和连续功率谱等。李指数定量地刻画了非线性映射产生的运动轨道间分离或相互趋近的整体效果。在非线性映射中,李指数表示n维相空间中运动轨道沿各基向量的平均指数发散率,当李指数在小于零时、等于零和大于零,轨道间距离分别对应于按指数消失、不随指数变化和按指数分离,系统运动状态分别对应于周期运动或不动、迭代产生的点对应分岔点(即周期加倍的位置)和混沌态三种状态。对于混沌系统而言,李指数为正值,表明相邻的两个轨道是随指数分离的,并且轨线在每个局部都不稳定。但由于混沌的有界性,轨道永远不能在无限远处分离,所以混沌轨道只能在混沌域内反复折叠,永不相交,从而导致了混沌吸引子的特殊结构。在信息传输中李指数为正值也表明信息的丢失程度,随着其值增加,信息量表现为丢失的程度越深,混沌程度也越高。

3.1.2　混沌信号产生的条件

混沌貌似随机,它是一个确定的非线性的动态行为,是具有随机性的非周期的振动。

一般把定性的方法与从定量角度分析混沌的手段相结合来研究混沌的性态,定量主要包括以下几项:① 李指数;② 分数维(fractal dimension);③ 测度熵(metric entropy);④ 功率谱(power spectrum)。

李指数是与轨道近旁的相空间在不同方向上收缩和扩张的特性有关的平均量,能明确地区分确定性运动和混沌运动,而分数维和测度熵可通过李指数得到。功率谱是研究混沌运动的很有效的方法,混沌运动的功率谱是连续谱线。

因此,若系统满足下列条件之一则发生了混沌,这就是混沌产生的判据:

（1）系统的运动为奇怪吸引子现象;

（2）系统运动的功率谱上叠加有尖峰的特点(混沌状态的频谱是连续的);

（3）非整数维(分数维);

（4）系统中至少有一个李指数是正的（$\lambda > 0$）。

3.2　混沌的数值分析方法

系统的混沌运动来自于系统的非线性性质,但应当注意到,非线性只是产生混沌的必要条件而非充分条件。如何判断一个给定系统是否处于混沌运动状态,是非线性研究的重要问题之一。对混沌的分析可从两个方面来进行,即从定性和定量角度分析混沌。如前所知,混沌的分析研究方法很多,如直接观察法、分频采样法、庞加莱截面法、功率谱等。在此仅对李雅普诺夫指数和功率谱方法进行详细阐述。

3.2.1　李指数

李指数在保守系统和耗散系统的理论研究中起到了十分重要的作用,也是刻画奇怪吸引子的重要指标。一条给定轨道的李指数刻画包围它的轨道的平均指数发散率。李指数理论是李雅普诺夫于1907年提出的。李指数描述混沌吸引子对微小扰动或初始条件的敏感依赖性,根据系统的李指数是否为正值,来确定系统是否处于混沌状态。这里先分别定义连续的微分方程系统和离散系统的李指数的表达式。

李指数是表示非线性系统方程的渐近轨迹,是表示相空间邻近轨迹的平均发散率的定量化指数。

1. 连续系统李指数

一维连续非线性自治系统的微分方程为

$$\frac{\mathrm{d}X}{\mathrm{d}t} = F(X) \tag{3.1}$$

它只有一个拉长或压缩方向（对于初始点X_0）,式中,$F(X)$是非线性函数。

为了研究稳定性,令其X_0的邻域为

$$X(t) = X_0 + \delta X(t) \tag{3.2}$$

式中,$\delta X(t)$表示偏差。将式（3.2）代入式（3.1）,经过第2章所述的线性化处理,得到偏差$\delta X(t)$的方程为

$$\frac{\mathrm{d}}{\mathrm{d}t}\delta X(t) = A\delta X(t) \tag{3.3}$$

式中,A为线性化雅可比矩阵,表示为

$$A = \left[\frac{\partial F(X)}{\partial X}\right]_{X_0}$$

由式(3.3)积分的解得

$$\delta X(t) = \delta X(0)\mathrm{e}^{\lambda t} \tag{3.4}$$

式中，$\lambda = A$，$\delta X(0)$ 代表初始值的偏差。由式(3.4)可以看出，λ 具有判断吸引子 X_0 的稳定性的功能。由式(3.4)得出

$$\lambda = \lim_{t \to \infty} \frac{1}{t} \ln \frac{|\delta X(X_0, t)|}{|\delta X(X_0, 0)|} \tag{3.5}$$

式中，λ 表示偏差 $|\delta X|$ 在长时间($t \to \infty$)的平均变化，被称为李指数。由式(3.3)可以看出，在一维情况下，李指数与线性化系数相等。

由此可以将式(3.5)推广到 N 维系统情况。设 X 有 N 个分量 X_1，X_2，$\cdots$，X_N，系统的非线性微分方程为

$$\frac{\mathrm{d}X}{\mathrm{d}t} = AF(X) \tag{3.6}$$

式中，非线性函数 $F = \{F_1, F_2, \cdots, F_N\}$，线性化矩阵式 A 则变为

$$A = \begin{bmatrix} \dfrac{\partial F_1(X)}{\partial X_1} & \dfrac{\partial F_1(X)}{\partial X_2} & \cdots & \dfrac{\partial F_1(X)}{\partial X_N} \\ \dfrac{\partial F_2(X)}{\partial X_1} & \dfrac{\partial F_2(X)}{\partial X_2} & \cdots & \dfrac{\partial F_2(X)}{\partial X_N} \\ \vdots & \vdots & & \vdots \\ \dfrac{\partial F_N(X)}{\partial X_1} & \dfrac{\partial F_N(X)}{\partial X_2} & \cdots & \dfrac{\partial F_N(X)}{\partial X_N} \end{bmatrix} \tag{3.7}$$

这样，对于 N 维系统，仍可使用式(3.5)。因为 ∂X 含有 N 个分量，每个分量都有一个李指数，所以有 N 个李指数 λ_1，λ_2，$\cdots$，λ_N，按照其大小，可排成李指数谱

$$\lambda_1 \geqslant \lambda_2 \geqslant \cdots \geqslant \lambda_N$$

李指数可为正值、负值或零。如果 $\lambda_j > 0$ ($j = 1, 2, 3, \cdots, N$) 则表示在 $X_0(t)$ 周围的 $X(t)$ 轨道以指数形式增加，沿着 X_j 方向远离 $X_0(t)$。如果 $\lambda_j < 0$ ($j = 1, 2, 3, \cdots, N$)，则表示 $X(t)$ 轨道以指数形式减少，沿着 X_j 方向靠近 $X_0(t)$。如果 $\lambda_j = 0$，表示沿着 $X_0(t)$ 的切线方向运动。

2.离散系统的李指数

对于一维离散映像的迭代方程

$$x_{n+1} = f(x_n) \qquad (n = 0, 1, 2, \cdots) \qquad (3.8)$$

由于只有一个拉伸或折叠的方向,因此可用初值x_0及近邻(邻域)值$x_0+\delta x_0$来估算其指数分离。用$f(x)$作一次迭代后,它们之间的距离为

$$\delta x_1 = f(x_0 + \delta x_0) - f(x_0) \approx \frac{\mathrm{d}f(x_0)}{\mathrm{d}x}\delta x_0 \qquad (3.9)$$

其中,$\mathrm{d}f(x_0)/\mathrm{d}x$在相空间中各点不同。只有对运动轨道各点的拉伸或压缩速率进行长时间平均,才能刻画出动力学的整体效果。在经过n次迭代后,会出现指数分离。李指数就是用来度量这种分离性。此时有

$$\delta x_n = \left| f^n(x_0 + \delta x) - f^n(x_0) \right| = \frac{\mathrm{d}f^n(x_0)}{\mathrm{d}x}\delta x_0 = \prod_{i=0}^{n-1} \frac{\mathrm{d}f(x_0)}{\mathrm{d}x}\delta x_0 = \mathrm{e}^{\lambda^{(x_0)}n}\delta x_0$$

$$(3.10)$$

式中,$\lambda(x)$为李指数。

因此,李指数为

$$\lambda(x_0) = \lim_{n\to\infty}\frac{1}{n}\ln\left|\frac{\mathrm{d}f^n(x_0)}{\mathrm{d}x}\right| = \lim_{n\to\infty}\frac{1}{n}\ln\left|\prod_{i=0}^{n-1}f'(x_i)\right| = \lim_{n\to\infty}\left(\frac{1}{n}\right)\ln\left|\sum_{i=0}^{n-1}f'(x_i)\right|$$

$$(3.11)$$

对于n维离散映像,系统的演化由$n \times n$阶的雅可比行列式来决定。在n维系统中,存在n个李指数λ_i ($i=1,2,\cdots,n$)。如果其中最大的李指数$\lambda_{max}>0$,则系统一定存在混沌。为研究方便,在此仍用λ计算最大的李指数,就是计算相邻轨迹发散率的测度。

令$\boldsymbol{X}(t)=(x_1, x_2, \cdots, x_n)$为$n$维向量,$F$为离散映射,则有

$$\boldsymbol{X}_{n+1}(t) = F\left[\boldsymbol{X}_n(t)\right] \qquad (3.12)$$

轨迹$\boldsymbol{X}_{n+1}(t)$的发散率为

$$\mathrm{d}\boldsymbol{X}_{n+1}(t) = \boldsymbol{J}_n\mathrm{d}\boldsymbol{X}_n(t) \qquad (3.13)$$

式中,$\boldsymbol{J}_n$为n阶雅可比矩阵。根据式(3.13)可得

$$\mathrm{d}\boldsymbol{X}_n(t) = \boldsymbol{J}_{n-1}[\boldsymbol{J}_{n-2}\cdots\boldsymbol{J}_1\,\mathrm{d}\boldsymbol{X}_1(t)] = [\boldsymbol{J}_{n-1}\boldsymbol{J}_{n-2}\cdots\boldsymbol{J}_1]\mathrm{d}\boldsymbol{X}_1(t) \tag{3.14}$$

若令 $\boldsymbol{e}_0(t)$ 为单位向量,则 $\mathrm{d}\boldsymbol{X}_1(t)$ 可表示为

$$\mathrm{d}\boldsymbol{X}_1(t) = \boldsymbol{J}_0\boldsymbol{e}_0(t) \tag{3.15}$$

将式(3.15)代入式(3.14),得

$$\mathrm{d}\boldsymbol{X}_n(t) = [\boldsymbol{J}_{n-1}\boldsymbol{J}_{n-2}\cdots\boldsymbol{J}_1\boldsymbol{J}_0]\boldsymbol{e}_0(t) \tag{3.16}$$

取式(3.16)的时间平均,则可求得最大李指数

$$\lambda = \lim_{n\to\infty}\frac{1}{n}\ln\left|\mathrm{d}\boldsymbol{X}_n(t)\right| = \lim_{n\to\infty}\frac{1}{n}\ln\left|\boldsymbol{J}_{n-1}\boldsymbol{J}_{n-2}\cdots\boldsymbol{J}_1\boldsymbol{J}_0\right|$$

所以

$$\lambda = \lim_{n\to\infty}\frac{1}{n}\prod_{i=0}^{n-1}\ln\left|\boldsymbol{J}_i\right| \tag{3.17}$$

由此可见,一维系统的李指数为一实数,它表征 $|\delta x(t)|$ 随时间指数变化的性质。λ 是实数,可正可负,也可是零。正的李指数表明运动轨迹在每个局部都不稳定,相邻轨迹指数迅速分离。轨迹在整体性的稳定因素(有界,耗散)作用下反复折叠,形成混沌吸引子。因此,$\lambda > 0$ 用作混沌行为的判据。$\lambda < 0$ 表明体积收缩,轨迹在局部是稳定的,对初值条件不敏感,对应周期轨迹运动。$\lambda = 0$ 对应稳定边界,初始误差不放大也不缩小。λ 由负变正,表明运动向混沌的转变。

3.根据李指数判定吸引子类型

对于一维情形:吸引子是不动点,它们的李指数是负的,记为(−)。

对于二维情形:吸引子是不动点或是极限环。对于稳定的不动点,两个李指数 λ_1 和 λ_2 都是负的,记为(− , −)。对于稳定的极限环,若 $\delta \boldsymbol{X}_i$ 垂直于环线的方向,则要收缩,所以垂直于环线方向的李指数 λ_1 为负;沿环线切线方向的李指数 $\lambda=0$,记为(λ_1, λ_2) = (− ,0)。

对于三维情况:三维相空间内的不动点,吸引子的李指数显然为($\lambda_1, \lambda_2, \lambda_3$) = (− , − , −)。三维相空间里的周期吸引子,也就是三维相空间的极限环,是一个绕二维环面的封闭轨道,在极限环邻域的轨道,凡垂直于环线的两个方向的轨道都趋近于它,所以这两个李指数 λ_1 和 λ_2 全是负的。沿着极限环环线切线方向的李指数 λ_3 则为0,记为($\lambda_1, \lambda_2, \lambda_3$) = (− , − ,0)。三维相空间的二维环面,在环面的切平面上,两个相互垂直方向上的李指数 λ_1 和 λ_2 全为0。为了使环面外的轨道都吸引

到环面上,垂直于环面的李指数 λ_3 应为负,记为 $(\lambda_1, \lambda_2, \lambda_3) = (0, 0, -)$。二维环面表示准周期运动。三维相空间的奇怪吸引子李指数为 $(\lambda_1, \lambda_2, \lambda_3) = (+, 0, -)$。这是相邻轨道不断收缩和分离两种作用同时进行的结果,所以 λ_1 为正, λ_3 为负。沿轨道方向的李指数 $\lambda_2 = 0$。具有正的李指数的奇怪吸引子,也称为混沌吸引子。

在李指数谱中,最小的李指数决定轨道收缩的快慢;最大的李指数则决定轨道发散即覆盖整个吸引子的快慢。

李指数与分数维、测度熵都有关系,所以说,李指数是刻画混沌的重要判据和指标。

3.2.2　功率谱

信号的功率谱是指信号的总功率在各频率分量上的分布情况,它表示信号能量分布的特征,对于信号分析很有用。

信号能量定义为

$$E = \int_{-\infty}^{\infty} f^2(t)\mathrm{d}t \tag{3.18}$$

这个定义是由电子学中电压信号或电流信号在 $1\,\Omega$ 电阻上所消耗的电能量推广得来的。对于在时间坐标轴上逐渐衰减的或持续时间有限的非周期信号,其能量有限,称为能量信号。对于周期信号、不衰减的非周期信号和随机信号等,其能量积分为无穷大,这时就只能转而研究信号的平均功率,其信号就称为功率信号。信号平均功率的定义为

$$P = \lim_{t \to \infty} \frac{1}{T} \int_{\frac{T}{2}}^{T} f^2(t)\mathrm{d}t \tag{3.19}$$

对于周期信号来说,在一个周期内的平均功率与在时间轴上从 $-\infty$ 到 $+\infty$ 上的平均功率其结果是相同的,即

$$P = \lim_{t \to \infty} \frac{1}{T_1} \int_{\frac{T_1}{2}}^{\frac{T_1}{2}} f^2(t)\mathrm{d}t \tag{3.20}$$

将周期信号展开为傅里叶级数

$$f(t) = a_0 + \sum_{n+1}^{\infty} (a_n \cos n\omega_1 t + b_n \sin n\omega_1 t) \tag{3.21}$$

将式(3.21)代入式(3.20),利用三角函数的正交性,可得

$$P = a_0^2 + \frac{1}{2}\sum_{n=1}^{\infty}(a_n^2 + b_n^2) = c_0^2 + \frac{1}{2}\sum_{n=1}^{\infty}c_n^0 = \sum_{n=-\infty}^{\infty}|F_n|^2 \qquad (3.22)$$

式（3.22）称为周期信号的帕塞瓦尔（Parseval）定理,它说明周期信号的平均功率等于直流分量和各次分量的有效值的平方和。$c_0^2 \to n\omega_1$ 或 $|F_n|^2 \to n\omega_1$ 关系图形称为周期信号的功率谱。

非周期信号的频谱是周期信号频谱在 $T_1 \to \infty$ 时的极限情况,其变化过程如图3.1所示。

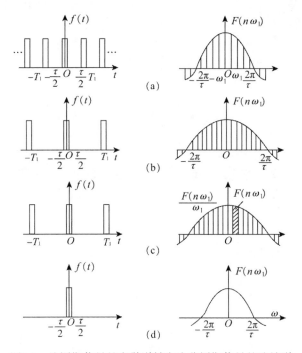

图3.1　从周期信号的离散谱转变为非周期信号的连续谱

设周期信号 $f(t)$ 展成指数形式的傅里叶级数

$$f(t) = \sum_{n=-\infty}^{\infty}F(n\omega_1)e^{jn\omega_1 t} \qquad (3.23a)$$

$$F(n\omega_1) = \frac{1}{T_1}\int_{-\frac{T_1}{2}}^{\frac{T_1}{2}}f(t)e^{-jn\omega_1 t}dt \qquad (3.23b)$$

$$F(n\omega_1)T_1 = 2\pi \frac{F(n\omega_1)}{\omega_1} = \int_{-\frac{T_1}{2}}^{\frac{T_1}{2}} f(t)\mathrm{e}^{-jn\omega_1 t}\mathrm{d}t \qquad (3.24)$$

式(3.24)中,当$T_1 \to \infty$时,对等式两边求极限,得

$$\lim_{T_1 \to \infty} 2\pi \frac{F(n\omega_1)}{\omega_1} = \lim_{T_1 \to \infty} \int_{-\frac{T_1}{2}}^{\frac{T_1}{2}} f(t)\mathrm{e}^{-jn\omega_1 t}\mathrm{d}t \qquad (3.25)$$

对于式(3.25)左侧,若$T_1 \to \infty$时,$\omega_1 \to 0$,$F(n\omega_1) \to 0$,但$F(n\omega_1)/\omega_1$不趋于零,而是趋于一定值,并且得到一个连续的频率数值,则称之为频谱密度函数,记为$F(\omega)$。对于式(3.25)右侧,当$T_1 \to \infty$时,$\omega_1 \to 0$,$n\omega_1 \to \omega$,即原来的离散频率$n\omega_1$趋于连续频率ω,所以式(3.25)右侧也变成ω的连续函数。

所以有

$$F(\omega) = \int_{-\infty}^{\infty} f(t)\mathrm{e}^{-j\omega t}\mathrm{d}t \qquad (3.26)$$

式(3.26)即为信号$f(t)$的傅里叶正变换表达式。它的物理意义是单位频带上的频谱值,即频谱密度,且是ω的连续函数,所以又称$F(\omega)$为信号$f(t)$的频谱密度函数,简称为非周期信号的频谱。$f(t)$一般为复数,因此又可写成$F(j\omega)$,可表示成指数形式

$$F(\omega) = |F(\omega)| \, \mathrm{e}^{j\varphi(\omega)}$$

式中,$|F(\omega)|$为幅频,表示信号中频率分量的相对大小;$\varphi(\omega)$为相频,表示信号中各频率分量之间的相位关系。

离散是时间序列实验中可以直接测量的对象之一。对于离散的时间序列x_1,x_2,$\cdots$,x_N的功率谱,对N个采样点加上周期条件$x_{N+j}=x_j$,可计算自相关函数(即离散卷积),即

$$C_j = \frac{1}{N} \sum_{i=1}^{N} x_i x_{i+j} \qquad (3.27)$$

对C_j进行离散傅里叶变换,计算其傅里叶系数为

$$p_k = \sum_{j=1}^{N} C_j \, \mathrm{e}^{\frac{2\pi kj}{N}\sqrt{-1}} \qquad (3.28)$$

式中,P_k表示第k个频率分量对x_i的功率谱,也是原始功率谱。

自从出现快速傅里叶变换方法以后,就可以直接由x_i作快速傅里叶变换得到傅里叶系数,即

$$a_k = \frac{1}{N} \sum_i x_i \cos \frac{\pi ik}{N}$$

$$b_k = \frac{1}{N} \sum_i x_i \sin \frac{\pi ik}{N} \tag{3.29}$$

所以有

$$p_k = a_k^2 + b_k^2 \tag{3.30}$$

由许多组$|x_i|$得到一批$|p_k|$,求其平均值即得到趋近于原始p_k值。

功率谱分析在非线性电路电子学系统研究中起到非常重要的作用。周期运动在谱分析中对应着谱线尖峰;纯随机运动包含所有的频谱,得到的是宽峰;混沌的特征是谱中出现噪声背景和宽峰。因此,频谱分析自然成为计算机数值分析和分岔、混沌的重要方法和有力工具。在电路研究中,功率谱分析比频谱分析更方便,所以常用功率谱来进行电路分析。

在研究倍周期分岔过程中发现,每分岔一次,功率谱中就出现一批新分频及其倍频的波峰。例如,1P（period）的功率谱中只有基频及其倍频1,2,3,4,…;由1P分岔到2P后出现1/2,3/2,5/2,…;2P到4P后出现1/4,3/4,5/4,7/4,…。图3.2所示为倍周期分岔的功率谱,其谱线的尖峰为基频。

对于A/D变换的采样装置,其功率谱有一定的局限性。设采样间隔为τ,每N个采样点作一次快速傅里叶变换,用以计算功率谱。每个谱所需总采样时间为

$$T = N\tau$$

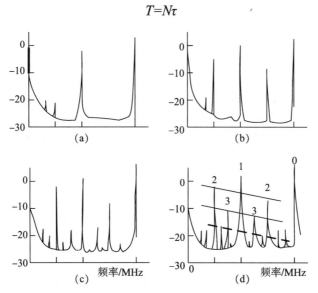

图3.2　倍周期分岔的功率谱

得到的频率为

$$f_{\max} = \frac{1}{2\tau}$$

$$\Delta f = \frac{1}{T}$$

（3.31）

式中，$f_{\max}$为采样间隔τ所能反映的最高采样频率（采样定理），Δf为两个相邻傅里叶系数所对应的频率差。

为研究方便，通常直接对信号进行频谱分析，以代替功率谱分析。

3.3　非线性系统的混沌控制

3.3.1　混沌控制的目标

混沌控制的理论基础是混沌系统对初始条件的敏感依赖性，因此混沌系统能在特定的微小扰动下被引导到稳定的有序状态或期望的混沌状态。混沌控制的目标主要有两方面：一是对能产生实际需要的具有特定性质的混沌运动加以控制，使之产生实际需要的各种输出，而不改变系统原有的状态；二是通过合适的策略和方法抑制对实际系统有碍的混沌运动，或将其消除，即通过对系统的控制获得新动力学行为，系统原有状态被改变。

总之，尽可能利用混沌运动自身的各种特性来达到控制目的，是所有混沌控制的本质。

3.3.2　混沌控制的方法

混沌控制的方法主要有反馈控制和非反馈控制两种。反馈控制的核心是期望值的区域稳定性问题，混沌运动的遍历性，使得系统迟早都会运动到期望值附近，期望值临近区域的稳定性可以确保混沌控制成功。反馈控制以系统的初始状态为期望状态，可以不改变系统原始的动力学特征，通过反馈系统测量系统变量的变化数据，根据需要改变系统的控制信号和调节控制算法的参数，所以只需要比较小的控制信号。一般包括参数微扰法OGY、延迟反馈控制法DFC、偶然正比反馈法OPF、外力反馈控制法和正比系统变量的脉冲控制法等。以上方法所具有的公共特点是将系统经过测量的动力学变量的数据反馈到控制器中。

非反馈控制的控制信号不响应系统变量的变化，但是系统原始的动力学性质即系统本身状态发生改变，系统可以根据需要改变自己的状态。一般包括自适应控制法、混沌信号同步法、神经网络法、人工智能法、参数共振微扰法等。非反馈控制的特点是控制信号在控制后一直保持非零值。

1. OGY方法

OGY方法是通过控制参数微扰的方法,达到控制混沌的目的,使系统达到期望的周期状态,利用混沌运动对很小的系统参数具有非常敏感的察觉特性,选择一个适当的参数进行微小扰动的调节,将混沌吸引子中无穷个杂乱无章的不稳定周期轨道中期望的周期轨道稳定住。因为在双曲不动点附近的区域有局部稳定和局部不稳定的流形,可以将当前状态与期望值的偏差及参数的变化当作微小量,将下一个状态以期望的偏差按照以上两个微小变量作线性展开,并且使下一个状态与期望的偏差矢量垂直于以上两个微小变量,就可以得到当前参数的调节值。

这类控制的优点是不需要知道混沌系统确切的动力学行为,只需利用较小的控制信号,降低了控制代价的同时,系统基本上不受噪声的干扰,可以不改变系统本身的结构,将系统的混沌状态控制在所期望的任意周期轨道。但是,这种方法必须有一个明确的数学模型,通常只能控制周期较低的轨道,只适用于离散动力学系统及可用庞加莱映射表征的连续动力学系统,如含控制参数P_k的n维映射描述的有限动力系统:

$$u_{k+1} = P(u_k, p_k) \qquad (u_k \in \mathrm{R}_n, P_k \in \mathrm{R}^1, k = 0,1,2)$$

并且利用OGY方法可以同步混沌轨道,对于参量扰动控制的大小与系统状态的输出成正比,这种方法从控制理论的角度来说属于线性反馈方法。

2. 延迟反馈控制法

在OGY方法的基础上,Pyragas提出了延迟反馈的方法,即DFC方法。为了可以连续控制混沌系统中的周期信号,将系统输出信号取出一部分经过延迟后再反馈给混沌系统。

该方法用简单的模拟器就可以实现,并且不需要知道目标周期轨道的相关信号。

3. 自适应控制法

因为OGY方法存在不足,考虑到实际问题,较多的学者为了达到混沌控制,企图用一些比较常规的控制方法去完成,自适应控制混沌运动是由自适应原理慢慢演化而来,由赫伯曼等提出的控制方法。控制系统在运动时,系统本身会去识别被控制的状态、性能以及参量,比较系统此时的一个运行指标以及期望的指标,将控制器的结构、参量以及控制作用加以变化,让系统运行在其所希望的指标下的最优或者是次优状态。这样的方法是借助参量的一个调整从而来控制系统,让它实现所期望的运动状态,通过实际输出和目标输出之间的一个差信号来进行一次有效的调节。比如,连续时间混沌系统的参数自适应控制,离散混沌系统的自适应轨道控制。

4. 混沌信号同步法

混沌运动与信息过程密切相关性,主要表现在其相邻轨道之间的距离随时间呈指数分散。指数发散一方面让所有在混沌吸引子上可以区别的分布在时间 $t \to \infty$ 后变得不好区分,从而导致信息丢失,让有限精度下不可区分的不同点区分变得可以区分,从而产生信息。人们可以产生一个给定的混沌序列来实现混沌轨道、混沌保密通信、混沌控制及同步。

混沌系统的两个或多个不同的初始条件达到一致状态即它们之间保持相同的稳定步伐时才达到了混沌同步状态。佩科拉和卡罗尔率先提出子系统之间相同的混乱在不同的初始条件下,通过某种驱动器或耦合实现混沌轨道同步,并且成功实施了电子电路。利用混沌非线性电路,将子系统进入稳定和不稳定的子系统复制到响应系统的稳定部分,原来的系统作为驱动系统,当响应系统李指数的所有条件为负时,在驱动信号的作用下,两个系统的混沌轨道从一开始有所不同,达到完全重合,从而实现混沌同步。混沌同步系统可通过一个锁相环电路构成。

5. 传输和迁移控制法

传输和迁移的控制方法是一种非反馈控制方法,假设给定的目标轨道和动力系统共享相同的数学方程式,然后将两个方程叠加,进而研究如何调节系统的传输动力学的混沌状态和移动进入目标状态,最终实现稳定控制。整个过程是通过动力系统所开拓产生的稳定不动点、极限环以及混沌吸引子状态空间中的自身收敛区域来实现的。

6. 参数共振微扰法与外部周期微扰法

参数共振微扰法与外部周期微扰法,通过添加一个弱周期扰动和外部强迫周期项,以实现控制。当不存在参数扰动,该系统是混沌运动,而当微扰频率和外部强迫项的频率出现共振的时候,混沌状态就被抑制了,此时可以被转换为所需要的周期性状态。

当前各种混沌控制方法不是全面或者唯一有效的。OGY方法特别适合于信号处理和时间序列分析,因为它不需要动态方程模型的混沌系统,虽然它是完美的,有着严格的控制理论,但在许多情况下,不一定能达到控制目标,而且等候时间过长;连续控制方法以及传输和迁移控制法对于由传统非线性常微分方程描述的动力系统是很有效果的,虽然它甚至没有给出一个合理的理论证明,但很有效,并容易实现；转移和迁移控制方法需要预先知道系统的详细知识,它不能自由选择系统控制目标；参数共振与外部周期性扰动方法不需要系统知识,适合于化学、生物和其他变量关系复杂、动作系统不清楚的机制,但是由于抑制方案难以事先确定具体的参数,仅在使用试错法的基础上对参数进行不断调整,抑制效果不佳。

3.3.3　三阶非线性自治系统及控制

目前在光电子领域比较活跃的是激光器,在一定条件下注入参数会使激光器产生混沌。经过参数调制可对激光器混沌进行控制。按照激光器的参数 γ_c、$\lambda_{\parallel}$ 和 $\gamma_{\perp}$ 的大小,将均匀加宽激光器分为A、B、C三类,均可产生混沌并加以控制。其中,$\lambda_{\parallel}$ 为工作物质原子的反转粒子密度的弛豫速率；$\gamma_{\perp}$ 为宏观电极化强度的弛豫速率；γ_c 为腔内激光光场的衰减速率。A类激光器满足的条件为: $\gamma_c \ll \lambda_{\parallel} \approx \gamma_{\perp}$；B类激光器满足的条件为: $\gamma_{\perp} \gg \gamma_c$, $\gamma_{\perp} \gg \lambda_{\parallel}$；C类激光器的三个参数大致相同,即 $\gamma_c \approx \lambda_{\parallel} \approx \gamma_{\perp}$。$CO_2$ 激光器、半导体激光器和YAG激光器属于B类激光器,其工作物质宏观电极化强度 P 可绝热地从麦克斯韦－布洛赫方程中消除,所以B类激光器可由工作物质反转粒子数密度 D 和光场 E、的方程来描述,构成耦合的非线性方程。

1. 利用损耗参数调制的 CO_2 激光器混沌

单模运转的均匀加宽激光器的麦克斯韦－布洛赫方程组为

$$\begin{cases} \dfrac{\mathrm{d}E}{\mathrm{d}t} = -\alpha P - \gamma_c E \\ \dfrac{\mathrm{d}P}{\mathrm{d}t} = -\dfrac{\mu}{h}ED - \gamma_{\perp} \\ \dfrac{\mathrm{d}D}{\mathrm{d}t} = \dfrac{\mu}{h}EP - \gamma_{\parallel}(D - D_0) \end{cases} \tag{3.32}$$

对于 CO_2 激光器,未产生混沌,给激光器附加一个自由度,即调制激光器腔内的光场损耗系数 $\gamma_c(t)$ 为

$$\gamma_c(t) = \gamma_0(1 + m\cos\Omega t)$$

令 $\Phi = \Omega t$ 得到三阶非线性自治方程

$$\begin{cases} \dfrac{\mathrm{d}I}{\mathrm{d}t} = -2\gamma_0(1 + m\cos\Phi)(1 - \xi D^*) \\ \dfrac{\mathrm{d}D^*}{\mathrm{d}t} = 2\gamma_{\parallel}(ID^* + D^* - 1) \\ \dfrac{\mathrm{d}\gamma_c(t)}{\mathrm{d}t} = -\gamma_0 m\Omega\sin\Omega t \end{cases} \tag{3.33}$$

式(3.33)就是单模运转的均匀加宽激光器的麦克斯韦 – 布洛赫方程组。式中，ξ 为泵浦速率或增益 $\xi = \dfrac{\alpha\mu D_0}{\gamma_\perp \gamma_c h}$，$\alpha$ 为光电场系数，μ 为磁导率，D_0 为激光未出现时原子能级上粒子数的稳定值，$D^* = \dfrac{D}{D_0}$。

具体数值模拟计算是在相空间 dn/dt-n 中进行，得到吸引子和功率谱。这里 n 与光强 I 成正比。当取 $\gamma_\parallel = 10^3 s^{-1}$、$\gamma_0 = 7\times10^7 s^{-1}$、$\gamma_\perp \approx 10^8 s^{-1}$、$\xi \approx 2$ 时，计算得到的频谱分布和吸引子如图 3.3 所示。

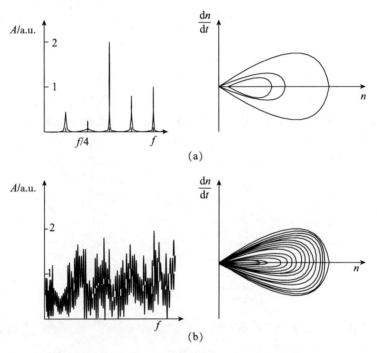

图3.3　利用损耗调制的 CO_2 激光器混沌控制

A 为振幅能量

图 3.3 （a ）是在调制频率 f = Ω/（2π）=64.33 kHz、调制深度 m = 0.02 时得到的，其中左图表示的是 4 倍周期分岔，右图为吸引子。当频率调整到 f = 78.8 kHz、调制深度 m = 0.03 时，得到如图 3.3 （b ）的混沌状态。这是经周期分岔进入了混沌，其中左图为频谱分布，右图为奇怪吸引子。

进一步研究发现，当 f = 119.0 kHz、m = 0.02 时，在 dn/dt-n 相空间里，存在两个独立的吸引子，如图 3.4 所示。图上的实曲线为周期 3 轨道，虚线表示周期 2 轨道。

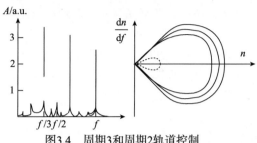

图3.4　周期3和周期2轨道控制

　　实验用的探测器上升时间为2.5 ns,将CO_2激光器的激光信号n及其微分信号dn/dt输入到x-y记录仪,绘制相图(n-dn/dt),同时将探测器的信号输入到频谱分析仪。通过改变调制频率(62.7 ~ 64.25 kHz),观察并改变信号达到由周期到分岔和混沌的控制,从周期到混沌的控制过程如图3.5所示。

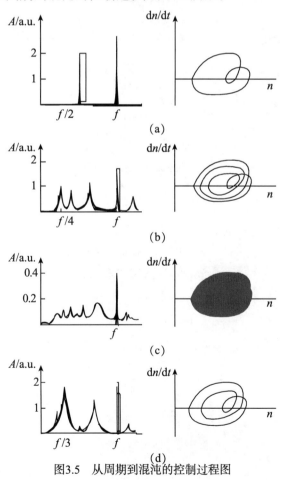

图3.5　从周期到混沌的控制过程图

图3.5中左侧的曲线为频谱,纵坐标为任意单位,右侧为吸引子。从图中可以清楚地看到混沌是可以被有效控制的。

2. 半导体激光器调制注入电流对混沌的控制

光电子的半导体为了产生激光,同样需要形成粒子数反转分布。这里所说的粒子是半导体中的载流子。用光或电流注入的方法使半导体pn结附近形成大量的非平衡载流子。如果能在小于复合寿命时间内,导带的电子和价带的空穴,分别达到平衡,在pn结注入区简并化的导带的电子和价带的空穴,就处于反转分布状态。为此,要求半导体是重掺杂的。在pn结作用区内,导带中的电子跃迁到能量较低的价带,辐射出光子,发生电子、空穴复合。辐射出的光经光学谐振腔的反馈作用,最后产生激光。图3.6所示为同质结GaAs半导体激光器的工作原理。为了降低半导体激光器的阈值电流密度,实现室温下连续运转,在同质结半导体激光器的基础上,又发展出来异质结半导体激光器。

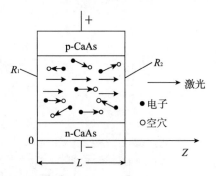

图3.6　半导体激光器工作原理

图3.7为同质结与异质结的比较。pn结管芯的两个自然解理面构成半导体激光器的光学谐振腔,这样的腔称为内腔或本征腔。由于各种需要,若在管芯之外附加光学反馈元件,如反光镜、衍射光栅等,则构成外腔。若外腔长$L \gg nl$, n为半导体折射率,l为本征腔长,则称此腔为长外腔;若$L \ll nl$,称为短外腔。

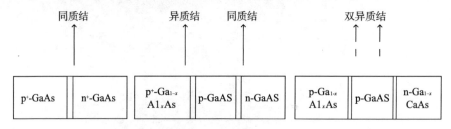

图3.7　同质结与异质结

半导体激光器具有很强的自发辐射,半导体材料折射率随光强变化,腔镜的反射率较小,对外界的所有扰动,相对而言较开放。pn结激活层折射率载流子密度或反转粒子数密度有很强的依赖关系,这样增益和激光频率就与载流子密度密切相关。因为载流子密度因产生激光或者外部光场注入而消失殆尽,所以对半导体激光器的动力学行为有很强的影响。

半导体激光器与CO_2激光器同属于B类激光器。可以用光子数密度$s(t)$和反转粒子数密度(即载流子密度N)的速率方程来讨论半导体激光器的运转。

$$\frac{ds(t)}{dt} = \xi[N(t) - N_0]s(t) + \beta\frac{N(t)}{\tau_e} - \frac{s(t)}{\tau_p} \qquad (3.34)$$

$$\frac{dN(t)}{dt} = \frac{I}{eV} - \xi[N(t) - N_0]s(t) - \frac{N(t)}{\tau_e} \qquad (3.35)$$

式中,N_0为得到正增益的最低的载流子密度,β表示与激光模式耦合的自发辐射因子,ξ表示增益参数,τ_p和τ_e分别表示载流子和光子的寿命时间,I为注入电流,e为电子电荷,V是激活区域的体积。

将注入电流作为参数进行调制,从而增加一个自由度。将式(3.35)中的注入电流调制为

$$I = I_b + I_m\sin(\Omega_a t) \qquad (3.36)$$

式中,Ω_a是调制电流的圆频率,I_b为偏置电流。在此定义调制参数

$$m_a = \frac{I_m}{I_b} \qquad (3.37)$$

将式(3.37)代入到式(3.36),然后再代入到式(3.35),得到调制注入电流的半导体激光器速率方程组为

$$\begin{cases} \dfrac{ds(t)}{dt} = \xi[N(t) - N_0]s(t) + \beta\dfrac{N(t)}{\tau_e} - \dfrac{s(t)}{\tau_p} \\[3mm] \dfrac{dN(t)}{dt} = \dfrac{I_b}{eV}(1 + m_a\sin\Omega_a t) - \xi[N(t) - N_0]s(t) - \dfrac{N(t)}{\tau_e} \end{cases} \qquad (3.38)$$

对方程组(3.38)求稳态解,并对它进行线性稳定性分析,得到弛豫振荡频率为

$$f_0 = \frac{1}{2\pi}\left[\left(\frac{I_0}{I_{th}} - 1\right)\frac{1 + \varepsilon N_0\tau_p}{\tau_p\tau_e}\right]^{1/2} \qquad (3.39)$$

式中，I_{th}为半导体激光器的阈值电流。

　　用方程（3.38）进行数值计算，其结果表明，当调制频率大于或等于弛豫振荡频率时，半导体激光器经倍周期分岔进入混沌状态，如图3.8所示。

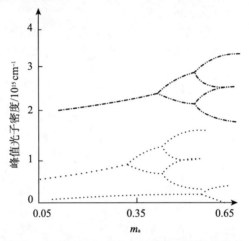

图3.8　调制注入电流的半导体激光器分岔控制

　　图3.8中的数值计算用到的参数为：τ_p=1ps，τ_e=3ns，ξ=10^{-6}cm³/s，N_0=10^{18}cm⁻³，β=10^{-5}，I_b=1.4I_{th}。在速率方程中，考虑增益的饱和特性，计算中发现调整增益饱和参数ε值也对倍周期分岔和混沌构成影响，可参看相关文献。

　　用InGaAsP半导体激光器进行调制注入电流实验，随着调制系数m_a变化，同样可实现从周期加倍到分岔和混沌的控制。

3.4　典型混沌电路与系统分析

3.4.1　洛伦茨混沌系统

　　作为混沌的一个数学抽象，洛伦茨系统说明了一个确定性的系统能够以最简单的方式表现出非常复杂的形态，并展现出至今最复杂而又最迷人的混沌吸引子。具有奇怪混沌吸引子的洛伦茨系统是用来说明复杂的混沌状态的简单抽象手段，同时也是用来描述现实世界中的某些非线性现象的很好的模型。洛伦茨系统的提出并不在于用微分方程产生出个别奇怪吸引子的图像，而在于其新颖的思想。

　　1. 洛伦茨系统的分析

　　对于一个三阶非线性自治系统

$$\mathrm{d}\boldsymbol{X}/\mathrm{d}t = \boldsymbol{F}(\boldsymbol{X}) \qquad (t \in \mathbf{R}, \ \boldsymbol{X} \in \mathbf{R}^3, \ \boldsymbol{F}:\mathbf{R}^3 \to \mathbf{R}^3) \qquad (3.39)$$

根据Shilnikov定理，如果系统的平衡点$\boldsymbol{X}_Q$有一对复共轭的特征值$\sigma \pm j\omega$和一个实的特征值γ，若$|\sigma| > |\gamma|$，并且$\sigma\gamma < 0$，则矢量场$\boldsymbol{F}(\boldsymbol{X})$就满足了产生混沌的鞍焦点条件，同时，如果该系统参数适当，则可满足形成奇异鞍环的条件，因而可产生混沌振荡。$\mathrm{d}\boldsymbol{X}/\mathrm{d}t = \boldsymbol{F}(\boldsymbol{X})$在平衡点$\boldsymbol{X}_Q$附近的动力学行为可表示为

$$\frac{\mathrm{d}\boldsymbol{X}_Q}{\mathrm{d}t} + \frac{\mathrm{d}\boldsymbol{x}}{\mathrm{d}t} = \boldsymbol{F}(\boldsymbol{X}_Q + \boldsymbol{x}) \approx \boldsymbol{F}(\boldsymbol{X}_Q) + \boldsymbol{J}_F(\boldsymbol{X}_Q)\boldsymbol{x} \qquad (3.40)$$

式中，雅可比矩阵可表示为

$$\boldsymbol{J}_F(\boldsymbol{X}_Q) = \begin{bmatrix} \dfrac{\partial \boldsymbol{F}_1(\boldsymbol{X})}{\partial \boldsymbol{X}_1} & \dfrac{\partial \boldsymbol{F}_1(\boldsymbol{X})}{\partial \boldsymbol{X}_2} & \dfrac{\partial \boldsymbol{F}_1(\boldsymbol{X})}{\partial \boldsymbol{X}_3} \\[2mm] \dfrac{\partial \boldsymbol{F}_2(\boldsymbol{X})}{\partial \boldsymbol{X}_1} & \dfrac{\partial \boldsymbol{F}_2(\boldsymbol{X})}{\partial \boldsymbol{X}_2} & \dfrac{\partial \boldsymbol{F}_2(\boldsymbol{X})}{\partial \boldsymbol{X}_3} \\[2mm] \dfrac{\partial \boldsymbol{F}_3(\boldsymbol{X})}{\partial \boldsymbol{X}_1} & \dfrac{\partial \boldsymbol{F}_3(\boldsymbol{X})}{\partial \boldsymbol{X}_2} & \dfrac{\partial \boldsymbol{F}_3(\boldsymbol{X})}{\partial \boldsymbol{X}_3} \end{bmatrix}_{X=X_Q}$$

可由特征方程$\det[\lambda\boldsymbol{I} - \boldsymbol{J}_F(\boldsymbol{X}_Q)] = 0$来确定其与之相对应的特征值$\lambda$。

洛伦茨系统可表示为三阶微分方程组，即

$$\begin{cases} \dot{x} = \sigma(y - x) \\ \dot{y} = rx - y - xz \\ \dot{z} = xy - \beta z \end{cases} \qquad (3.41)$$

洛伦茨系统的几条最基本的性质如下。

1）对称性和不变性

在变换$(x, y, z) \to (-x, -y, z)$下，式（3.41）具有不变性，即式（3.41）关于z轴具有对称性，且这种对称性对所有的系统参数都成立。显然，z轴本身也是系统的一条解轨线，即若$t = 0$时有$x=y=0$，则对所有的$t>0$均有$x=y=0$。更进一步说，当$t \to \infty$时，z轴上所有的解轨线均趋于原点。

2）耗散性和吸引子的存在性

当$r < 1$时，式（3.41）是关于原点是全局、一致和渐进稳定的。为证明这一点，不妨选取如下的李函数，即

$$V(x, y, z) = \frac{1}{2}(x^2 + \sigma y^2 + \sigma z^2) \qquad (3.42)$$

易验证

$$\dot{V} = -\frac{\sigma(1+r)}{2}(x-y)^2 - \frac{\sigma(1-r)}{2}(x^2+y^2) - \sigma\beta z^2 < 0$$

另外, 当 $x \to \infty$ 时, 考虑如下方程

$$\frac{\mathrm{d}}{\mathrm{d}t}\left\{\frac{1}{2}\left[x^2 + y^2 + (z - \sigma - r)^2\right]\right\}$$

$$= x\frac{\mathrm{d}x}{\mathrm{d}t} + y\frac{\mathrm{d}y}{\mathrm{d}t} + (z - \sigma - r)\frac{\mathrm{d}z}{\mathrm{d}t}$$

$$= -\sigma x^2 - y^2 - b(z - \frac{\sigma + r}{2})^2 + \beta\frac{(\sigma + r)^4}{4} < 0$$

可见, 当 x 足够大且 t 增加时, $\frac{1}{2}\left[x^2 + y^2 + (z - \sigma - r)^2\right]$ 是一个正定函数。因此, 它在相平面上的轨线趋于 $(0, 0, \sigma + r)$。

　　同时, 对于式 (3.41), 有

$$\nabla V = \frac{\partial \dot{x}}{\partial x} + \frac{\partial \dot{y}}{\partial y} + \frac{\partial \dot{z}}{\partial z} = -(\sigma + \beta + 1) < 0$$

由于 $\sigma + \beta + 1 > 0$, 所以系统 (3.41) 始终是耗散的, 并以指数形式 $\mathrm{e}^{-(\alpha+\beta+1)}$ 收敛。也就是说, 一个初始体积为 $V(0)$ 的体积元在时间 t 时收敛为体积元 $V_0\,\mathrm{e}^{-(\alpha+\beta+1)}$。这意味着, 当 $t \to \infty$ 时, 包含系统轨线的每个体积元以指数速率 $-(\sigma+\beta+1)$ 收缩到 0。因此, 所有系统的轨线最终会被限制在一个体积为 0 的点集合上, 并且它的渐近动力行为会被固定在一个吸引子上。

　　在式 (3.41) 中, 若 $r > 1$, 则系统的三个平衡点为

$$S_0 = (0, 0, 0)$$

$$S_+ = (\sqrt{\beta(r-1)},\ \sqrt{\beta(r-1)},\ r-1)$$

$$S_- = (-\sqrt{\beta(r-1)},\ -\sqrt{\beta(r-1)},\ r-1)$$

若参数 σ、β 固定, 而 r 变化, 则两个非平凡平衡点 S_+ 和 S_- 对称地落在 z 轴的两边。

　　在原点线性化式 (3.41), 得到线性化后的系统, 其矩阵的三个特征为

$$\lambda_1 = -b$$

$$\lambda_{2,3} = -\frac{\sigma+1}{2} \pm \frac{1}{2}\sqrt{(\sigma+1)^2 + \sigma(r-1)}$$

因此,若$r>1$,有$\lambda_1=-b$,$\lambda_2>0>\lambda_3$,故零解不稳定,且S_0为三维空间中的鞍点;若$r<1$,则三特征值均满足Re(λ)<0,故原点是唯一的平衡点并且是汇点。

其次,在另外两个非平衡点上线性化式(3.41),得到对应的特征多项式为

$$f(\lambda) = \lambda_3 + (\sigma+\beta+1)\lambda^2 + 2\sigma\beta(r-1) = 0 \qquad (3.43)$$

由于$\sigma+\beta+1>0$,上面三次多项式的系数均为正,因此对任意$\lambda>0$,有$f(\lambda)>0$。所以,平衡点是不稳定的(Re(λ)>0),当且仅当方程(3.43)有两个正实部的复共轭特征根。

若$r=1$,则f的三个特征根为$\lambda=0$,$-\beta$,$-(\sigma+1)$。当r向下趋于1时,第一个特征根满足$\lambda \sim -2\dfrac{\sigma(\sigma-1)}{\sigma+r}$,所以,当$r$向上趋于1时,在极限状态下,系统将失去稳定性。在$r$从1逐渐增大的过程中,仅仅当Re($\lambda$)=0时,不稳定性才可能出现,且此时$f$的两个特征根分别为$\lambda_{1,2}=\pm\omega i$,其中,$\omega$为实数。

再由(3.43)可知,三次多项式f的三个根之和为$\lambda_1+\lambda_2+\lambda_3=-(\sigma+\beta+1)$。因此,在稳定性的边缘,有$\lambda_{1,2}=\pm\omega i$,$\lambda_3=-(\sigma+\beta+1)$。此时得到

$$0 = f[-(\sigma+\beta+1)] = \beta r(\sigma-\beta-1) - \sigma\beta(\sigma+\beta+3) \qquad r_h = \frac{\sigma(\alpha+\beta+3)}{\alpha-\beta-1}$$

这样,只有$r>1$时,不稳定性才可能出现。

2. 洛伦茨系统的李雅普诺夫指数

从前面论述可知,一般情况下,李指数的数目与相空间维数一样多,即在n维相空间中,李指数有n个不同的值,表示轨道沿不同的方向收缩或扩张。在三维相空间中,李指数为(+,0,-)或(+,-,-)时,是混沌吸引子,李指数为(+,+,-)时,是超混沌吸引子,李指数为(-,-,-)时,是不动吸引子。

针对式(3.41)所示的洛伦茨系统,取$\sigma=16$,$r=45.92$,$\beta=4$时,其三个李指数分别为$\lambda_1=1.7768$,$\lambda_2=-0.1298$,$\lambda_3=-22.7823$,说明式(3.41)存在混沌吸引子。

3. 洛伦茨系统的数值仿真

混沌研究,特别是混沌控制与同步方面研究已取得了巨大的进展。利用MATLAB可以对混沌系统进行仿真,一是利用MATLAB语言的Simulink模块实现,该模块对混沌系统进行动态仿真混沌系统的吸引子;二是利用MATLAB通过

编程方式仿真实现混沌系统的吸引子相图及其*x-t*时域曲线,可以对所得图形进行分析处理,实现三维图形的绘制及其分析处理。

1）洛伦茨系统的图形化建模

洛伦茨方程如式（3.41）所示,由于含有非标量的非线性项（如*xz*、*xy*）,给实际电路设计带来了许多不便,因此可通过图形化建模的方法来研究洛伦茨方程的特性。如利用MATLAB 6.1软件下的仿真工具箱Simulink 3.0作为图形建模支持环境,将洛伦茨系统分解成若干由加、减、乘和微（积）分运算单元拼合的子集合,每个子系统本身则可被定义成拥有独立运算功能的图形化组件或模块,然后利用Simulink图形技术构造具有递阶结构的仿真模型,从而实现从系统的建模、仿真到输出结果的全程可视化、一体化。图形化建模,为复杂系统（尤其是非线性系统）的综合分析,以及解决计算、设计不方便等问题提供了有效手段,是目前广为应用的一种系统分析和综合的仿真工具。洛伦茨方程的Simulink仿真模型如图3.9所示。图中,含有"×"号的矩形框表示乘法环节,含有"$\frac{1}{s}$"的矩形框表示积分环节,含有" + － "号的矩形框表示加法环节,三角框表示放大环节。打开仿真窗口装入各子模块相应的参数（σ, β, r）,设置（x, y, z）的初始值分别x= 0.01, y=0.01, z=0.1,选择数值积分算法,则可开始进行仿真运算,从而可观察到输出信号x, y, z,还可通过示波器获得系统的相轨迹图。（σ, β, r）取不同值时,洛伦茨系统相轨迹Simulink仿真图。如图3.10 所示。

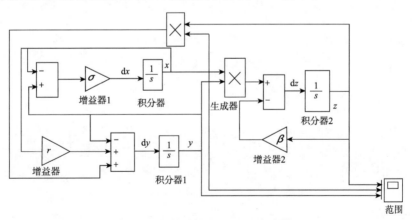

图3.9　洛伦茨系统的Simulink仿真模型

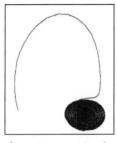
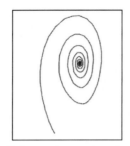

（a）$\sigma=20$，$r=28$，$\beta=8/3$　　（b）$\sigma=10$，$r=28$，$\beta=8$　　（c）$\sigma=13$，$r=100$，$\beta=6$

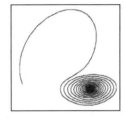
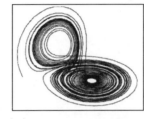
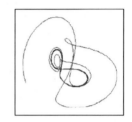

（d）$\sigma=10$，$r=18$，$\beta=8/3$　　（e）$\sigma=10$，$r=28$，$\beta=8/3$　　（f）$\sigma=10$，$r=300$，$\beta=8/3$

图3.10　（σ，β，r）取不同值时，洛伦茨系统相轨迹Simulink仿真图

从图3.10可见,利用图形化建模的方法,对混沌系统进行分析具有简单、灵活的特点,可任意改变系统参数(σ，β，r)的取值,通过观察吸引子的结构特点来确定产生混沌运动时系统参数的大小。

2）洛伦茨系统的MATLAB程序仿真

在MATLAB平台上,对洛伦茨系统进行数值仿真,可以清楚地看到:当$\sigma=10$，$r=28$，$\beta=8/3$时,洛伦茨系统的吸引子如图3.11所示。

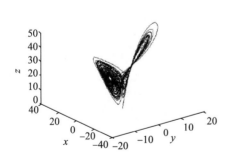
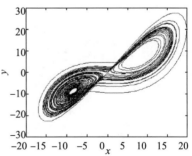

（a）洛伦茨系统的三维空间的奇怪吸引子　　　　　　（b）x-y平面投影

图3.11　洛伦茨系统奇怪吸引子相轨迹仿真图

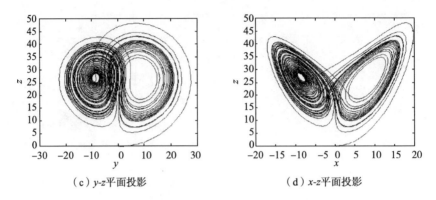

（c）y-z平面投影　　　　　　　　　　　　（d）x-z平面投影

图3.11　洛伦茨系统奇怪吸引子相轨迹仿真图（续）

3.4.2　洛伦茨混沌系统的电路实现

　　混沌电路因具有丰富的非线性动力学特性,理论分析、数值模拟和实验演示三者能很好符合等诸多优点,已成为研究混沌动力学特性的重要实验手段。

　　混沌现象发生在非线性电路系统中,电路中所用元器件多含有非线性器件,电路结构复杂,给实际电路设计与调试带来了许多困难。因此,如何避免使用过多种类的非线性元器件,设计可以稳定工作的混沌电路,且实验结果易于观察,成为混沌电子学研究的问题关键。

　　1.混沌系统的电路组成

　　设三阶非线性系统的三变量为x、y、z,则系统的函数表达式为

$$\begin{cases} \dfrac{\mathrm{d}x}{\mathrm{d}t} = f_1\ (x, y, z) \\[2mm] \dfrac{\mathrm{d}y}{\mathrm{d}t} = f_2\ (x, y, z) \\[2mm] \dfrac{\mathrm{d}z}{\mathrm{d}t} = f_3\ (x, y, z) \end{cases} \tag{3.44}$$

式中,函数f_1、f_2、f_3分别是变量x、y、z的函数,或仅是其中两个变量的函数,也可以是一个变量的函数,但f_1不能为$f_1\ (x)$,f_2不能为$f_2\ (y)$,f_3不能为$f_3\ (z)$;同时具有混沌吸引子的系统,要求函数f_1、f_2、f_3中至少有一个函数是变量x、y、z的非线性函数。式(3.41)表示的洛伦茨系统完全符合三阶非线性系统的函数条件,其中包含两个非线性系统,由微分(积分)、加法、乘法等数学运算构成。

　　运算放大器是电路设计中最常选用的元件,它可以构成具有不同运算功能的电路,常见的电路有加(减)法器、微分器、积分器和电压跟随器。用运算放大器来实现各种数学运算环节的电路原理图如图3.12所示。

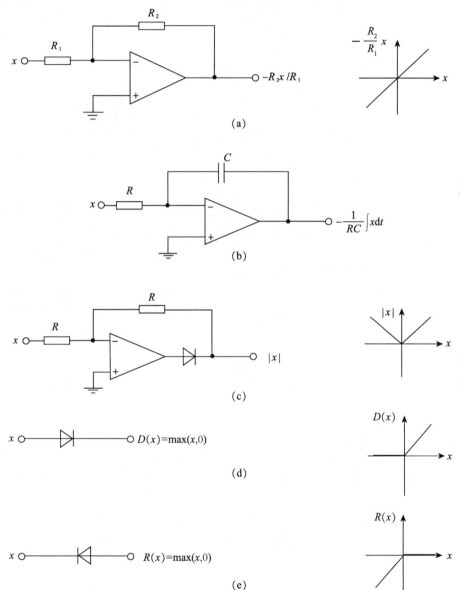

图3.12　具有不同运算功能的电路原理图

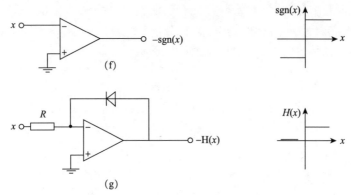

图3.12　具有不同运算功能的电路原理图（续）

2. 洛伦茨系统的电子线路

用电子线路实现洛伦茨系统主要有两种途径：一种是使用开关函数和绝对值函数来代替二个非线性项，另一种是通过线性分段函数来代替二次乘积项 xz 和 yz。与先前的实现方法不同，这里是通过直接用模拟乘法器来代替非线性乘积项，并不改变原来的非线性特性，将保持原系统的轨迹形状。

运用Multisim 2001电路仿真软件设计了一个模拟电路来模拟洛伦茨系统，如图3.13所示。电路中包含2个模拟乘法器来实现式（3.41）中的2个交叉乘积项，8个运算放大器和线性电阻、电容，来实现加法、减法、乘法和积分。

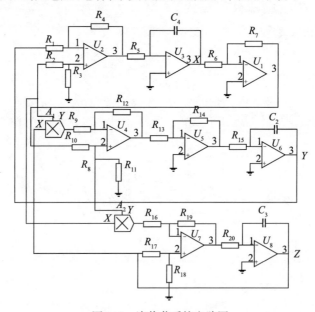

图3.13　洛伦茨系统电路图

图中,各元器件参数值分别为:$R_1=R_2=R_3=R_4=R_6=10\,\text{k}\Omega$,$R_7=R_{13}=R_{14}=R_{16}=R_{17}=$
$R_{19}=10\,\text{k}\Omega$,$R_5=831\,\Omega$,$R_8=1.033\,\text{k}\Omega$,$R_9=R_{12}=1\,\text{k}\Omega$,$R_{10}=2.11\,\text{k}\Omega$,$R_{11}=136\,\text{k}\Omega$,
$R_{15}=1.596\,\text{k}\Omega$,$R_{18}=1.467\,\text{k}\Omega$,$R_{20}=1.46\,\text{k}\Omega$。用MultiSim 2001 电路仿真如图3.14
所示。

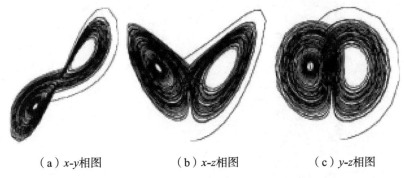

（a）x-y相图 　　　　（b）x-z相图 　　　　（c）y-z相图

图3.14　MultiSim 2001 电路仿真结果示意图

由此可见,对MATLAB数值仿真和MultiSim 2001电子电路仿真实验结果进
行比较,可知结果一致,因此证实了此方法的可行性。这种电路设计方法简单、有
效,具有一定的普遍性,可以推广到类似的混沌系统的电路设计中。

3.4.3　新混沌系统的构造

迄今还没有系统的理论方法可用来设计一个连续的混沌系统。在此可以按
照下面的几个步骤来研究由运算放大器和阻容元件设计三阶混沌电路的基本方
法和过程。

（1）数学建模。为了使设计的混沌电路尽量简单,选取的方程形式为

$$\begin{cases} \dot{x} = f_1(y) = y \\ \dot{y} = f_2(z) = z \\ \dot{z} = f_3(x) = -0.6z - y + ax - bf(x) \end{cases} \qquad (3.45)$$

（2）确定非线性函数形式。电路结构选用图3.12（f）的形式,则式（3.45）中非线
性函数$f(x)$为$f(x)=\text{sgn}(x)$。

（3）计算机仿真。利用计算机的图形化建模、数值计算对所建的数学模型进
行分析。在不断改变系统参数的情况下,求系统输出信号的最大李指数,判断该
数学模型是否可以产生混沌现象,从而确定产生混沌运动时系统的参数。经计算,
当$a=1.2$,$b=4.5$时,系统处于混沌状态。

（4）选择电路元件构建单元电路。将混沌系统的数学模型分解为功能不同的

运算模块,并利用运算放大器来实现。分别用如图3.15~图3.17所示的电路来模拟系统(3.45)中的三个方程。

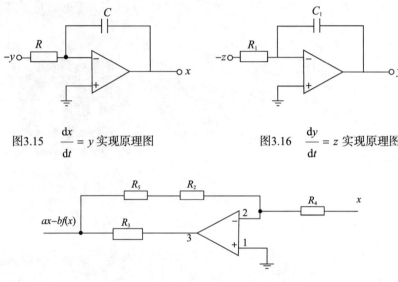

图3.15 $\dfrac{\mathrm{d}x}{\mathrm{d}t}=y$ 实现原理图   图3.16 $\dfrac{\mathrm{d}y}{\mathrm{d}t}=z$ 实现原理图

图3.17 $f_1(x)=ax-bf(x)$ 实现原理图

(5)电路设计与调试。将各功能电路按照系统数学模型的运算顺序进行组合调整,并根据电路相关知识确定电路中各元件的参数,最终设计成可以稳定工作的混沌电路。电路仿真实验的结果如图3.18所示。

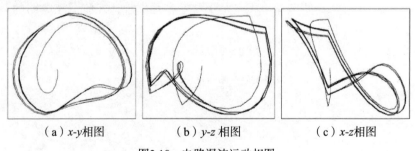

(a) x-y相图   (b) y-z相图   (c) x-z相图

图3.18 电路混沌运动相图

实验结果表明:由运算放大器和阻容元件实现混沌系统的方法是可行的,具有一定的普适性。关于由运算放大器和阻容元件实现超混沌系统的方法后面还要进行专门深入的研究。

第4章　光电子系统的电调谐超混沌研究

光学系统混沌理论研究已经在近些年来得到较快发展,出现了诸多研究成果,如光学双稳系统、声光系统等混沌理论与实验基础研究。特别在激光器混沌研究中,对YAG激光器、CO_2激光器、半导体激光器和光纤激光器混沌的研究取得明显进展。但是,在光学超混沌研究中,由于其本身复杂性等因素限制了研究的深度和广度,特别是在对光学系统作了一些假设后,超混沌的复杂性使得其研究误差明显加大,实验观察也显现出一定难度。

本章从另一角度研究光学系统超混沌现象,即利用电学方法来研究光学系统超混沌。以半导体激光器和掺铒光纤激光器为例,用电参数调谐方法实现其超混沌的产生、控制和同步,并对其特性进行分析讨论。主要研究两种激光器在电源和外部电路驱动下的系统模型、控制与同步规律。

4.1　半导体激光器电调谐超混沌研究

半导体激光器由于具有体积小、波长范围宽和易耦合、易调制等特点,在光检测、光通信和光盘数据调制解调处理等多领域中得到广泛应用。研究半导体激光器混沌与超混沌,对于提高激光器使用效率、提高激光器工作稳定性和充实激光器基础理论具有现实意义。

4.1.1　半导体激光器产生混沌的条件

单模半导体激光器可由两个独立变量来描述:光场和载流子密度。这两个独立变量建立起两个基本速率方程,只有再增加其自由度,才能具有构成产生混沌的条件。

这里重述半导体激光器速率方程为

$$\frac{\mathrm{d}S(t)}{\mathrm{d}t} = A[N(t) - N_0]S(t) + \beta\frac{N(t)}{\tau_s} - \frac{S(t)}{\tau_p} \tag{4.1}$$

$$\frac{\mathrm{d}N(t)}{\mathrm{d}t} = \frac{I}{eV} - A[N(t) - N_0]S(t) - \frac{N(t)}{\tau_s} \tag{4.2}$$

式中, $S(t)$ 为光子数密度, $N(t)$ 为反转粒子数密度(即载流子密度), N_0 为得到正增益的最低载流子密度，I为注入电流，e为电子电荷，V为激活区域的体积，τ_s为载流子寿命时间，τ_p为光子寿命时间，β为与激光模式相耦合的自发辐射因子，A为增益参数。

从式(4.1)和式(4.2)可以看出，由方程参数改变来增加自由度主要有三个基本途径。

（1）改变条件参数I，即调制注入电流方法。调制注入电流，必须增加I变量的调制形式，建立周期振荡条件。当调制频率大于激光器的弛豫振荡频率时，将发生倍周期分岔，随着调制频率的进一步加大，将会出现混沌。

（2）注入相干光$S(t)$。当注入光场和腔内光场的频率之差大于激光器弛豫振荡频率时，也将发生倍周期分岔现象，从而进入混沌状态。

（3）复合腔技术。就是让输出的激光通过某种方法使其再返回工作区的一种外部光学延迟反馈技术，它可以使激光器随着光强度的增加而从准周期进入混沌状态。

4.1.2　半导体激光器混沌与超混沌电调谐系统模型

基于半导体激光器的电参数调制系统如图4.1所示。激光器光束通过光学系统到分光镜进行输出，其中光电接收器接收部分光信号并将其转换为电信号，送入放大器进行弱信号放大。调制系统分为电学调制系统和光学调制系统两个部分，光学调制系统主要对光学系统的速率方程相关参数进行调整，使其便于电参数处于调谐范围，电学调制系统可以进行注入式参数调整，包括电流调制和频率调制。载波信号被输入到光路u_i而且可以达到控制目的。当控制信号满足控制要求时，调制信号将由u_o输出。

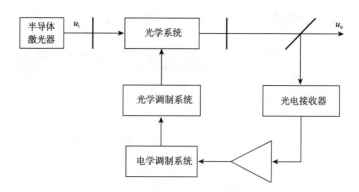

图4.1　电光参数调制下的半导体激光器系统

由前所述，半导体激光器属于B类激光器，可以解出基本速率方程式(4.1)和式(4.2)的稳态解。

当注入电流 $I = I_b + I_m \sin(\omega t)$ 时,得到弛豫振荡频率为

$$\omega_0 = \left[\left(\frac{I_b}{I_{th}} - 1 \right) \frac{(1 + AN_0\tau_p)}{\tau_p\tau_s} \right]^{1/2} \quad (4.3)$$

式中,I_{th}为半导体激光器的阈值电流,$\omega_0 = 2\pi f_0$。由于通过注入电流作为参数调制,因此,可以增加一个自由度。其调制参数为

$$m_a = \frac{I_m}{I_b} \quad (4.4)$$

式中,m_a为调制系数,I_m和I_b分别为注入电流表达式中的调制电流和偏置电流。但是,由于注入的电流方式只能产生由周期加倍进入混沌状态,参数调整不十分敏感,主要表现在控制方式的简单化。

这里主要采用电调谐系统对光学系统施加电调制,在半导体激光器速率方程式(4.1)和式(4.2)的基础上,通过外部注入电压调制反馈环路系统参数,增加了三个自由度。这就形成一套新的多维(5阶)电光系统调制方程,形成超混沌系统。

电参数调制的反馈环路系统方程主要由外部运算放大器构造非线性电路,完成对半导体激光器速率方程的调制,进而实现电信号对光的控制。电调制系统设计时,采用三种方案,均可对半导体激光器速率方程进行有效的调整和控制:① 两个运算放大器构成简单电调制电路,主要实现电光混合系统调制的理论与实验研究,具有结构简单、易于调制等优点;② 多个运算放大器电路构成超混沌复杂调制电路,它更接近自然现象,系统误差小,有利于实际应用;③ 混沌自适应调制和混沌级联方式构成超混沌系统。

4.1.3　两运算放大器构成简单电调制光学超混沌系统

两运算放大器简单电调制系统如图4.2所示。由此电路构成电调制方程为

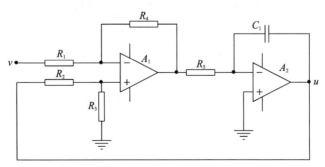

图4.2　电调制简单系统

$$\frac{\mathrm{d}u}{\mathrm{d}t} = \frac{1}{R_5 C_1}\left[\frac{R_4}{R_1}v - \frac{R_3}{R_2 + R_3}\left(1 + \frac{R_4}{R_1}\right)u\right] \tag{4.5}$$

$$\frac{\mathrm{d}v}{\mathrm{d}t} = v \tag{4.6}$$

为研究讨论方便,设 $R_1 = R_4$, $R_2 = R_3$, $C = 1/(R_5 C_1)$,则

$$\frac{\mathrm{d}u}{\mathrm{d}t} = C(v - u) \tag{4.7}$$

这里,R_1 和 R_2 为输入电阻,R_4 为反馈电阻,通过 R_3 和运算放大器 A_1 构成比例微分电路,R_5 为 A_1 和 A_2 两级运算放大器电路的耦合电阻;R_5 与电容 C、运算放大器 A_2 构成积分电路,由 A_1 和 A_2 两级运算放大器电路最终组成一个最简单的单元功能电路。两运算放大器简单调制系统器件参数取值如表4.1所示。

表4.1　两运算放大器简单电调制系统器件选择

器件名称	数值	单位
R_1, R_2, R_3, R_5, R_6	1.0	kΩ
R_4	500	kΩ
C_1	1000	pF
A_1, A_2	TL082	

由于半导体激光器光学系统增加了电调制回路,因此引入调制参数改变了粒子数反转方程式(4.2)结构,形成

$$\frac{\mathrm{d}N(t)}{\mathrm{d}t} = \frac{I_b}{eV}(1 + m_a \sin \omega t) - A[N(t) - N_0]S(t) - \frac{N(t)}{\tau_s} \tag{4.8}$$

选择注入电压 $v_b = I_b/R_1$。

至此,可取方程式(4.1)、式(4.8)、式(4.6)和式(4.7)做归一化处理,得到

$$\begin{cases} \dfrac{\mathrm{d}x_1}{\mathrm{d}t} = A(x_2 - N_0)x_1 + \beta\dfrac{x_2}{\tau_s} - \dfrac{x_1}{\tau_p} \\[3mm] \dfrac{\mathrm{d}x_2}{\mathrm{d}t} = \dfrac{x_4}{R_1 eV}(1 + m_a x_5) - A(x_2 - N_0)x_1 - \dfrac{x_2}{\tau_s} \\[3mm] \dfrac{\mathrm{d}x_3}{\mathrm{d}t} = C(x_4 - x_3) \\[3mm] \dfrac{\mathrm{d}x_4}{\mathrm{d}t} = x_4 \\[3mm] \dfrac{\mathrm{d}x_5}{\mathrm{d}t} = D(1 - x_5^2)^{\frac{1}{2}} \end{cases} \quad (4.9)$$

式中，x_1 和 x_2 分别代表光子数密度和反转粒子数密度，x_3 和 x_4 分别代表两运算放大器简单电调制系统的微分电路的输入电压和积分电路的输出电压，$x_5 = \sin\omega t$，A 为微分增益系数，C 为电压调制系数，D 为频率调制系数。半导体激光器调制参数选择如表4.2所示。

表4.2　半导体激光器调制参数

参数名称	符号	数值	单位
微分增益系数	A	7.85×10^{-13}	$\mathrm{m^3 \cdot s^{-1}}$
透明载流子密度	N_0	5.20×10^{24}	$\mathrm{m^{-3}}$
电流调制系数	m_a	$0.013{\sim}8.25$	
电压调制系数	C	-5.00×10^{-2}	
频率调制系数	D	3.00×10^2	
注入电流	I_b	$I_b = 1.4I_{th}$	
自发辐射因子	β	1.06×10^{-5}	
载流子寿命	τ_s	3.0×10^{-9}	s
光子寿命	τ_p	1.2×10^{-12}	s
电子电荷	e	1.602×10^{-19}	coul
激活区域体积	V	1.0×10^{-16}	$\mathrm{m^3}$

　　式(4.9)所示系统为5阶无穷维形式,具有极不稳定特性,在一定条件下,系统将出现非稳和超混沌状态。

　　对式(4.9)进行线性化处理,可得

$$
\begin{bmatrix}
\dot{x}_1 \\
\dot{x}_2 \\
\dot{x}_3 \\
\dot{x}_4 \\
\dot{x}_5
\end{bmatrix}
= L
\begin{bmatrix}
\delta x_1 \\
\delta x_2 \\
\delta x_3 \\
\delta x_4 \\
\delta x_5
\end{bmatrix}
\tag{4.10}
$$

其中

$$
L =
\begin{bmatrix}
A(x_2 - N_0) - \dfrac{1}{\tau_p} & Ax_1 + \dfrac{\beta}{\tau_s} & 0 & 0 & 0 \\[2ex]
-\dfrac{A}{R_1 eV}(x_2 - N_0) & \dfrac{1}{R_1 eV}x_1 - \dfrac{1}{\tau_s} & 0 & \dfrac{1}{R_1 eV}(1 + m_a x_5) & \dfrac{1}{R_1 eV}m_a x_4 \\[2ex]
0 & 0 & C & C & 0 \\[2ex]
0 & 0 & 0 & 1 & 0 \\[2ex]
0 & 0 & 0 & 0 & -D(1 - x_5^2)^{\frac{1}{2}} x_5
\end{bmatrix}
$$

建立半导体激光器电调谐系统模型,必须知道是否为混沌或超混沌状态。根据李指数λ求解方法,进一步确定混沌类型。在描述一个非线性系统的动力学模型特征时,本书采用李指数计算法

$$
\lambda_i = \lim_{t \to \infty} \frac{1}{t} \ln \frac{|\delta x_i(x_0, t)|}{|\delta x_i(x_0, 0)|}
\tag{4.11}
$$

$\delta x_i(x_0, t)$表示在$t = 0$时刻,系统对在x_0点所施加的小微扰动$\delta x_i(x_0, 0)$随着时间的推移在t时刻相空间的分离。空间的距离是与系统的参数密切相关的,是系统参数的函数。由此可见,系统李指数与系统参数相关,当系统参数处于混沌状态时,系统的最大李指数一定大于零,而且,当李指数有两个以上为正值时,可以判定系统处于高维超混沌状态,这是混沌判定的有效方法。当然,李指数一旦小于或等于零,系统则进入稳定状态。

　　对于式(4.9),给定一初值,在时间$n\tau$内进行数值求解,得到在初始时刻对系统

施加的扰动随时间的演变,由此可以得到系统的最大李指数

$$\lambda_{\max} = \lim_{n \to \infty} \frac{1}{n\tau} \sum_{i=1}^{n} \ln \frac{\left| \left(\delta x_{1i}^2 + \delta x_{2i}^2 + \delta x_{3i}^2 + \delta x_{4i}^2 + \delta x_{5i}^2 \right)^{\frac{1}{2}} \right|}{\left| \left(\delta x_{1(i-1)}^2 + \delta x_{2(i-1)}^2 + \delta x_{3(i-1)}^2 + \delta x_{4(i-1)}^2 + \delta x_{5(i-1)}^2 \right)^{\frac{1}{2}} \right|} \tag{4.12}$$

图4.3所示为电调制参数D改变对最大李指数的影响。根据式(4.12)计算,可以得到图4.3展示出三个正的最大李指数。

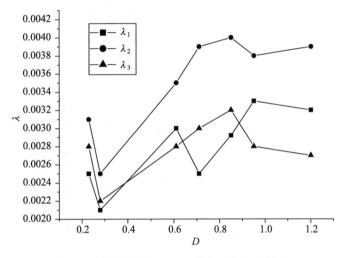

图4.3　电调制参数D改变对最大李指数的影响

使用Wolf的计算程序解出线性化方程的李指数,得到如(0.0063,−0.0015,−0.0051,−0.0023,0.0009) 和 (0.0071,0.0095,−0.0004,0.0087,−0.0033)三个李指数均为正值。从而可以断定半导体激光器系统出现超混沌。超混沌吸引子如图4.4所示,这是在振荡中心频率为500 MHz,采样点为50000时的计算机数值模拟结果。图4.3中的电调制参数D为频率调制系数,是对半导体激光激光器外部注入电流时产生弛豫振荡的电调制参数。

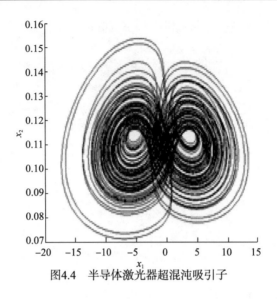

图4.4　半导体激光器超混沌吸引子

4.1.4　多运算放大器组合电调制注入半导体激光器超混沌系统

为研究实际半导体激光器系统超混沌现象,采用多运算放大器组合电路构成电调制回路系统对半导体激光器光学系统实施调制。调制电路如图4.5所示。

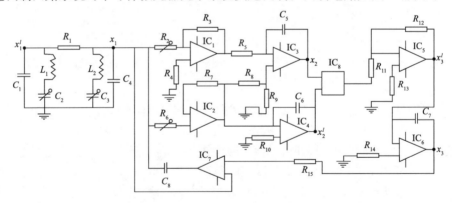

图4.5　基于半导体激光器的多运算放大器组合电调制注入超混沌系统

此电路根据预定要求很容易实现电信号的光学系统调制,它特别适合外腔开放式光学系统反馈回路多参数联合调制。在该调制电路系统中,恰当地调整某些电参数可以获得不同的超混沌控制效果,得到不同的超混沌状态。图4.5中元器件参数选择如表4.3所示。

运算放大器组合电路构成电调制回路系统对半导体激光器光学系统实施调制的结果,产生超混沌,此项调制产生更加复杂的超混沌吸引子,如图4.6所示。图4.7

所示为混沌时域波形,它表明,此电路调制是由信号周期加倍走向超混沌。

表4.3 器件参数选择

元件名称	数值	单位
C_1, C_4	500	pF
C_2, C_3	500	nF
C_5, C_6, C_7	30	nF
C_8	10	pF
R_1, R_2, R_3, R_7, R_{12}	100	kΩ
R_4, R_5, R_6, R_8, R_9, R_{10}, R_{11}, R_{13}, R_{14}, R_{15}	1.0	kΩ
L_1, L_2	40	mH
IC1 ~ IC7	TL082	
IC8	AD633	

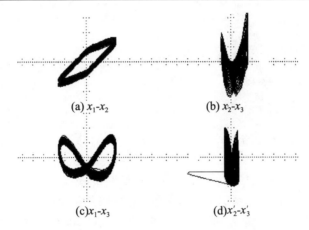

(a) x_1-x_2 (b) x_2-x_3

(c)x_1-x_3 (d)x_2'-x_3'

图4.6 示波器显示相空间超混沌波形

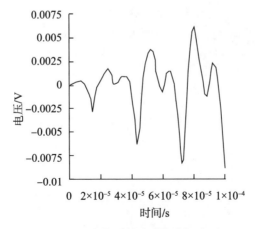

图4.7 电参数调制的瞬态分析(x_3)

4.1.5　混沌级联方式构成超混沌系统

从电路图4.5可以看出,此电调制回路系统本身就是一个混沌级联的超混沌系统,前端电路是典型的RLC被动非线性调制部分,后端电路是多运算放大器组合电路构成的电调制回路。它的级联与信号输入如图4.8所示。这种混沌级联可以根据需要灵活地组织增加或减少系统单元,便于各个混沌子系统调试,同样可以产生超混沌。

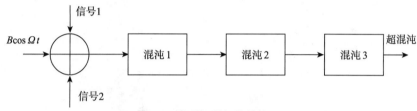

图4.8　混沌级联与信号输入

4.1.6　混沌自适应电调制系统

对于半导体激光器的另外一种电调制可以采用混沌自适应电路系统。首先确定目标行为,即采用一个参考模型F_m,它是独立的动力学系统。这里设目标参数$\mu = \mu_g$,矢量μ表示参数集,μ_g为目标行为最终期望值。自适应控制的目的是,不管噪声或随机涨落如何变化,而系统尽可能地维持其参数值μ不变,最终能够达到所需要的动力学行为。因此,使用适当的控制算法或者硬件结构去修改、补充、完善被扰动的参数或信号是非常必要的。在自适应系统的控制及扰动作用下,参数μ就变成依赖于时间的变量,并且随着时间的演化,形成一个新的控制方程μ_{n+1},作用于自适应动力学系统F。通过系统F与模型F_m之间适当的耦合连接,形成一个稳定的高周期、准周期甚至混沌行为的自适应控制系统。稳定的自适应控制原理如图4.9所示,其中G是以误差信号$(x_n - y_n)$作为变量的非线性函数即$G(x_n - y_n)$,G在此已被归一化成$G(1)=1$。

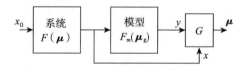

图4.9　自适应控制原理图

因此,可以建立自适应系统的联立控制方程

$$\begin{cases} x_{n+1} = F(x_n - \mu) \\ y_{n+1} = F_m(x_n, \ \mu_g) \\ \mu_{n+1} = \mu_n + \alpha G(x_n - y_n) \end{cases} \tag{4.13}$$

连接一个克尔(Kerr)电–光调制器,再添加一套滤波和混沌自适应参数调制反馈系统形成完整的电–光混合系统,如图4.10所示。

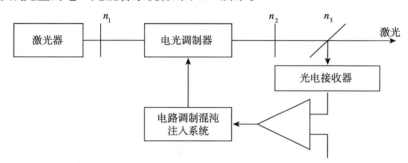

图4.10 电光调制系统工作框图

从图4.10可以看出,半导体激光器发出的激光通过克尔电光调制器使得激光信号被调制,再由滤波片n_2滤波通过n_3输出。在n_3处,光信号又被分成两路,其中一路被折射由光电探测器所接收,转换成电信号,通过信号放大后送入电路调制混沌反馈系统形成电调制和光调制两分量的双调制器。只要满足预先设定条件要求,激光信号可以达到自适应混沌控制和通过滤波片n_3直接输出。

图4.11所示一种电光调制自适应反馈系统设计方案。在此反馈回路中,输入信号最多可以是四路。在光电接收器之前,可以有三路信号,包括激光信号、电调制反馈信号和外加辅助载波信号,另外也存在系统之外的扰动随机信号,这个信号在通常是不可避免的,但它可以通过某种手段加以控制和利用。扰动信号,是电路调制系统中对混沌调制的主要控制点。

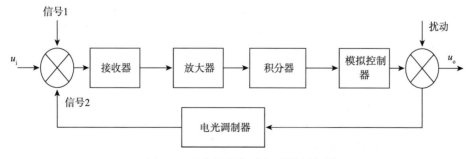

图4.11 电光调制自适应反馈控制系统

1.电调制和自适应反馈控制系统的工作过程

当给定信号添加到系统中时,光电探测器将激光信号转换成电信号并加以放大,被放大的信号再送入含有比例和积分的混沌控制系统中,利用控制门电路对参数实施调制,此调制信号可能被外来扰动信号所干涉。当扰动信号被一开关所控制时,调制信号就具有两种状态出现,一种是自然的可用信号,另一种就是紊乱的失真调制信号。两种信号被叠加在电光调制器中时,首先根据事先需要所赋的初值被自动按顺序调整成合适的混沌光信息,而且可以根据需要立即输出。

2.硬件设计与调整

混沌信号来自于非线性系统,根据电光调制器和反馈系统设计要求采用模拟集成电路建立电光调制器的混沌电路如图4.12所示。此电路由三开关电路(适应外部光信号或电注入信号需要)和三个集成运算放大器构成混沌电路。这个电路是自适应反馈控制系统。

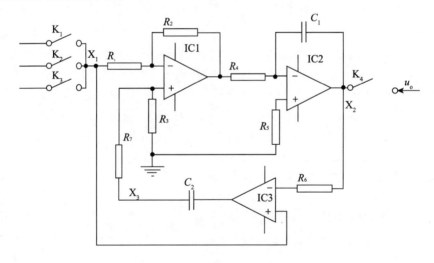

图4.12　电光调制器的混沌电路

3.参数调整

为了确保输入信号保持最佳波形,不被外部干预,采用 1 ∶ 1 放大电路。在相同时刻,时间控制参数 τ 需要被调制,这里主要调整电路中的电容器参数,它可以使信号由周期、准周期、最终成为混沌状态。调制电路混沌系统器件参数选择如表4.4所示。

表4.4 调制电路系统器件参数

器件名称	数值	单位
R_1，R_3，R_4，R_5，R_6	1.0	kΩ
R_2	300	kΩ
R_7	0.5	kΩ
C_1	30	pF
C_2	10	pF
IC1，IC2，IC3	TL082	

4.实验与分析

对于自适应系统的检测分析方法主要包括频率分析、时域瞬态分析和混沌相空间轨迹分析。

1）频率分析

交流信号频率扫描和分析采用十进制系统模式,扫描初始频率为1.0 Hz,终止频率为1.0 GHz,获得它的幅频特性、相频特性和交流信号采样波形,如图4.13所示。

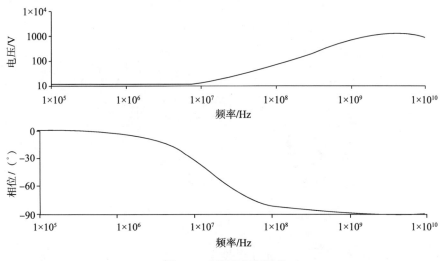

图4.13 幅频与相频特性

2）时域瞬态分析

输入信号频率为100 MHz的余弦周期信号,振幅为2~10 V,自动采样100点,起始时间为零,终止时间在1×10^{-5} s,测试点选择在x_2和x_3,分析结果如表4.5所示。

表4.5 瞬态波形分析结果

参数	数值
初始时间步长	3.125×10^{-10}
初始最大时间	6.25×10^{-10}
标称温度	27
工作温度	27
总迭代次数	58834
瞬态迭代次数	58831
电路方程数	17
瞬态时间点数	25476
可接受的时间点数	25457
拒绝的时间点数	19
总分析时间	129.02
瞬态时间	128.96
矩阵重新排列时间	-1.9069
L-U分解时间	13.48
矩阵解算时间	11.52
瞬态L-U分解时间	13.48
瞬态解算时间	11.52
暂态各点迭代次数	0
加载时间	20.62

3）采用示波器的波形分析

在电路中选择x_3点用示波器观察波形,在时域采样中发现混沌状态波形。当调整RC电路的个别器件参数时,可以发现波形改变,由周期、准周期转入混沌。用电容器调整从30 pF到10 pF,所得波形如图4.14所示。

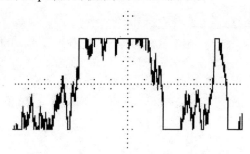

图4.14 混沌时域波形

在整个电调制反馈系统中,进行三点单元(x_1、x_2和x_3)测试和分析,调试结果如图4.15所示,其中图4.15（a）表示在x_1-x_2相空间的超混沌状态,图4.15（b）是x_1-x_3。反馈系统的混沌状态根据控制参数调制发生相应的改变。当调整电阻R从100

$k\Omega$到$0.3\ k\Omega$时,时域瞬态波形发生转变,从周期加倍到无序状态,最终进入混沌状态。因此,通过调制某些器件参数使驱动信号作用于电光调制器,可以达到用电信号去控制光学系统,最终实现预定要求的目的。

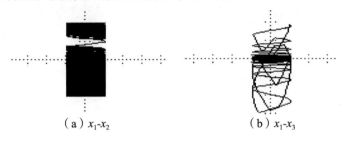

（a）x_1-x_2　　　　（b）x_1-x_3

图4.15　混沌状态相图

4.2　半导体激光器电调制系统超混沌控制与同步

从上述可知,半导体激光器系统可以通过电学调制方法产生混沌和超混沌,对于式(4.9)和式(4.10),可以通过控制参数调整来实现超混沌控制,控制水平与参数选择密切相关。这里主要通过调制系统方程中m_a、C和D,来实现超混沌的控制与同步。采用波长为780 nm的砷化镓(GaAs)半导体激光器系统开展混沌研究。

4.2.1　半导体激光器电调制系统超混沌控制

在半导体激光器系统方程加入电参数调制的目的,就是要产生超混沌,并加以控制。

在此主要采用电参数直接控制方法,控制变量为超混沌方程(4.9)中的m_a、D参数,实行双变量控制。调制参数$m_a = 0.32$,$D = 0.98$时,系统为周期状态,当$m_a = 0.53$,$D = 0.33$时,系统转为准周期,当$m_a = 0.53$,$D = 0.75$时,出现混沌,$m_a = 0.65$,$D = 0.23$时,出现超混沌现象。利用计算机数值模拟结果,如图4.16所示,可以看出,利用控制参数可以有效地对超混沌吸引子进行控制,使之得到单轨道、双轨道、准周期,直至超混沌。

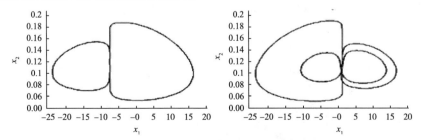

图4.16　半导体激光器电调制系统超混沌吸引子

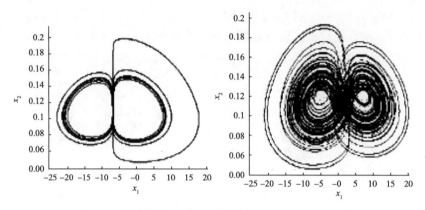

图4.16　半导体激光器电调制系统超混沌吸引子（续）

4.2.2　半导体激光器电调制系统超混沌同步

超混沌同步的一个重要特征是两个系统必须是稳定的,也就是说,各自的李指数均为负值。

对半导体激光器电调制系统超混沌的控制主要采用驱动–响应方法来实现。用一个系统去驱动另一个系统。第一个系统是驱动,它相对具有主动性,且不受第二系统行为的影响;第二个系统的行为取决于第一个系统的行为,处于被动地位。因此,这里首先对式(4.9)进行复制,构成另外一个系统,两个系统具有相同因子和动力学特性。

$$
\begin{cases}
\dfrac{\mathrm{d}y_1}{\mathrm{d}t} = A(y_2 - N_0)y_1 + \beta\dfrac{y_2}{\tau_{\mathrm{s}}} - \dfrac{y_1}{\tau_{\mathrm{p}}} \\[2mm]
\dfrac{\mathrm{d}y_2}{\mathrm{d}t} = \dfrac{y_4}{R_1 eV}(1 + m_{\mathrm{a}} y_5) - A(y_2 - N_0)y_1 - \dfrac{y_2}{\tau_{\mathrm{s}}} \\[2mm]
\dfrac{\mathrm{d}y_3}{\mathrm{d}t} = C(y_4 - y_3) \\[2mm]
\dfrac{\mathrm{d}y_4}{\mathrm{d}t} = y_4 \\[2mm]
\dfrac{\mathrm{d}y_5}{\mathrm{d}t} = D(1 - y_5^2)^{\frac{1}{2}}
\end{cases}
\tag{4.14}
$$

这里方程(4.14)即为响应系统。方程(4.14)中的变量(y_1、y_2、y_3、y_4、y_5)与方程(4.9)

中的变量(x_1、x_2、x_3、x_4、x_5)相互对应,特性相同。将方程(4.9)中的dx_2/dt作为单驱动变量,以图4.6作为驱动信号。因此,用dy/dt表示响应系统的响应变量。最终构成的系统响应方程为

$$\begin{cases} \dfrac{dy_1}{dt} = A[y_2 - N_0]y_1 + \beta\dfrac{y_2}{\tau_s} - \dfrac{y_1}{\tau_p} \\[2mm] \dfrac{dy_3}{dt} = C(y_4 - y_3) \\[2mm] \dfrac{dy_4}{dt} = y_4 \\[2mm] \dfrac{dy_5}{dt} = D(1 - y_5^2)^{\frac{1}{2}} \end{cases} \quad (4.15)$$

另外,也可以采用式(4.9)的dx_1/dt和dx_2/dt作为双变量或多变量控制参数,采用图4.6作为驱动信号,则其响应系统变为

$$\begin{cases} \dfrac{dy_3}{dt} = C(y_4 - y_3) \\[2mm] \dfrac{dy_4}{dt} = y_4 \\[2mm] \dfrac{dy_5}{dt} = D(1 - y_5^2)^{\frac{1}{2}} \end{cases} \quad (4.16)$$

当一套驱动–响应总体系统构成以后,在什么条件下,响应系统才能算是一个稳定的子系统,这是混沌同步的一个中心问题。判定响应系统是否稳定,需要求出总系统的李指数,因为这是以驱动变量为前提的,所以这些李指数被称为条件李指数。Pecora和Carroll得出的响应系统的稳定性条件(必要条件)是,响应系统的所有条件李指数均为负值,即,P-C混沌同步定理为:只有当响应系统的所有条件李指数都为负值时,才能达到响应系统与驱动系统的同步。

在式(4.15)和式(4.16)被驱动以后,其非线性特性变得迟缓,而且它们的条件李指数由正值向负值转变。两个系统此时便保持了同步。

在此分别对驱动系统和响应系统的变量采取差分数值比较的方法即收敛曲线判定方法来实现,如用$De_i = x_i - y_i$($i = 1,2,3,4,5$)来跟踪收敛过程的表征量。利用这些差分数值结果可以观察其收敛速度,进而判断两个系统是否同步。当然,需要有足够长的时间,以确保差分比较变量$De_i \to 0$。此时会发现两个系统已经同步。

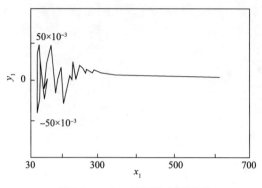

图4.17　x_1与y_1的同步收敛曲线

通过数值模拟实验结果表明,驱动系统方程式(4.9)与其复制的响应系统在驱动变量dx_1/dt和dx_2/dt作用下,达到了同步。图4.17是驱动响应系统的同步收敛时间序列。从这里可以看出, De_i随时间变化的收敛变化走势,在驱动–响应初期由相差较大初始值出发,两系统还处于振荡和不稳定状态,但随着实验时间的延长,经过起伏振荡之后振幅便逐渐衰减,并最终趋于零或达到所要求的绝对精度,即达到稳定状态。经过一段时间后,两系统达到同步,此时通过模拟实验在x_i-y_i相平面上可以观测到驱动与响应变量的曲线呈线性关系,如图4.18所示,这对各阶响应系统与驱动系统之间的同步过程都是相互类似的。

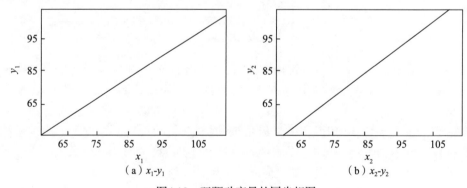

图4.18　双驱动变量的同步相图

4.3　掺铒光纤激光器电调谐系统超混沌研究

掺铒光纤激光器是近几年才发展起来的新型激光器,并被广泛应用到光通信中。它也能够利用电参数调整实现超混沌和控制。

双环掺铒光纤激光器是通过定向耦合器将两个环形的掺铒光纤激光器相互耦合在一起构成的光学系统。电调制主要是将两个掺铒光纤激光器的泵浦源和掺铒光纤的驱动电源参数加以适当调整,使激光器供电处于相对饱和阶段。双环掺铒光纤激光器系统如图4.19所示。

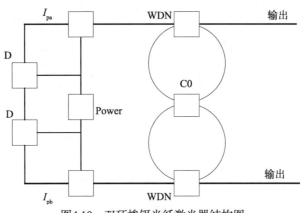

图4.19 双环掺铒光纤激光器结构图

在图4.19中,两个激光器通过定向耦合器C0将各自的光场耦合到对方激光器内。其中,I_{pa}和I_{pb}分别代表泵浦源–半导体激光器的泵浦参数,WDM为波分复用器,其作用是将波长为980nm的泵浦光耦合到光纤激光器中,同时将激光器内的部分激光耦合到激光器之外,完成激光器的输出。

根据环形掺铒光纤激光器的动力学方程,考虑到定向耦合器的特性,即光纤中的光场通过定向耦合器进行耦合时,耦合到对方系统中激光的电场强度与原光场中激光电场强度间存在$\pi/2$相移,因此单模双环掺铒光纤激光器的动力学方程可表示为

$$
\begin{cases}
\dfrac{\mathrm{d}E_a}{\mathrm{d}t} = -k_a(E_a + \eta_0 E_a) + g_a E_a D_a \\[2mm]
\dfrac{\mathrm{d}E_b}{\mathrm{d}t} = -k_b(E_b - \eta_0 E_0) + g_b E_b D_b \\[2mm]
\dfrac{\mathrm{d}D_a}{\mathrm{d}t} = -(1 + I_{pa} + |E_a|^2)Da + I_{pa} - 1 \\[2mm]
\dfrac{\mathrm{d}D_b}{\mathrm{d}t} = -(1 + I_{pb} + |E_b|^2)D_b + I_{pb} - 1
\end{cases}
\tag{4.17}
$$

式中,E_a、E_b分别代表两个环形光纤激光器内部激光的电场强度,D_a、D_b分别代表相应激光器的反转粒子数密度,I_{pa}、I_{pb}分别代表相应激光器的泵浦参数,$|E_a|^2$、$|E_b|^2$

分别代表两个激光器内部的激光光强，k_a、k_b分别代表两个激光器的损耗系数，g_a、g_b分别代表两个激光器的增益系数，η_0代表定向耦合器在波长 $1.55\,\mu m$ 处的耦合系数。上述动力学方程中的时间因子归一化于τ_2，它是铒离子激光上能级的寿命。

由环形掺铒光纤激光器的动力学方程可知，该系统属于B类激光器。根据非线性动力学中混沌产生的条件可知，要使系统产生混沌，必须通过附加自由度的方法来实现。产生超混沌，就必须具备有两个李指数为正值的非线性动力学系统。

这里采用数控脉宽调制驱动电源对激光器系统施加调制，增加自由度，其调制信号为 $a(t) = A_m \cos\omega t$。高频振荡电源调幅的载波电压为

$$V_m = A_m(1 + m\cos\omega t) \tag{4.18}$$

则高频振荡调制电源瞬时功率变化为

$$P(t) = \frac{A_m(1 + m\cos\omega t)^2}{R_0} \tag{4.19}$$

式中，A_m为载波振幅，R_0为负载输入阻抗。

设光强$I_2 = |E|^2$，通过D/A输出的模拟电压为

$$U = \frac{nU_m}{2^N} + k_1|E_a|^2 + k_2|E_b|^2 \tag{4.20}$$

式中，n为电压系数，U_m为电源电压有效值，N为数字D/A器件的位数（在此取$N=8$），k_1和k_2分别代表两个激光器中电源电压的分配系数，取$k_1 = k_2$。此时的电源调制双环掺铒光纤激光器系统的动力学方程变为

$$\begin{cases} \dfrac{dE_a}{dt} = -k_a(E_a + \eta_0 E_a) + g_a E_a D_a + k_1 P \\[2mm] \dfrac{dE_b}{dt} = -k_b(E_b - \eta_0 E_0) + g_b E_b D_b + k_2 P \\[2mm] \dfrac{dD_a}{dt} = -(1 + I_{pa} + |Ea|^2)D_a + I_{pa} - 1 \\[2mm] \dfrac{dD_b}{dt} = -(1 + I_{pb} + |E_b|^2)D_b + I_{pb} - 1 \\[2mm] \dfrac{dP}{dt} = q(1 + |E_a|^2 + |E_b|^2) \end{cases} \tag{4.21}$$

在式（4.21）中，第五个微分项表达为一个高频振荡调制电源瞬时功率$P(t)$变化

的电调制系数q与光强的关系,此时分配给两个掺铒光纤激光器中电源电压的分配系数相同($k_1=k_2$)。通过调制q值即可掺铒光纤激光器产生超混沌。

在一定参数范围内,双环掺铒光纤激光器会经过倍周期分岔,由周期状态进入混沌状态及充分发展的混沌状态。

同前面的数值处理分析方法相同,对方程组(4.21)进行线性化处理,得到变分方程,利用A.Wolf编程算法通过计算机数值模拟计算,得出该方程的李指数为(10.9809,1.1701,0.0002,0.00150, – 30.1099)。

采用四阶Runge-Kutta算法,取积分步长0.0001s,在初始条件为(10.0, 0.0, 0.0, 0.0,0.0)时,对方程式(4.21)进行数值模拟求解。取$k_a = k_b$=1000, g_a = 10500, g_b=4840, η_0=0.2, $I_{pa} = I_{pb}$=4.0, q = 0.35, $k_1=k_2$=10.0, f_0=500MHz,τ_2 = 10ms,去掉5×10^4个初始点后,画出五维超混沌吸引子在三维坐标中的形态如图4.20所示,其中图4.20(a)为超混沌吸引子,图4.20(b)是该状态下的时序图。

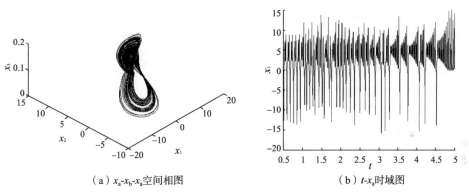

（a）x_a-x_b-x_a空间相图　　　　　　（b）t-x_a时域图

图4.20　在x_a-x_b-D_a的三维坐标超混沌吸引子和t-x_a时域图

4.4　掺铒光纤激光器电调谐系统超混沌控制

在双环掺铒光纤激光器动力学方程施加电源驱动调制方程后,新的动力学方程可以产生超混沌现象。在此把方程(4.21)中的电源驱动参数q作为电调制系统的控制参数。经过多次调试发现,控制参数q在数值为0.35状态下呈现明显的超混沌状态,随着q值的增加,超混沌状态逐渐减弱,当$q > 1.0$以后,出现准周期、高周期和周期状态,系统相应逐渐被控制到稳定状态。图4.21是经过调整控制参数q值,所达到的控制结果,达到了控制目标。从图中可以很容易地发现电源驱动对掺铒光纤激光器系统的控制作用。

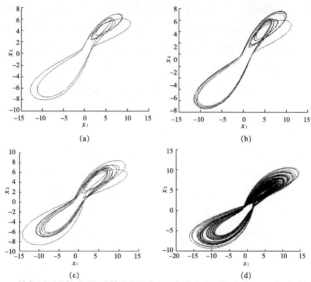

图4.21　掺铒光纤激光器系统超混沌吸引子在相平面（E_a-E_b）上的投影图

　　当然，对于掺铒光纤激光器系统的控制，也可以通过其他途径进行有效控制，这里强调的是利用电参数施加调制方法来实现光学系统的超混沌控制。图4.22为超混沌控制中图4.21的时序图。

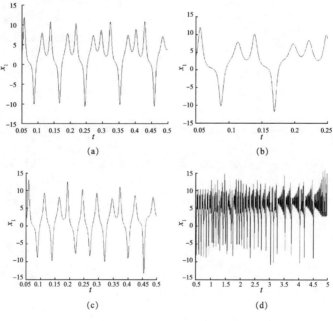

图4.22　与图2.21相对应的时域图

第5章 电路混沌特性与超混沌理论研究

如前所述,超混沌是动力学系统中具有两个以上正的李指数,它往往存在于高维动力学系统中。近年来,混沌和超混沌在各个研究领域逐渐成为热点,但是,研究方法往往受限于行业、专业知识和技术手段等因素,加上其动力学特性更为复杂,在高维系统中寻求产生超混沌的参数空间是一个复杂的过程,虽然在各方面都曾开展过相应的研究工作,却至今尚无有效的解析方法和可遵循的规则。利用计算机求解微分方程数值解进而寻求超混沌,往往要根据当前模拟计算结果反复试探、改变方程或修改参数。采用这种试探方法,要想得到相应的结果,少则需要从界面输入必要的控制参数,多则需要修改相应的函数方程,甚至需要重新编译程序,况且求解微分方程本身的迭代过程也至少在 10^5 次以上,耗费时间和精力巨大。即便如此,求解计算的结果是否成功也不好预知。因此,从1979年勒斯勒尔(Rössler)发表了能产生超混沌的动力学方程以后,只有少数关于四阶超混沌电路或光学混沌报道,且仅限于分段线性特性构造的动力学系统。近年来又有些学者从事感性和容性系统特别是蔡氏电路的超混沌研究。不管怎样,都是在沿用传统构造方法,利用所熟知的混沌系统来组合构建超混沌系统。这无疑为超混沌研究带来巨大的计算工作量和精力消耗,特别是关于李指数的计算更是如此。本章将在研究光学混沌理论基础上,开展电路超混沌理论分析与实验研究,从另一视点研究电路超混沌产生、发展直至对其达到控制和同步的应用目标。实验设计全部采用集成电路,便于调试和观察。

5.1 非线性系统超混沌电路结构与特性研究

5.1.1 非线性动力学系统与电路结构

设非线性动力学系统为

$$\frac{\mathrm{d}X}{\mathrm{d}t} = AX + BG(X) \tag{5.1}$$

式中, $X \in \mathbf{R}^n$, $A=(a_{ij})_{n \times n}$, $B=(b_i)_{n \times 1}$, $a_{ij} \in \mathbf{R}^1$, $b_i \in \mathbf{R}^1$, $G(X)=[g_i(X)]_{n \times 1}$ 为系统中的非线性函数。系统(5.1)的第 i 个方程为

$$\frac{\mathrm{d}x_i}{\mathrm{d}t} = \sum_{j=1}^{n} a_{ij}x_j + b_i\, g_i\,(x_1\,, x_2\,, \cdots, x_n) \tag{5.2}$$

图 5.1 为电路系统功能单元与其原理图。式（5.2）中的加权求和与积分运算可由单元功能框图加以表达,如图 5.1（a）所示,相应的单元电路构成见图 5.1（b）,其中的反相器是为了便于处理常系数的符号引入的。在图 5.1（b）中,设 $t = RC\tau$,且积分器输入为 $\dot{x}_i = RC\dfrac{\mathrm{d}x_i}{\mathrm{d}t}$,从而积分器输出为

$$-\frac{1}{RC}\int \dot{x}_i\, \mathrm{d}t = -\frac{1}{RC}\int RC\frac{\mathrm{d}x_i}{\mathrm{d}t}\mathrm{d}t = -x_i \tag{5.3}$$

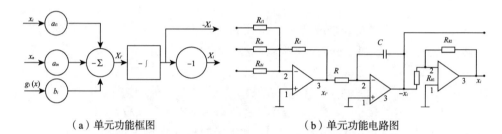

（a）单元功能框图　　　　　　　　　　　　（b）单元功能电路图

图 5.1　电路系统功能单元与原理图

在系统单元中,常数系数 a_{ij}、b_i 可有多种形式实现,它们可以是放大器的增益或是电阻分压器的分压系数,也可方便地把它们作为加法器的加权系数实现。设 a_{ij}、b_i 为加法器的加权系数,即 $a_{ij} = R_f/R_{ij}$, $b_i = R_f/R_{bi}$,且反相加法器输入为 x_1, x_2, x_3, $\cdots$, x_n, $g_i\,(x_1, x_2, \cdots, x_n)$,注意到它的输出为 $\dot{x}_i = \dfrac{\mathrm{d}x_i}{\mathrm{d}\tau}$,则有

$$\frac{\mathrm{d}x_i}{\mathrm{d}\tau} = -\left[\sum_{j=1}^{n} a_{ij}x_j + b_i\, g_i\,(x_1, x_2, \cdots, x_n)\right] \tag{5.4}$$

比较式（5.4）和式（5.2）,可见二者之间仅为表示时间增量,且符号略有差别,数学上是完全一致的。因此,取 $R_{k2}/R_{k1} = 1$,采用 n 组与图 5.1（b）结构相同的单元电路,根据 a_{ij} 符号的正负选择 x_i 或 $-x_i$ 与加法器输入端连接,并加入选定的非线性部分。电路功能模块混沌系统原理如图 5.2 所示,按照图 5.2 所示的方式进行组合,不难构成与动力学系统数学表达式（5.1）完全一致的电路。

关于电路中非线性部分的实现,可根据系统需要决定。一般来说,电子器件中的非线性元件都可以作为系统的非线性部分。常用的器件有:①各种二极管;②工作在饱和、截止、击穿区的三极管;③单结晶体管;④集成运算放大器组成的

分段线性或非线性电路(如限幅放大器、比较器和绝对值运算电路、指数运算电路、对数运算电路等)。利用AD633等各种模拟乘法器运算模块为实现混沌动力学系统中经常出现的平方、立方、乘法、除法等非线性项处理带来极大的便利。就设计混沌电路来说,选择具有准确的数学表达式的非线性器件,更易于使理论分析和模拟计算结果与实验现象相吻合。

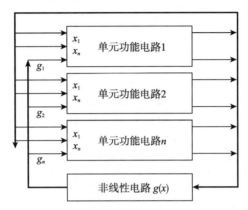

图5.2　电路功能模块混沌系统组合原理

由此单元功能电路构造的非线性系统电路有以下三个特点:① 所有电路均由模拟运算器构成,实际上构成的只是一种模拟运算电路,结构清晰,元件取值误差影响小;② 方程中的所有变量及其导数都是以电路中的对地电压表示,便于实验观测;③ 适当改变可调电阻的阻值即可方便、快捷地调节系统参数,迅速、高效地增减输入输出间的连接线即可增减系统方程中的各项,可以方便地实现电路的分解或组合,而不受任何限制。

5.1.2　非线性系统单元功能电路的参数调整与器件选择

从上述的动力学系统方程(5.1)、积分器单元式(5.3)和与之相适应的微分方程(5.4)可以看出,系统参数的确定和调整对电路有很大影响。通过调整这些参数可以改变电路工作频率和混沌状态,但也给系统带来积分误差。在电路实验中,影响最大的参数是R和C。C越大,积分器产生的误差就越大;R、C取值越大则电路工作频率越低,过低的工作频率会给实验观测带来不便,根据实际情况恰当地选取R、C是必要的。

1.关于系统参数调整

在一般积分电路中,为避免其输出饱和,常常在电容两端并联一个电阻,以限制其直流增益,增强系统的稳定性。这样做虽然容易限定其工作范围,但就模拟电路来说,其性质已发生了改变,它的输出已不再代表方程(5.1)中的一个单纯的变量了。一般情况下,以不加并联电阻为好,可以通过参数调整加以解决。实际应用中,只要是方程(5.1)的平衡点在电路工作范围之内,也即参数a_{ij}选择合理,使多个回路相互作用,最终能够将电路的输出保持在正常工作范围之内,并能够有效抑制积分器所带来的累积误差和漂移误差。积分器的漂移误差不能通过反馈得到有效抑制时,可以采用如下两种方法来处理:① 在加法器输入端接入一个直流电平或调零电路,就可以将其误差有效抵消;② 将其等效成动力学方程中的常数项。这样处理后的效果与模拟计算结果相互一致。

2.关于平衡点确定

无论电路存在漂移或外加直流电平,都将使电路的原有平衡点发生移动。从寻求产生混沌的参数范围的效果来看,平衡点应尽量避免在原点出现。在平衡点处,方程(5.1)左端为零,相当于电路中加法器输出或积分器输入为零。如果平衡点在原点处,等效于积分器输出也为零,系统易稳定;如果加法器输入端有非零项,且其输出为零,则系统不易稳定,也即更容易产生混沌。因此必要时可以人为地加入直流电平,迫使平衡点偏离原点,以获得所需的混沌解。

3.关于单元电路实验工作范围确定

按照前两种方法构成的实验电路的工作范围有限,有可能使它所表现的动力学系统的解空间被限制在有限的区域之中,导致在很多情况下不能采用这样的电路实验方法开展研究工作。文献资料中关于在以电路实现洛伦茨方程所描述的系统时,很好地解决了这一问题。Kevin 等利用变量替换($u = x/10$, $v = y/10$, $w = z/20$),将本来超出电路工作范围的洛伦茨吸引子存在域,压缩到了电路的工作范围之内。借鉴这一方法可将以电路实验为手段研究动力学系统的适用范围大大拓宽。当然,这样的变量替换改变的只是方程中的参数a_{ij}、b_i,即改变的只是电阻的阻值而已,简单易行。

4.关于器件选择

为简化实验过程,所有电路的器件选择均为标准器件,电路中的运算放大器均选择为TL082,电容和电阻除必要说明外,均选为$0.1\ \mu F$和$10\ k\Omega$,乘法器为AD633,使电路中的基本工作频率在千赫兹左右。器件选择也与系统参数有关,当a_{ij}、$b_i \geqslant 1$时,以加法器的加权系数方式实现,特别是当a_{ij}或b_i很大时,这种实现方式对避免加法器输出信号饱和十分有效。当$a_{ij} < 1$时,动力学方程中一般以电阻分压器加阻抗隔离器方式实现,以便参数连续调试直至调节为零。

5.1.3 利用非线性系统单元功能电路构造三阶混沌电路的勒斯勒尔自治系统

1.数学模型

勒斯勒尔曾在1976年建立了一个简单的数学方程,即

$$\begin{cases} \dot{x} = -y - z \\ \dot{y} = x + ay \\ \dot{z} = b + z(x - c) \end{cases} \quad (5.5)$$

从式中可以看出,它只有一个非线性交叉项xz,可以认为它是围绕洛伦茨吸引子的一个环建立的流模型,是一种模型中的模型。但是,式(5.5)却代表混沌的基本性质,对于研究混沌的形式,混沌吸引子结构具有重要的指导意义。

勒斯勒尔吸引子是一种环形带状的奇怪吸引子。它的一个明显的特性就是具有反对称结构。式(5.5)中有三个常数a、b、c,它们均为正值。

2.建立三阶自治混沌运算放大器电路

根据方程式(5.5),利用运算放大器建造三阶自治混沌电路,就可以通过调整某些参数产生混沌信号。

1)混沌电路及电路方程

电路设计采用运算放大器构成的加减运算电路和积分电路,并采用模拟乘法器共同组建一套混沌电路,如图5.3所示。

在电路中,采用三个积分电路,它们的输入电压分别为$\dot{u}$、$\dot{v}$和$\dot{w}$,输出电压为$\dfrac{-1}{R_4 C_1} u$、$\dfrac{-1}{R_{14} C_2} v$和$\dfrac{-1}{R_{22} C_3} w$。得到电路方程为

$$\begin{cases} \dot{u} = \dfrac{-1}{R_4 C_1}\left(\dfrac{R_3}{R_2}\dfrac{R_{15}}{R_{16}} v + \dfrac{R_3}{R_1} w \right) \\ \dot{v} = \dfrac{1}{R_{14} C_2}\left(\dfrac{R_{13}}{R_{11}} u + \dfrac{R_{18}}{R_{17}+R_{18}}\dfrac{R_{13}}{R_{12}} v \right) \\ \dot{w} = \dfrac{1}{R_{22} C_3}\left\{ \left[\dfrac{R_{10}}{R_7}\dfrac{R_6}{R_5} u - \dfrac{R_9}{R_8+R_9}\left(1+\dfrac{R_{10}}{R_8}\right)E_2 \right]\dfrac{R_{24}}{R_{23}}\dfrac{R_{21}}{R_{19}} w + \dfrac{R_{21}}{R_{20}} E_1 \right\} \end{cases} \quad (5.6)$$

式中, 令 $a = \dfrac{R_{18}}{R_{17} + R_{18}}$, $\quad b = \dfrac{R_{21}}{R_{20}} E_1$, $\quad c = \dfrac{R_9}{R_8 + R_9} E_2$ 。

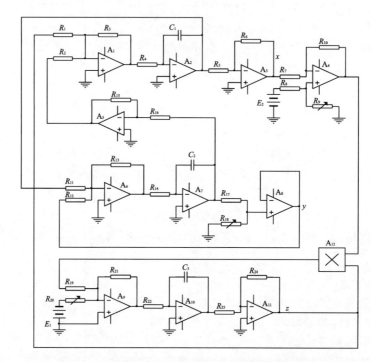

图5.3　基于勒斯勒尔三阶自治系统的混沌运算电路

由式(5.6)可以看出,它符合勒斯勒尔动力学系统。混沌电路各元器件的参数选择如表5.1所示。

表5.1　混沌电路参数选择

元件	参数
R_1, R_2, R_3, R_7, R_{10}, R_{11}, R_{12}, R_{13}, R_{19}, R_{21}	100 kΩ
R_4, R_5, R_6, R_8, R_{14}, R_{15}, R_{16}, R_{17}, R_{22}, R_{23}, R_{24}	20 kΩ
R_9, R_{18}, R_{20}	47 kΩ
C_1, C_2, C_3	800 pF
E_1	5.70V
E_2	0.20V
$A_1 \sim A_{11}$	TL082
A_{12}	AD632AD

2)混沌电路调试

式(5.6)是电路图5.3的微分方程。适当调节电路中的器件参数,使运算放大器处于相对饱和或截止状态,即出现非线性特征,使得电路方程由周期、周期加倍,甚至出现混沌状态。

由于电路是根据勒斯勒尔方程建立起来的,具有勒斯勒尔混沌特性,可以通过调节a、b、c来改变系统参数。这里,E_1选定5.70 V,E_2选定为0.20 V。为计算和调试方便,电容器件均选定为800 pF,使系统工作频率在可分辨时间历程曲线的情况下尽可能选择高频率。经过调试方程(5.6),主要调整R_{18}、R_9和R_{20},必要时调整时间常数$\tau=\mu RC$,可以获得满意效果。

3.计算机仿真

1)数值求解微分方程

为使计算方便,将方程(5.5)转换为向量矩阵序列形式

$$\begin{cases} \dot{y}_1 = -y_2 - y_3 \\ \dot{y}_2 = y_1 + ay_2 \\ \dot{y}_3 = b + y_3(y_1 - c) \end{cases} \quad (5.7)$$

利用四阶龙格–库塔(Runge-Kutta)算法解方程(5.7)。数值积分区间选定[0, 500],初始条件为$y_1(0)=1.0$,$y_2(0)=1.0$,$y_3(0)=1.0$。计算精度(绝对误差)设定为10^{-6},采用自适应变步长方法,根据求解精度自动调节步长,获得的时间曲线如图5.4所示。

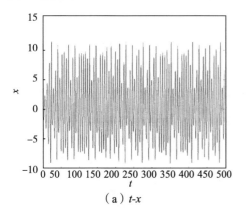

(a) t-x

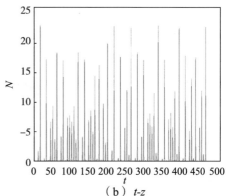

(b) t-z

图5.4　二维平面混沌吸引子时间历程

这里取a=0.2, b=0.2, 适当改变c, 可使方程(5.7)的轨迹由周期加倍进入混沌。当c≤4.0时, 方程(5.7)的轨迹呈周期状态; 当c=4.25时, 倍周期序列形成一个窄带环形的轨迹族, 出现混沌。随着参数c的进一步增加, 混沌的轨迹发生改变, 并形成类似折叠的环形非对称混沌轨迹族。图5.5所示为c=5.85时的勒斯勒尔环形折叠混沌吸引子轨迹, 其中, 图5.5(a)、(b)、(c)分别为相空间混沌吸引子在x-y平面、y-z平面和x-z平面的投影。图5.6所示为三维相空间混沌吸引子的轨迹图。从图5.5和图5.6对比中, 可以发现, 虽然是同一相空间轨迹, 但在其各个二维相平面中的投影形状却相差很大, 呈现出混沌在相空间的差异。

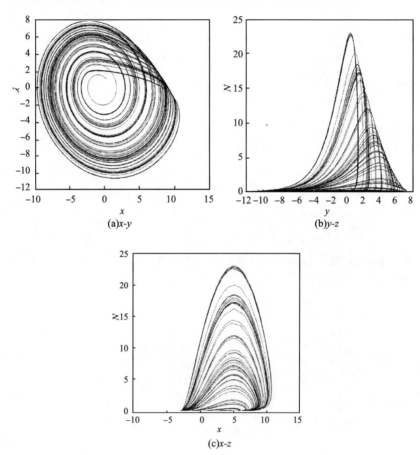

图5.5 c=5.85时的勒斯勒尔环形折叠混沌吸引子轨迹平面投影(a=0.2,b=0.2)

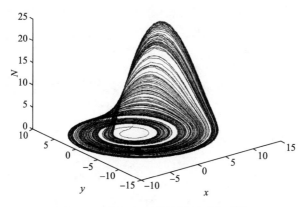

图5.6　三维相空间混沌吸引子轨迹图

2）模拟仿真

利用Electronics Work Bench（EWB）对混沌电路进行模拟仿真实验。选定合适的元器件,调整系统参数,可以获得如图5.5所示的混沌信号。测试点为图5.3中所标注的输入电压（$\dot{u},\dot{v},\dot{w}$）和输出电压（u,v,w）。有关电路内部单元调试过程,可参阅相关文献。

4.混沌电路及混沌信号的调制与解调

设混沌载波信号为$F(x,y,z)$,混沌电路自发产生混沌信号,由式（5.5）和式（5.6）产生的混沌信号为$H(t)$,通信系统的同步本振信号为$f(x,y,z)$。根据叠加原理,形成新的载波信号为

$$F(x,y,z) = S(t) + H(t) \tag{5.8}$$

$$g(t) = F(x,y,z) + f(x,y,z) \tag{5.9}$$

式中,x,y,z分别是时间t的函数。$g(t)$为信息上传的调制信号,所以$F(x,y,z)$又称为一级解调混沌信号,它内含基本信号$S(t)$（信息源）。

根据信号的调制、解调原理,使用混沌信号的初始条件$[u(t_0),v(t_0),w(t_0)]$对同步传输的信息进行调制和解调。将信息从$g(t)$中解出,并恢复为原码形式。如果逆向求解,还可将信息叠加到混沌载波$F(x,y,z)$中,再通过$f(x,y,z)$深层处理,将调制信号$g(t)$进行上传发送。

5.2　电光混合系统中超混沌电路构造方法与实验研究

对于超混沌的高维非线性系统中存在两个或两个以上正的李指数的必要条

件已经是众所周知。高维非线性系统的动力学特性由于内部参量增加,变化相当复杂,使进一步研究变得相对困难。在此以电路实验方法作为工具求解微分方程,并以复数洛伦茨 – 哈肯激光理论为基础构造超混沌电路。

5.2.1　根据复数洛伦茨 – 哈肯方程和单模激光理论构造超混沌电路

采用图5.1(b)所示的基本单元功能电路,能够容易地组成动力学系统模拟电路,并用于混沌特点研究。对于超混沌研究,以复数洛伦茨 – 哈肯(CLHS)系统为例的激光系统研究已有较多报道,证明对失谐单模激光器具有很好的模拟。这里是利用CLHS系统的自治动力学方程来构造超混沌电路,并加以研究。

复数洛伦茨 – 哈肯系统方程为

$$\frac{\mathrm{d}X}{\mathrm{d}t} = -kX + kY \tag{5.10}$$

$$\frac{\mathrm{d}Y}{\mathrm{d}t} = -aY + (r - Z)X \tag{5.11}$$

$$\frac{\mathrm{d}Z}{\mathrm{d}t} = -bZ + 0.5(X*Y + XY*) \tag{5.12}$$

式中,X、Y为复数变量; 由于r和a是由耗散效应引起的,因此它们也为复参数,$r = r_1 + \mathrm{i}r_2$,$a = 1 - \mathrm{i}e$。

通过下列变量替换: $X = x_1\exp(\mathrm{i}x_5)$, $Y=(x_2+\mathrm{i}x_3)\exp(\mathrm{i}x_5)$, $Z=x_4$,可以把CLHS系统方程变成五变量的自治非线性动力学方程

$$\begin{cases} \dfrac{\mathrm{d}x_1}{\mathrm{d}t} = -k(x_1 - x_2) \\ \dfrac{\mathrm{d}x_2}{\mathrm{d}t} = r_1 x_1 - x_2 - ex_3 + x_3x_5 - x \\ \dfrac{\mathrm{d}x_3}{\mathrm{d}t} = r_2 x_1 + ex_2 - x_3 - x_2x_5 \\ \dfrac{\mathrm{d}x_4}{\mathrm{d}t} = -bx_4 + x_1x_2 \\ \dfrac{\mathrm{d}x_5}{\mathrm{d}t} = k\dfrac{x_3}{x_1} \end{cases} \tag{5.13}$$

在激光系统中,存在一个临界泵浦参数A_c,当泵浦参数$A > A_c$时,激光系统通过Hopf分岔导致混沌及超混沌,计算李指数分别为(0.0295, 0.00018, -0.0071, -0.035)和(0.031, 0.00033, 0.00012, -0.035)。

这里,采用方程组(5.13)和单元功能电路图5.1(b)构造超混沌电路系统,如图5.7所示。图中,$R_1 \sim R_{28}$选100 kΩ,除法器选用AD633加一个TL082集成运算放大器构成,其组合电路如图5.8所示。

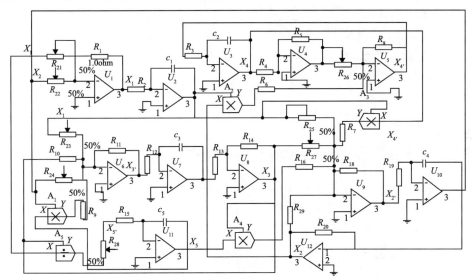

图5.7　功能模块组成的CLHS系统超混沌电路

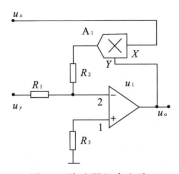

图5.8　除法器组合电路

实验观测到的超混沌波形如图5.9所示。从图中可以看到,用复数洛伦兹 – 哈肯系统所构建的超混沌电路得到了超混沌吸引子,其中图5.9(b)为时域波形。

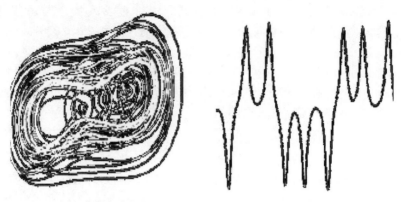

　　（a）超混沌吸引子　　　　　　　　（b）超混沌时域波形

图5.9　复数洛伦茨－哈肯系统构造超混沌电路波形

5.2.2　根据非线性动力学特性构造超混沌电路

　　由前述可知,经典超混沌动力学方程通过单元功能电路同样可以构造出超混沌电路得到超混沌结果,并与数值解算结果相一致。因此,可以进一步扩展和推广构造出新的超混沌电路和方程。

5.2.3　非线性动力学电路组合功能模型研究

　　采用图5.1(b)所示的基本功能单元电路,能够方便地组成动力学模拟电路,并根据其系统动力学行为,进一步探讨如何有效构造系统动力学方程才能使系统出现超混沌。因为所构建的实际电路与理论分析相互一致,因此可借鉴动力学系统理论及现有的研究结果。这样,所设计的电路和超混沌理论分析更具有科学性和说服力。

　　超混沌电路设计首先要建立数学模型,然后根据需要恰当地选择电子器件和单元功能电路模块。

1.非线性特性和系统基本结构模型

　　非线性系统应具有较准确的数学表达式,否则难以进行模拟计算和实验结果验证。各功能单元电路的连接方式应有所选择,如果处处都有连接或反馈,将引起过多的参数,会增加调试难度。初步选择一种非线性系统结构去构造出超混沌电路,并经过实验调整,实际验证确认该电路能够产生混沌是必要的。这里,经过多次实验后,所选择的电路基本结构模型如图5.10所示。

　　图中非线性项为yz^2。实现四象限乘法器的组合电路构成超混沌电路系统,它由AD633和弥补其10倍衰减的反相放大器组成。利用四组基本单元功能电路(如

图5.1所示)构成了电路的主干,含有非线性在内的反馈电路,决定了系统方程。
与图5.10所对应的电路方程为

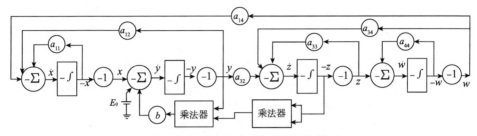

图5.10 超混沌电路系统基本结构模型

$$\begin{cases} \dfrac{dx}{dt} = a_{11}x - a_{12}y - a_{14}w \\[2mm] \dfrac{dy}{dt} = a_{21}x - byz^2 - c \\[2mm] \dfrac{dz}{dt} = -a_{32}y - a_{33}z - a_{34}w \\[2mm] \dfrac{dw}{dt} = z + a_{44}w \end{cases} \quad (5.14)$$

式中,c为常数项,是电路中以直流电压源形式提供的系统输入,即$c = E_0$。

2.参数调整

系统方程的调整可从稳定的不动点、极限环或者混沌态入手,进一步减小负反馈、增大正反馈,也可以从器件(如电容或放大器)工作在饱和或截止状态入手。调节过程中,密切注意观察所调整参数引起的电路稳定性变化趋势,即随参数增大(或减小)电路变得是否更稳定(或失稳),这样会使调试工作效率提高。同时还应考虑初值问题。在参数调节过程中,往往会产生发散现象,即使恢复了原参数,电路也可能恢复不到原来状态。这种现象是初始条件差异引起的,可通过重新开启供电电源或断开某反馈回路再重新接通的办法解决。电路实验观测的对象是吸引子。混沌吸引子和超混沌吸引子的差别主要表现在:混沌吸引子是沿某曲面或超曲面扩散的,相邻轨道的排列有一定的规律性;超混沌吸引子则不同,它至少沿两个方向发散,看起来更无规则、更加混乱。如果能够发现随参数改变混沌吸引子的扩散方向也有变化,那么可以初步认定可能已接近产生超混沌的参数空间了。对于图5.10和方程(5.14),当参数调整到$a_{11} = 0.34$、$a_{12} = 1.0$、$a_{21} = 1.0$、$a_{32} = 1.0$、$a_{33} = 0.77$、$a_{34} = 2.13$、$a_{44} = 0.6$、$b = 2.0$,$c = 0.1$的附近时,可观察到奇怪吸引子的周期轨道明显比三维混沌吸引子的轨道复杂,已经出现无规律扩散现象。进一步计算在此参数状态下的李指数,得到$\lambda_1 = -0.00033$、$\lambda_2 = 0.0062$、$\lambda_3 = -0.00033$、$\lambda_4 = -0.72$,由此可见,所设计的电路调试到此已经产生了混沌。

3.方程整理

调整方程的基本思路是:在电路系统中存在一些调制参数,它们对系统行为的影响可以通过调节具体参数值加以抵消。通常n阶系统最多有($n-1$)个等效的独立谐振频率。对电路而言,如果只要保留具有独立的反馈回路,就可以简化电路。同时通过参数调节能够使电路稳定性向着相反方向变化,使其中的一些参数调整到零,就可达到此目的。从倍周期分岔现象也可以得到解释,混沌行为通常出现在各谐振频率的比值为其整数倍的附近。如果此时参数调整使各回路的反馈系数差异变大,则系统超混沌行为可有明显的变化。

进一步调整方程参数,在$a_{11} = 0.56$、$a_{12} = 1.0$、$a_{14} = 0$、$a_{21} = 1.0$、$a_{32} = 1.0$、$a_{33} = 0.84$、$a_{34} = 5.0$、$a_{44} = 0.6$、$b = 1.0$,$c = 0.09$的附近时,可观察到奇怪吸引子的轨迹更为混乱。计算此参数下的李指数,得到$\lambda_1 = 0.1$、$\lambda_2 = 0.023$、$\lambda_3 = 0.00015$、$\lambda_4 = -0.69$。实验中发现,如果能够获得非零初始条件,可使$c = E_0 = 0$。这样,由于有两个参数为零($a_{14} = 0$和$c = E_0 = 0$),原方程可以整理为

$$\begin{cases} \dfrac{\mathrm{d}x}{\mathrm{d}t} = a_{11}x - y \\[2mm] \dfrac{\mathrm{d}y}{\mathrm{d}t} = x - yz^2 \\[2mm] \dfrac{\mathrm{d}z}{\mathrm{d}t} = -a_{32}y - a_{33}z - a_{34}w \\[2mm] \dfrac{\mathrm{d}w}{\mathrm{d}t} = z + a_{44}w \end{cases} \qquad (5.15)$$

由式(5.15)构造出新的超混沌电路,如图5.11所示。

在图5.11中,系统参数设定为$a_{11} = R_3/R_2$,$a_{32} = R_{14}/R_{11}$,$a_{33} = R_{14}/R_{12}$,$a_{34} = R_{14}/R_{13}$,$a_{44} = R_{20}/R_{19}$,$E_0 = 0$。电路中的各元件取值如表5.2所示。

表5.2　四阶超混沌电路器件参数选择

元件	参数	单位
R_2,R_{11},R_{12},R_{13},R_{19}	100	$k\Omega$
R_1,R_3,R_5,R_6,R_7,R_9,R_{10},R_{14}	10	$k\Omega$
R_{16},R_{17},R_{18},R_{20},R_{22},R_{23}	10	$k\Omega$

元件	参数	单位
R_4，R_8，R_{15}，R_{21}	1.0	kΩ
C_1，C_2，C_3，C_4	0.1	μF
$A_1 \sim A_{11}$	TL082	
乘法器	AD632AD	

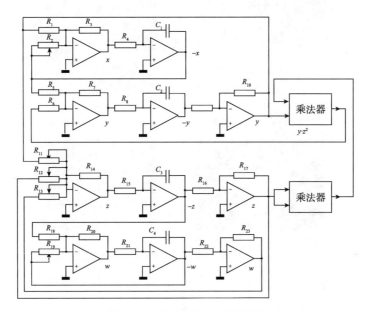

图5.11 四阶超混沌电路原理图

5.2.4 电路系统超混沌调试观测与数值模拟分析

1.系统参数调整与实验观测

调节参数a_{11}、a_{32}、a_{33}、a_{34}和a_{44}，可从电路中观测到极限环、高维环面上的准周期运动和混沌吸引子、超混沌吸引子等众多复杂的混沌动力学现象。当各参数取值为$a_{11} = 0.56$，$a_{32} = 1.0$，$a_{33} = 1.0$，$a_{34} = 6.0$和$a_{44} = 0.8$时，在示波器上可以观测到的超混沌吸引子轨迹在各平面上的投影如图5.12所示。

（a）投影平面x-y，示波器标度；　　　　（b）投影平面x-z，示波器标度；

水平2.0 V/div，垂直2.0 V/div　　　　水平2.0 V/div，垂直1.0 V/div

（c）投影平面x-w，示波器标度；　　　　（d）投影平面y-z，示波器标度；

水平2.0 V/div，垂直0.5 V/div　　　　水平2.0 V/div，垂直1.0 V/div

（e）投影平面y-w，示波器标度；　　　　（f）投影平面z-w，示波器标度；

水平2.0 V/div，垂直0.5 V/div　　　　水平0.5 V/div，垂直0.5 V/div

图5.12　系统电路中观测的超混沌吸引子轨迹在各平面上的投影

图5.12（a）为四维超混沌吸引子轨迹在x-y平面上的投影，图（b）～（f）的投影平面依次为x-z平面、x-w平面、y-z平面、y-w平面、z-w平面。适当改变各参数，可在较宽范围内观察到类似现象。

当式（5.15）中的后两式仅含有唯一的由前两式确定的变量y时，将它用x来替换，得

$$
\begin{cases}
\dfrac{\mathrm{d}x}{\mathrm{d}t} a_{11}x - y \\[2mm]
\dfrac{\mathrm{d}y}{\mathrm{d}t} = x - yz^2 \\[2mm]
\dfrac{\mathrm{d}z}{\mathrm{d}t} = -a_{31}x - a_{33}z - a_{34}w \\[2mm]
\dfrac{\mathrm{d}w}{\mathrm{d}t} = z + a_{44}w
\end{cases}
\tag{5.16}
$$

修改并调整图5.11所示电路,当各参数取值为$a_{11}=0.58$、$a_{31}=0.4$、$a_{33}=1.0$、$a_{34}=6.0$和$a_{44}=0.8$时,只改动a_{11}和a_{31}两个参数,在电路中也能够观察到超混沌现象。在此参数下,系统的李指数为$\lambda_1=0.102$、$\lambda_2=0.0363$、$\lambda_3=0.00832$、$\lambda_4=-0.51$。通过改变电路参数,也可在较宽范围内观测到类似的超混沌现象。

另外,对原始方程(5.14)或者在相应的电路中,每次去掉一个变量后,再适当修改系统参数,则由超混沌退化为混沌,得到典型混沌吸引子。也可能一直退化到周期和准周期状态,得到极限环和倍周期分岔现象。通过调整参数和计算系统方程的李指数,得到参数变化与混沌状态的关系如表5.3所示。

表5.3　系统参数调整与混沌状态改变

系统参数			李指数				状态
a_{11}	a_{32}	a_{34}	λ_1	λ_2	λ_3	λ_4	
0.56	1.0	5.0	0.11	0.023	0.00015	−0.69	超混沌
0.56	1.0	6.0	0.11	0.0391	0.00058	−0.54	超混沌
0.58	1.0	6.0	0.102	0.0363	0.00832	−0.51	超混沌
0.70	1.0	0.0	0.029	−0.038	0.00001	−0.31	混沌
0.80	1.0	3.0	0.22	−0.27	0.00000	−0.53	混沌
0.81	1.0	2.01	0.002	−0.036	0.00000	−0.49	混沌
0.89	1.0	1.46	0.0000	−0.50	0.00000	−0.33	准周期
0.91	1.0	1.25	−0.001	−0.53	0.00000	−0.38	周期

2.超混沌电路动力学系统的数值模拟

采用四阶龙格–库塔算法,取积分步长0.001,在初始条件为(1.0,0.0,0.0,0.0)时,对方程(5.15)进行数值模拟求解。取a_{11}=0.56,a_{32}=1.0,a_{33}=1.0,a_{34}=6.0,a_{44}=0.8,去掉5×10^4个初始点后,画出四维超混沌吸引子在各三维坐标中的形状如图5.13所示。其中超混沌吸引子在与实测示波器波形所相对应的投影平面如图5.14所示。图5.14(a)所示为吸引子在x-y平面上的投影,其余各图所在的二维投影平面[(b)~(f)]分别为x-z平面、x-w平面、y-z平面、y-w平面、z-w平面。图5.14各图与示波器观测所得的图5.12一一对应,对比可知,理论计算与实际观测结果相互一致。通过图5.12~图5.14中所展示的超混沌吸引子形状,可以看出,超混沌吸引子更具有结构的复杂性,它实际是四维空间中多层次复杂的几何体。这更进一步说明了高维背景空间中的超混沌运动与三维背景空间中的混沌运动具有显著的差别。图5.15所示为图5.14的时域波形。

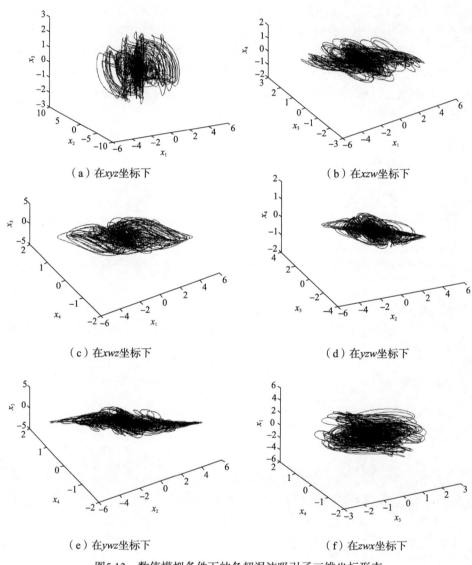

（a）在xyz坐标下 　　　　　　　　　　（b）在xzw坐标下

（c）在xwz坐标下 　　　　　　　　　　（d）在yzw坐标下

（e）在ywz坐标下 　　　　　　　　　　（f）在zwx坐标下

图5.13　数值模拟条件下的各超混沌吸引子三维坐标形态

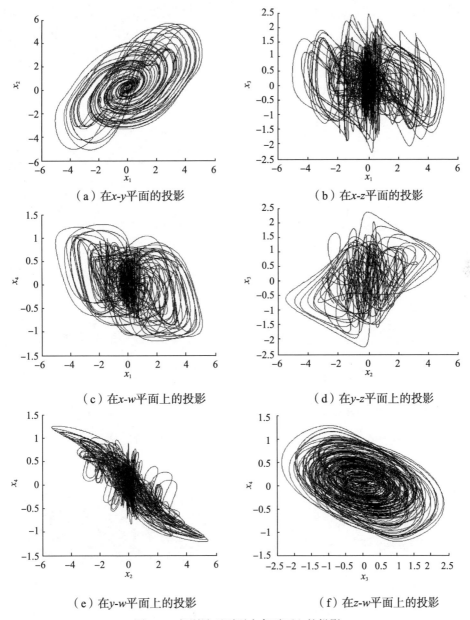

（a）在x-y平面的投影　　　　　　　　（b）在x-z平面的投影

（c）在x-w平面上的投影　　　　　　　（d）在y-z平面上的投影

（e）在y-w平面上的投影　　　　　　　（f）在z-w平面上的投影

图5.14　超混沌吸引子在各平面上的投影

图5.16为系统中x、y、z、w各变量波形的比较。当去掉暂态过程后，系统中各个变量随时间变化的情况从图5.16中相互比较可以看出，各个变量都表现出强烈的随机性，看上去显得杂乱无序。这充分展示了超混沌现象的复杂性和难以预

见性。图5.17为调整a_{11}系统参数所表现的李指数发展趋势,这些数值是去掉了2.5×10^4个初始点,计算10^6个轨道点的结果。从图5.17中可以发现,当$a_{11} \geq 0.49$后,系统出现混沌,当$a_{11} \geq 0.53$后,系统出现超混沌。

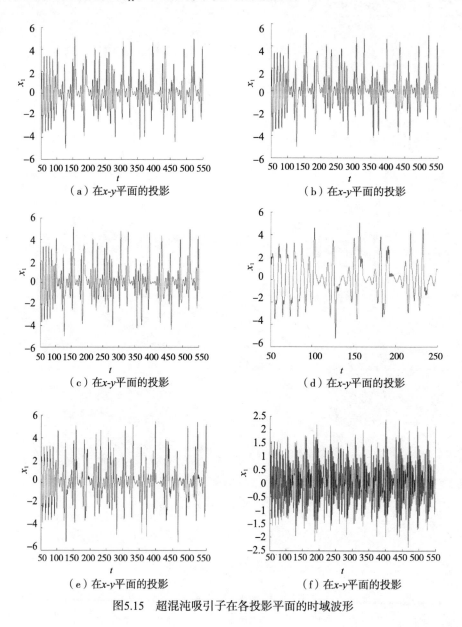

图5.15　超混沌吸引子在各投影平面的时域波形

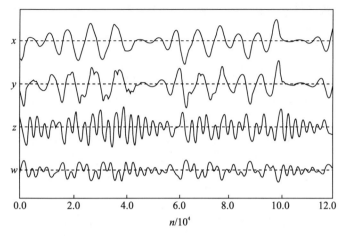

图5.16　系统各变量波形比较，n为积分步数

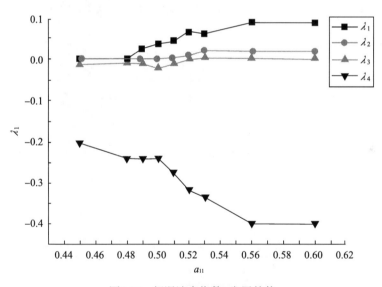

图5.17　超混沌李指数λ_i发展趋势

5.3　利用分段线性电路和系统单元功能 电路构建超混沌系统

　　加入一个非线性电路单元，利用单元功能电路再重新构造一个超混沌电路系统，得到的分段线性超混沌电路系统如图5.18所示。采用分段线性电路的作用结果，进一步验证其有效性。电路器件选择：$c_3 = 800\ \text{nF}$，D_1、D_2为稳压3.2 V的任意

稳压管,其余器件同表5.1、表5.2中的电路参数值。对此电路进行归一化处理后得到方程(5.17)。

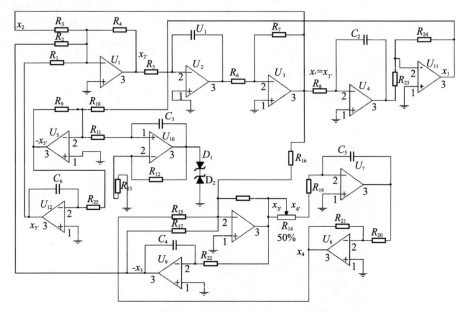

图5.18　分段线性超混沌电路系统

$$\begin{cases} \dfrac{\mathrm{d}x_1}{\mathrm{d}t} = x_2 \\[2mm] \dfrac{\mathrm{d}x_2}{\mathrm{d}t} = -a_{22}x_2 + a_{23}x_3 - x_5 \\[2mm] \dfrac{\mathrm{d}x_3}{\mathrm{d}t} = -a_{32}x_2 + a_{33}x_3 - a_{34}x_4 \\[2mm] \dfrac{\mathrm{d}x_4}{\mathrm{d}t} = a_{43}x_3 \\[2mm] \dfrac{\mathrm{d}x_5}{\mathrm{d}t} = x_1 + g(t) \end{cases} \qquad (5.17)$$

式中, $g(t)=|x_1-1|-|x_1+1|$ 。

　　经过数值模拟计算,得到(0.044,0.0082,0.000, − 0.000, − 0.067)、(0.033, 0.0021,0.000,0.000, − 0.073)两组李指数,调整系统参数,利用四阶龙格–库塔算

法,取积分步长$h = 0.001$,采样取55000点,截断5000点,取初始条件为(1.0 , 1.0 , 1.0 , 1.0 , 1.0),最终产生超混沌吸引子如图5.19所示,其中图5.19（b）为时域波形。

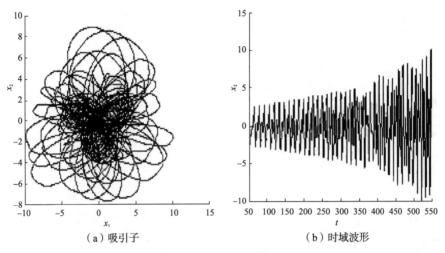

（a）吸引子　　　　　　　　　　　　　（b）时域波形

图5.19　分段线性电路超混沌吸引子

5.4　电路超混沌控制研究

现在大部分光学混沌和电路混沌都采用连续变量的微扰控制方法,即OGY方法及其改进方法。利用方程中所加入的一个弱周期微扰项,实现对混沌的控制。另外根据方程本身特点,利用自适应方法也能达到混沌控制目的。对于超混沌系统的控制,借鉴此方法可分别对前述三个系统进行有效控制。

5.4.1　电路参数自调制实现超混沌系统控制

在现有条件下,超混沌控制由于自身的高度复杂性和更接近自然的客观性,正在被逐渐认识和研究利用。人们通过各种手段力图在超混沌的控制上有所突破。但是超混沌系统存在至少两个正的李指数,使得超混沌系统比混沌系统具有更强的不稳定性,因而将非线性系统由超混沌状态控制到周期状态就更困难。与此同时,自然界和社会经济领域中普遍存在着高维非线性系统,这些系统中广泛存在着超混沌运动。因此,研究和探索超混沌的控制方法,无论在理论上还是在实际应用中都具有重要意义。

1.对CLHS系统方程(5.13)的控制

考虑到尽量不改变系统方程系统特性的前提条件下,达到超混沌的基本控制要求,在此使用系统参数直接调整法。该方法运用起来很方便。将式(5.13)中,以 r_1 和 b 作为主要控制对象。系统参数选择为 $k = 6.0$, $r_1 = 160.0$, $r_2 = - 1.5$, $b = 1.2$, $e = 2.5$。初始条件为(1.0,1.0,1.0,1.0,1.0),选取采样点为350000点,舍去50000点,选取数值计算法的积分步长为 $h = 0.0001$。此时,系统已经出现超混沌现象,如图5.20所示。图5.21所示为经典复数洛伦茨 – 哈肯系统所构建的超混沌电路数值模拟控制结果。在选控制参数时,固定 $r_1 = 160$,调整控制参数 b,使参数 b 在1.2至5.65之间调整变动。当 b 为3.14~4.25时,系统出现超混沌和混沌现象;当 b 为4.9~5.10时,由混沌退化到复杂或称准周期状态;当 b 为5.5~5.65时,已经退化到周期状态。特别值得注意的是,如果再增大参数 b,如 b 为5.7~5.9时,将出现一种螺旋线,而且是逐渐趋于稳定状态的复杂周期状态。

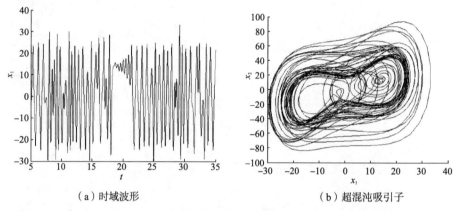

（a）时域波形　　　　　　　　　　　　（b）超混沌吸引子

图5.20　CLHS电路系统超混沌吸引子

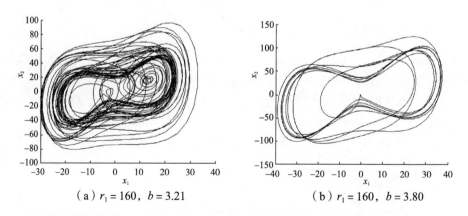

（a）$r_1 = 160$, $b = 3.21$　　　　　　　　　（b）$r_1 = 160$, $b = 3.80$

图5.21　CLHS系统所构建的超混沌电路数值模拟控制结果

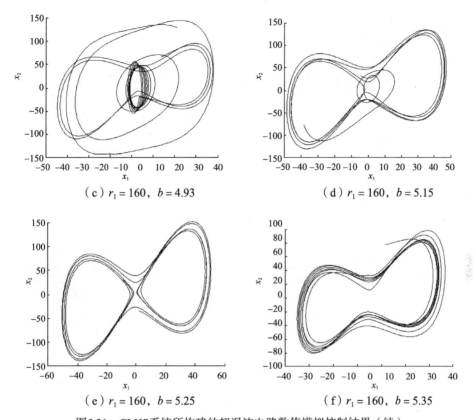

（c）$r_1 = 160$，$b = 4.93$　　　　　（d）$r_1 = 160$，$b = 5.15$

（e）$r_1 = 160$，$b = 5.25$　　　　　（f）$r_1 = 160$，$b = 5.35$

图5.21　CLHS系统所构建的超混沌电路数值模拟控制结果（续）

2.对分段线性方程(5.17)的控制

同理,采用同样方法对所构建的分段线性超混沌电路方程(5.17)进行数值模拟。参数选择为$a_{22} = 0.0518$,$a_{23}=0.5366$,$a_{32}=0.3725$,$a_{33}=0.03541$,$a_{34}=0.5889$,$a_{43}=0.9011$。取积分步长$h = 0.001$,采样取55000点,截断5000点,取初始条件为(1.0, 1.0, 1.0, 1.0, 1.0),最终产生超混沌吸引子如图5.19所示。现在将方程中的a_{22}作为系统的控制参数,其余参数保持不变。通过改变控制参数a_{22},使得在0.032~1.515之间调整,经过计算相应的李指数,结果得出非常有趣的现象,结果如表5.4所示。当a_{22}为0.032~0.0736时,有三个李指数为正值,系统出现超混沌;当a_{22}为0.1415时,出现难以判断的微弱超混沌,这里称为亚超混沌;在当a_{22}为0.2519~0.851时,出现两次从准周期到混沌的振荡,最后在1.515处转为周期状态。图5.22是分段线性系统数值模拟超混沌控制结果,从中也可以看出,系统由超混沌被控制到周期状态。

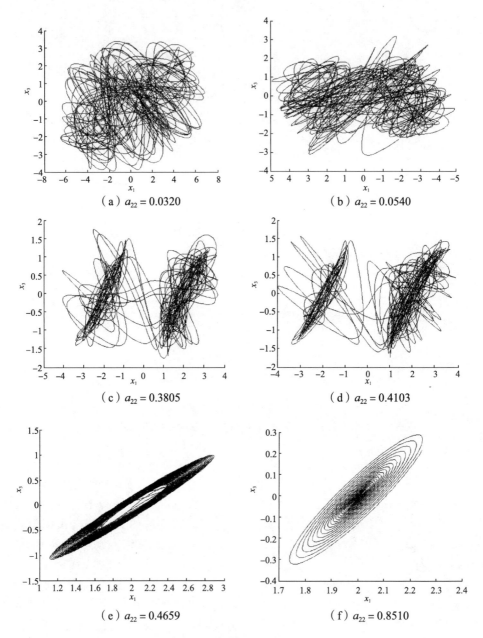

图5.22　分段线性系统模拟超混沌的控制结果

表5.4　分段线性电路系统参数调整与混沌状态改变

a_{22}	李指数					状态
	λ_1	λ_2	λ_3	λ_4	λ_5	
0.0320	0.042	0.008	0.000	0.00018	−0.067	超混沌
0.0540	0.043	0.008	0.0000	0.00013	−0.069	超混沌
0.0736	0.033	0.000	0.0000	0.00013	−0.073	超混沌
0.1415	0.029	0.000	−0.038	0.00001	−0.097	亚超混沌
0.2519	0.000	0.000	−0.027	−0.0006	−0.175	准周期
0.3821	0.024	0.000	−0.096	0.00000	−0.231	混沌
0.460	0.0000	0.000	−0.135	0.00000	−0.283	准周期
0.4832	0.025	0.000	−0.166	0.00000	−0.301	混沌
0.851	0.000	0.000	−0.289	0.00000	−0.535	准周期
1.515	0.000	−0.026	−0.532	−0.00027	−0.798	周期

5.4.2　外部施加小参数共振扰动实现超混沌系统控制

在混沌系统中加入一个微小的扰动,该扰动能使系统从混沌状态进入规则状态,这也是混沌控制的一种有效方法。研究周期扰动对自治超混沌系统方程(5.15)的控制作用,首先以图5.11所示的电路为基础,注入正弦信号进行实验研究。结果发现周期扰动对系统超混沌行为也有明显的抑制作用,微小的外力就可使超混沌消失。

在方程(5.15)的第三式中注入扰动强度为F、频率为ω的周期扰动项$u=F\cos\omega t$后,该方程变为

$$\begin{cases} \dfrac{\mathrm{d}x}{\mathrm{d}t} = a_{11}x - y \\[2mm] \dfrac{\mathrm{d}y}{\mathrm{d}t} = x - yz^2 \\[2mm] \dfrac{\mathrm{d}z}{\mathrm{d}t} = -a_{32}y - a_{33}z - a_{34}w + F\cos\omega t \\[2mm] \dfrac{\mathrm{d}w}{\mathrm{d}t} = z + a_{44}w \end{cases} \qquad (5.18)$$

采用四阶龙格–库塔算法,选取步长$h = 0.001$,对方程(5.18)进行数值求解。由前述可知,当$a_{11}=0.56$,$a_{32}=1.0$,$a_{33}=1.0$,$a_{34}=6.0$,$a_{44}=0.80$时,方程(5.18)所描述的系统

将产生超混沌。在此参数下,当系统进入稳定状态后,加入扰动项$u=F\cos\omega t$,并使$F = 0.21$,$\omega = 2\pi \times 0.36$,得到系统中各变量随时间变化的情况如图5.23所示。从图中可以看出,随着$t\to\infty$,$x\to 0$,$y\to 0$,而z、w做周期运动,超混沌得到了控制。这种控制方法实施方便,因此其控制规律可为深入研究周期扰动其他超混沌系统的控制作用提供参考。

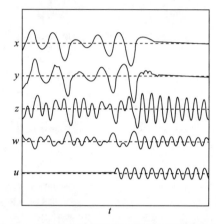

图5.23 系统变量在周期扰动作用下的变化波形

5.5 电路超混沌同步研究

5.5.1 驱动－响应方法实现超混沌电路系统同步

1）对方程（5.13）的同步

对于用复数洛伦茨－哈肯系统所构建的超混沌电路,根据驱动－响应（P-C）同步原理,复制方程（5.13）和电路原理图5.7。选定dx_2/dt作为驱动变量,则其响应系统方程为

$$\begin{cases} \dfrac{dx_1}{dt} = -k(x_1 - x_2) \\[2mm] \dfrac{dx_3}{dt} = r_2 x_1 + e x_2 - x_3 - x_2 x_5 \\[2mm] \dfrac{dx_4}{dt} = -b x_4 + x_1 x_2 \\[2mm] \dfrac{dx_5}{dt} = k\dfrac{x_3}{x_1} \end{cases} \quad (5.19)$$

采用电路参数自调制方法,以动力学方程的适当敏感参数作为直接控制参数加以适当调制,并根据系统时间序列的功率谱图或差分比较收敛曲线法来判定两个系统是否同步。这里依然采用收敛曲线法通过示波器直接观察该系统调制的变化状态。在此调制系统中,事先对系统参数作了适当数学计算优化选取,最终使得硬件调整变得相对便利,系统同步实验结果如图5.24所示。两个系统如期达到同步。

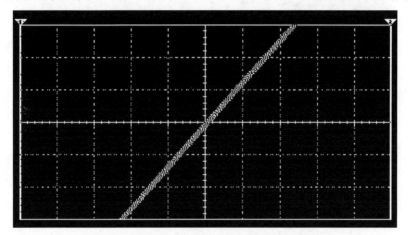

图5.24　CLHS系统所构建的电路系统实验同步波形

2)对方程(5.17)的同步

同理,复制方程(5.17),在此也采用P-C同步原理构成超混沌同步系统,选定dx_2/dt作为驱动变量,则其响应系统方程为

$$
\begin{cases}
\dfrac{dx_1}{dt} = x_2 \\[2mm]
\dfrac{dx_3}{dt} = -a_{32}x_2 + a_{33}x_3 - a_{34}x_4 \\[2mm]
\dfrac{dx_4}{dt} = a_{43}x_3 \\[2mm]
\dfrac{dx_5}{dt} = x_1 + g(t)
\end{cases}
\tag{5.20}
$$

调整系统参数,最终实现两个系统的同步。经数学计算和数值模拟,得到同样结果如图5.25所示。

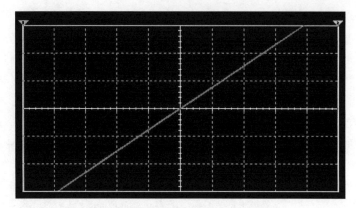

图5.25　分段线性电路系统同步波形

5.5.2　主动－被动方法实现超混沌电路系统同步

鉴于P-C法受特定分解的限制，Kocarev和Parlitz提出了推广的P-C法，即APD（active-passive decomposition）法。本节采用APD法实现超混沌系统的同步。

1.APD法的基本原理

APD法是Parlitz等在P-C法基础上提出来的，它能够使系统同步达到更高精度。

在APD法中，系统可以描述为

$$\frac{\mathrm{d}z}{\mathrm{d}t} = F(z) \tag{5.21}$$

选定某变量为驱动变量，可将式（5.21）写成非自治形式

$$\frac{\mathrm{d}x}{\mathrm{d}t} = f[x, s(t)] \tag{5.22}$$

式中，$s(t)$为所选的某种驱动变量，即

$$s(t)=h(t)$$

或

$$\frac{\mathrm{d}s}{\mathrm{d}t} = h(x, s) \tag{5.23}$$

这一系统可作为发射系统，另外再产生一个复制的接收系统，即

$$\frac{\mathrm{d}y}{\mathrm{d}t} = f[y, s(t)] \tag{5.24}$$

注意到式（5.22）和式（5.24）两系统接受相同的信号$s(t)$所驱动。由式（5.22）和式（5.24）可导出两系统变量差$e = x - y$的微分方程为

$$\frac{\mathrm{d}e}{\mathrm{d}t} = f(x, s) - f(y, s) = f(x, s) - f(x-e, s) \tag{5.25}$$

如果这一方程在$e = 0$处有一个稳定的不动点，则式（5.22）和式（5.24）就存在一个稳定的同步状态$x = y$。

2.利用构造电路实现超混沌系统同步

对于方程（5.15）描述的超混沌系统，从前面对其论述可知，当$a_{11} < 0.49$时，系统处于稳定的准周期或周期状态。利用系统这一特点，就可以方便地选择驱动变量，以利于APD法实现超混沌同步。将超混沌系统（5.15）作为驱动系统，并根据它的特殊性采取方程（5.15）第一式中的x作为驱动变量，取a_{11}=0.56，a_{32}=1.0，a_{33}=1.0，a_{34}=6.0，a_{44}=0.80。然后，根据式（5.24）复制一个与方程（5.15）相同的系统，并以x_1，y_1，z_1和w_1表示复制系统变量，可得到如下响应系统方程为

$$\begin{cases} \dfrac{\mathrm{d}x_1}{\mathrm{d}t} = 0.56x - y_1 \\[2mm] \dfrac{\mathrm{d}y_1}{\mathrm{d}t} = x_1 - y_1 z_2 \\[2mm] \dfrac{\mathrm{d}z_1}{\mathrm{d}t} = -y_1 - z_2 - 6.0w_1 \\[2mm] \dfrac{\mathrm{d}w_1}{\mathrm{d}t} = z_1 + 0.8w_1 \end{cases} \tag{5.26}$$

利用四阶龙格-库塔算法，取步长$h = 0.001$，对方程（5.15）与方程（5.26）构成的总体系统进行数值求解。以e表示方程（5.15）与方程（5.26）的变量差，图5.26所示为总体系统达到超混沌同步过程中的各变量波形和同步过渡过程误差。可见，经过一短暂的过渡过程后，总体系统能够达到全局超混沌同步。图中对变量x、y的同步误差作了两倍放大处理，横轴n表示积分步数。构成一个总体系统后，在什么条件下，响应系统才能是一个稳定的系统，这是一个混沌同步的中心问题。判断响应系统是否稳定，需要求出总体系统的李指数，这些李指数称为条件李指数。从前述可知，P-C混沌同步定理为：只有当响应系统的所有条件李指数都为负值时，才能达

到响应系统与驱动系统的同步。在前述模拟计算条件下,可以求得响应系统(5.26)的条件李指数为$\lambda_1 = -0.0309, \lambda_2 = -0.0936, \lambda_3 = -0.188, \lambda_4 = -0.529$。由此可见,可以进一步确认上述总体系统的超混沌同步是可以实现的。

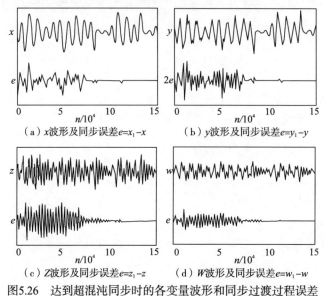

(a) x波形及同步误差$e=x_1-x$ 　(b) y波形及同步误差$e=y_1-y$

(c) Z波形及同步误差$e=z_1-z$ 　(d) W波形及同步误差$e=w_1-w$

图5.26　达到超混沌同步时的各变量波形和同步过渡过程误差

3.关于电路系统超混沌同步的讨论

目前超混沌同步问题研究的资料还不是很多,关于超混沌同步方法研究比较有效的还是时间序列的功率谱图判定法和APD收敛曲线判定法。一般认为,被驱动系统比驱动系统相对稳定,即只要前者的λ小于后者即可实现系统稳定。超混沌电路系统同步对于第6章研究保密通信及其应用研究十分有用。归根结底,系统同步还是用"响应系统的所有条件李指数都为负值"来判定最为准确,但是,那是用耗费大量计算工作量来换取的。

第6章　复合混沌映射的控制与超混沌扩频序列研究

在电路系统中,经常需要时间离散信号控制,特别在扩频通信系统中,扩频序列的性能直接影响系统的性能。传统的扩频序列多是采用移位寄存器产生的(如由m序列)。其缺点是可用码组序列数目少,序列复杂度低。近年来,混沌序列的研究为选择扩频序列开辟了新的途径。混沌系统对初值的敏感性使其生成的序列码组非常大。数值模拟表明,在Logistic映射中,只要初值有10^{-6}的差别,产生的两个序列就可以做到完全不相关,因此混沌通信系统可以容纳非常多的码地址。而且,混沌系统是一种强非线性系统,所以混沌序列具有极高的复杂度,可提高通信的安全性。

混沌序列作为扩频序列的应用方案大致有两种:一种是利用混沌映射来产生伪随机序列,即用混沌系统产生一段序列,然后重复使用,这种信号在整个时间域上是呈周期或准周期的;另一种是利用实时产生的混沌序列,特别适用于混沌保密通信。

6.1　混沌映射

混沌映射是一种较为简单的混沌动力学模型,但对于它的研究将有助于理解更复杂、更加实际的高维模型。本节的算法也是基于混沌映射提出来的,下面以抛物线映射为例,对其进行简单研究。

6.1.1　满映射

抛物线映射定义为

$$x_{k+1} = f(x_k) = 1 - \mu x_k^2 \qquad (6.1)$$

式中,μ的取值范围为[0,2],等分300点,取初始值x(0)=0.618,迭代400点,并舍弃前150点。其分岔图如图6.1所示。当参数μ=2时,其方程为

$$x_{k+1} = 1 - 2x_k^2 \qquad (6.2)$$

可以看出,此时,(-1,1)上的点被映射到整个区间(-1,1)上,因此称为满映射。而对于任何参数值μ<2,抛物线映射都只能把区间(-1,1)映射到较小的区间(1-δ,1)上,因此称为内映射。满映射是一种典型的混沌映射,它的许多性质都可以彻底讲清

楚。有些文献采用符号动力学的方法对其进行了较详细讨论。

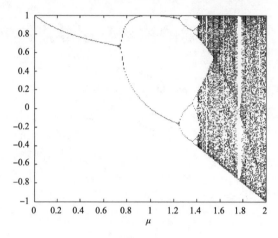

图6.1　抛物线映射分岔图

6.1.2　轨道点的密度分布

满映射式(6.2)的一条轨道是由一系列的轨道点组成的。对于这些轨道点的分布密度,1947年乌勒姆(Ulam)和冯·诺伊曼(von Neumann)给出了这样一个封闭表达式

$$\rho(x) = \frac{1}{\pi\sqrt{1-x^2}} \qquad (6.3)$$

其函数曲线如图6.2所示。

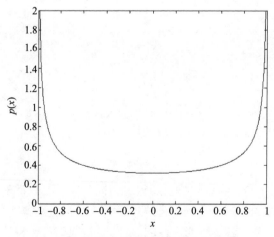

图6.2　满抛物线映射的分布密度

式(6.3)又称切比雪夫(Chebyshev)分布,因为它就是在(-1,1)区间上定义切比雪夫分布正交多项式的权重函数。事实上,切比雪夫多项式为一批分段线性的映射提供拓扑共轭关系。参数$\mu=2$的满抛物线映射只是这批共轭关系中的最简单的情形。

6.1.3　轨道点的均值

均值和密度分布都是混沌序列的重要统计特性。在已知轨道点的密度分布的情况下,其均值是极易求得的。根据密度分布函数式(6.3)求得满映射式(6.2)的均值为

$$\bar{x} = E\{x_k\} = \int_0^1 x\rho(x)\mathrm{d}x = \int_0^1 \frac{x}{\pi\sqrt{1-x^2}}\mathrm{d}x = 0 \qquad (6.4)$$

实际上,从分布密度的函数表达式和分布密度图的对称性上就可以看出其均值必为0。

6.1.4　混沌吸引子的激变

在一维映射的相空间上,最多可能存在$n+2$个稳定的周期轨道,n是映射所包含的邻界点数目。混沌轨道只要存在,就有无穷多条。它们的长期行为勾画出了边界明确的混沌吸引子。混沌吸引子可能分成几个片断,形成多带混沌吸引子。此外,相空间里还有许许多多不稳定的周期轨道。当参数连续变化时,这些稳定和不稳定对象的位置和大小都慢慢发生变化。在某个特定的参数值处,混沌吸引子与一条不稳定周期轨道相碰,吸引子的尺寸和形状将发生激烈变化。这就是约克(Yorke)等在1982年首先解释和命名的混沌吸引子的激变(crisis)现象。

抛物线映射在周期3窗口附近的分岔放大图如图6.3所示,在$\mu=1.75$处诞生的稳定周期3轨道经历倍周期分岔过程,发展成3×2^n带到$3\times 2^{n-1}$带的混沌带合并序列;当它最终合并成3带混沌区后,尺寸也渐渐变大,以致同$\mu=1.75$处诞生的不稳定周期3轨道相碰。这种碰撞发生在1带混沌区的内部,成为内激变。激变后3带虽然合并为1带,但轨道点的密度分布仍然集中在原来的3带区域。混沌轨道总是以大部分时间在原来的3带区中跳跃,只是偶尔到更大的范围里运行一段,又回到3带区间,形成激变诱发的阵发混沌。

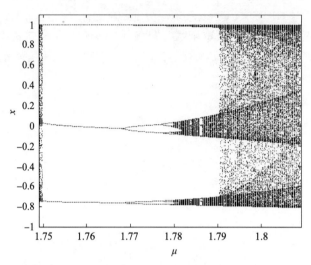

图6.3　抛物线映射在周期3窗口附近的分岔放大图

　　混沌吸引子的激变是一类普遍现象。在高维系统中,相空间里存在更多种类的稳定和不稳定的对象,激变形式也更加多样化。

6.1.5　离散系统的李指数

　　为了定量地表示映象中相邻点相互分离的快慢或奇怪吸引子中轨道分离的快慢(轨道对初始条件的敏感依赖)。如前所述,离散系统引入的李指数,其形式为

$$\lambda = \lim_{n \to \infty} \frac{1}{n} \sum_{i=1}^{n} \ln |f'(x_i)|$$

式中,λ即为李指数,它表示在映象多次迭代过程中,映象的相邻轨道,在平均每次迭代所引起的按指数分离中的指数。

　　分析λ表达式可知,当$\lambda<0$时,相邻的点将会彼此靠近,直到合并为一点,这对应于不动点或周期运动;反之,当$\lambda>0$时,表示相邻点会相互分开,对应于混沌运动。

　　采用李指数λ表达式算得的抛物线映射的李指数随参数μ变化的曲线如图6.4所示,$\mu_\infty=1.4011\cdots$。比较图6.1和图6.4可以看出,$\mu<\mu_\infty$时,映射处于周期运动状态,此时$\lambda<0$;而当$\mu>\mu_\infty$时,多数情况下$\lambda>0$,间或出现很窄的$\lambda<0$区域,这说明当$\mu>\mu_\infty$时,映射多数情况下处于混沌状态,只是偶尔出现周期运动,对应着图6.2的窗口区域。其中介于1.7和1.8之间的较大的负值区域,即为周

期3的窗口。

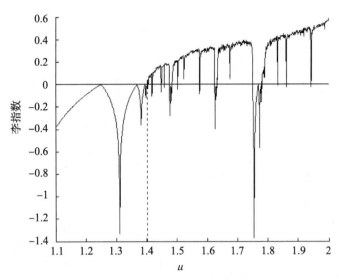

图6.4 抛物线映射的李指数曲线

μ的取值范围[1.1,2],等分1000点,取初始值$x(0)$=0.618,迭代1000点,并舍弃前150点

对于李雅普诺夫的λ表达式,在使用其计算李指数时,必须知道系统的明确表达式,以便求得它的导数。然而,实际上,并非所有的系统都能够获得其明确的表达式,因此在应用λ表达式实际计算系统李指数时,具有一定的局限性。

李指数可以表征系统运动的特征,其沿某一方向取值的正负和大小表示系统在长时间运动状态下,混沌吸引子相邻轨道沿该方向平均发散($\lambda>0$)或收敛($\lambda<0$)的快慢程度。对于高维的运动系统,李指数存在多个,它们共同决定了系统的运动状态。在一个混沌系统中,必有一个李指数是正的,因此,只要计算得知系统有一个正的李指数,便可证实系统是混沌的。柏内庭(Benettin)等于1976年提出了另外一个用来计算系统李指数的方法,称为柏内庭法,其形式为

$$\sigma = \lim_{n \to \infty} \frac{1}{n\tau} \sum_{i=1}^{n} \ln \frac{d_t}{d_0} \qquad (6.5)$$

当迭代步数n极大,而轨道的初始点距离d_0又很小时,只要步长τ不太大,计算结果就会与τ无关。图6.5所示为柏内庭法抛物线映射的李指数曲线图。

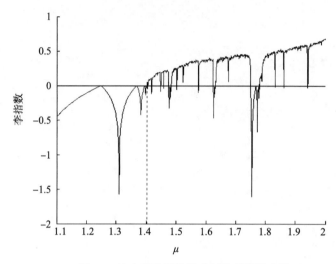

图6.5　柏内庭法抛物线映射的李指数曲线

μ的取值范围[1.1,2]，等分1000点，取初始值$x(0)=0.618$，迭代150点后，令$d_0=0.00001$，然后继续迭代1000点

　　从图6.5可以看出，在$d_0=0.00001$，迭代步数为1000的情况下，采用柏内庭法绘制的李指数曲线与采用λ表达式绘制的李指数曲线几乎完全一致。这说明在一维系统中，这两种方法是等效的，而柏内庭法与λ表达式相比更为灵活，因此实际计算中采用的较多。

6.2　混沌映射的复合

　　混沌序列产生的一般方法是采用单一映射，取一个初值进行迭代。这种方法的优点是实现简单，但由于单一映射的算式简单，因而比较容易被破解。通常，混沌序列用于军事通信和保密通信中可增强其安全性，关于混沌序列保密通信研究，将在第7章讨论。但是，最近研究表明：由于任何单一的混沌映射所产生的序列都可以利用非线性逆推方法去快速估计某些混沌的参数，因此，用有限精度的硬件实现时，某些映射的混沌序列存在许多安全隐患，有文献报道并给出了其破解的一般方法。正是基于这一点，在此提出了利用复合映射来产生混沌序列的方法，对人字映射和Logistic映射进行复合，并采用抛物线映射控制其迭代的系数的跳变，形成超混沌序列，从而提升了系统的复杂度，进一步增强了抗破解能力。

6.2.1　人字映射

　　人字映射定义为

$$x_{k+1} = \begin{cases} \mu x_k & (0 < x_k < 0.5) \\ \mu(1 - x_k) & (0.5 \leqslant x_k < 1) \end{cases} \quad (6.6)$$

研究表明,对μ取不同值进行迭代的,该方程所表现出来的特性是不同的。图6.6所示为人字映射下的混沌分布。

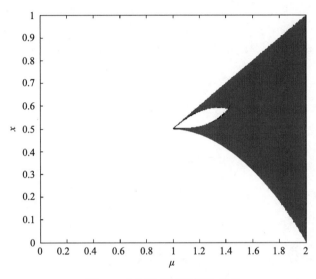

图6.6　人字映射下的混沌分布

μ的取值范围[0,2],等分500点,取初始值x_0=0.618,迭代1300点,并舍弃前1000点

由图6.6可以看出,在μ<1时,式(6.6)处于收敛状态,恒收敛于不动点0,其收敛速度随着μ增加而减小。当达到临界点μ=1时,方程收敛于初始迭代点x_0(x_0<0.5)或$1-x_0$(x_0>0.5)。当μ>1时,方程表现为混沌状态,并且混沌带随着μ的增加而逐渐扩大。

6.2.2　Logistic映射

Logistic映射的定义为

$$x_{k+1} = \mu x_k (1 - x_k) \quad (6.7)$$

目前国内外对于它的研究文章较多,它也是目前研究得最为透彻的一种映射,它的很多特性都能够明确说清。由Logistic映射的分岔与分岔放大过程可知,当μ>3.599…时,方程映射呈现混沌状态,并在μ=4时,映射达到满映射。

6.2.3　混沌映射的复合

对于Logistic映射,当μ=4时,处于混沌区,并且为(0, 1)上的满映射。因此取值μ=4时,式(6.7)变为

$$x_{k+1} = 4x_k(1-x_k) \qquad (6.8)$$

由Logistic映射的稳定周期3轨道经历倍周期分岔过程可知,人字映射x_k的值始终处于(0, 1)上,即无论对式(6.6)怎样取值,其值域都不会超出式(6.8)的定义域范围,因此,将式(6.6)代入到式(6.8)中,便可以得到一个新的映射,即

$$x_{k+1} = \begin{cases} f_1(x_k) & (0 < x_k < 0.5) \\ f_2(x_k) & (0.5 \leqslant x_k < 1) \end{cases} \qquad (6.9)$$

式中

$$f_1(x_k) = 4\mu x_k(1-\mu x_k) \qquad (6.10)$$

$$f_2(x_k) = 4\mu(1-x_k)\Big[1-\mu(1-x_k)\Big] \qquad (6.11)$$

$$\mu \in [0, 2], \qquad x_k \in (0, 1)$$

该映射即为复合映射,其混沌吸引子分布如图6.7所示,李指数分布如图6.8所示。

由图6.7和图6.8可以看出复合映射的李指数在$\mu = 0.37\cdots$时开始恒大于0,而不存在抛物线映射那样间或出现小于0的情况,也就是说在μ从0.37$\cdots$变化到2的整个区间上,映射不存在倍周期的窗口区域,而始终处于混沌状态。

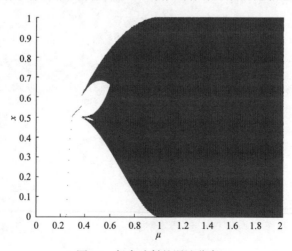

图6.7　复合映射的混沌分布

μ取值[0.01, 2],等分400点,取初始值$x(0)$=0.618,迭代1400点,并舍弃前1200点

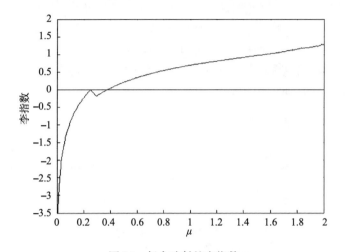

图6.8 复合映射的李指数

μ的取值范围[0.01,2]，等分500点，取初始值$x(0)$=0.618，迭代2000点，舍弃前1000点

6.3 复合超混沌映射的控制

6.3.1 复合混沌映射的控制

首先对图6.8进行局部放大，得到的放大图如图6.9所示。

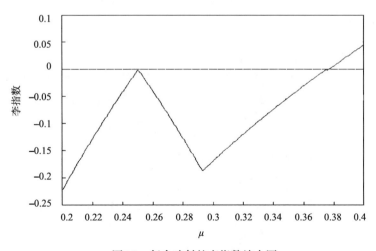

图6.9 复合映射的李指数放大图

　　由图6.9可以看出,该映射的李指数由负值逐渐接近零,直到$\mu=0.25\cdots$时变为零后,又变为负值。这说明该点为映射的分岔点。

　　当$\mu=0.2$时,映射轨迹点的迭代图如图6.10所示。可以看出,$\mu=0.2$时,映射经过数次迭代后,其轨迹点逐渐趋近于0。通过图6.9和图6.10研究发现,当$\mu<0.25\cdots$时,映射经式(6.10)迭代而恒收敛于0;其收敛的速度随μ的增加而减小。

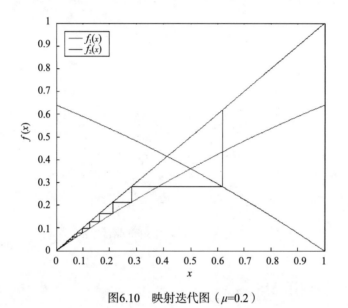

图6.10　映射迭代图($\mu=0.2$)

　　随着μ的进一步增加,映射的李指数开始下降,直到0.29…开始重新迅速上升,研究发现这是由于映射迭代方程的切换引起的。$\mu=0.26$和$\mu=0.34$时的迭代图如图6.11所示。

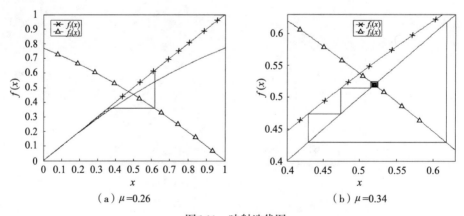

（a）$\mu=0.26$　　　　　　　　（b）$\mu=0.34$

图6.11　映射迭代图

研究结果表明,当$0.25\cdots<\mu<0.29\cdots$时,映射经式(6.10)迭代而收敛于$f_1(x)$与$f(x)=x$的交点,其交点可通过两方程的联立求得

$$\begin{cases} f(x) = 4\mu x(1 - \mu x) \\ f(x) = x \end{cases} \quad (6.12)$$

求得式(6.12)的非零解为

$$x^* = \frac{4\mu - 1}{4\mu^2}$$

当$\mu>0.29\cdots$时,映射经式(6.11)迭代而收敛于$f_2(x)$与$f(x)=x$的交点。联立两式得

$$\begin{cases} f(x) = 4\mu x(1 - \mu x)(1 - \mu(1 - x)) \\ f(x) = x \end{cases} \quad (6.13)$$

求得式(6.13)的在$(0,1)$上的解为

$$x^* = \frac{8\mu^2 - 4\mu - 1 + \sqrt{8\mu + 1}}{8\mu^2}$$

方程的解x^*即为映射在$\mu \in (0.25\cdots, 0.37\cdots)$上的稳定不动点,映射在该区域呈现周期1。

为进一步分析映射的分岔特性,将映射分岔图及其李指数分布图在区间$[0.37, 0.377]$上进行放大,得到的放大图如图6.12所示。

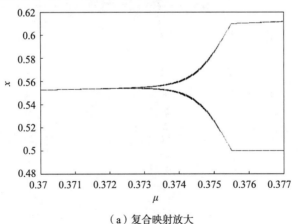

（a）复合映射放大

图6.12　复合映射及其李雅普诺夫指数放大图

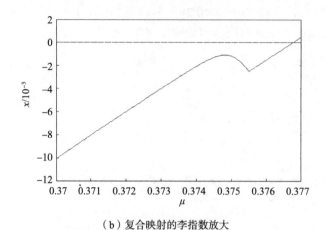

（b）复合映射的李指数放大

图6.12　复合映射及其李雅普诺夫指数放大图（续）

μ等分400点，取初始值$x(0)=0.618$，迭代1300点，并舍弃前1000点

由图6.12分析得出的结论是，$\mu=0.3748\cdots$为映射的倍周期分岔点，映射在$\mu<0.3748\cdots$时维持在周期1状态，当$\mu<0.3748\cdots$映射进入到周期2。在周期2状态的起初映射由$f_2(x)$迭代形成，图6.13所示为$\mu=0.3754$时的迭代图。当μ达到$0.3754\cdots$时，李指数达到局部最小值，之后又从该值再次向零点靠近，映射切换到$f_1(x)$进行迭代。μ值继续增大，当$\mu=0.3765\cdots$时，映射开始出现混沌，图6.14所示为$\mu=0.6$时的迭代图。此时，映射在式（6.10）和式（6.11）之间随机切换，起初的混沌吸引子的分布区域呈带状，就是映射切换的结果。图6.13和图6.14均取初值0.618，迭代10100点，并舍弃前10000点。

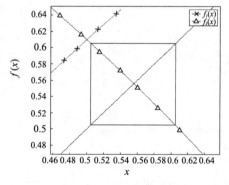

图6.13　周期状态的映射迭代图（$\mu=0.3754$）

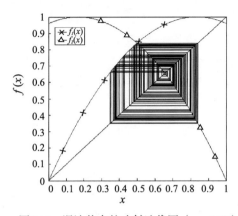

图6.14　混沌状态的映射迭代图（$\mu = 0.60$）

　　值得说明的是，图6.12（a）之所以从0.373便出现分岔，是因为迭代的步数不够，而未能收敛于一点。事实上，从该图对应的李指数放大图上也可以看出，在该区域，映射的李指数在10^{-3}量级上，其收敛速度非常慢，而且越是接近分岔点处收敛速度越慢。图6.13画出了映射在$\mu=0.3754$处的迭代图，该图迭代了5010步，并舍弃了前5000步只留下后10步以便于观察，可以看出映射的轨迹点已集中到了0.555附近，而非图6.11（a）所显示那样大的区域。为了进一步观察，将映射迭代图6.13（a）选取一局部区域，如图6.15（a）所示，将图中的方框区域放大得到图6.15（b），由此图可以看出，映射的轨迹点仍在向不动点（$f_2(x)$与$f(x)=x$交点）逼近。此时映射以很慢的速度向不动点靠近，这需要很长的时间才能够到达不动点。因此，映射在0.3748…左侧的靠近0.3748…的区域内仍属周期1而非周期2。

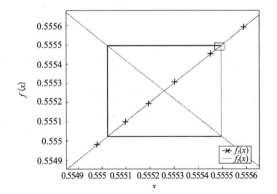

（a）映射迭代

图6.15　映射迭代放大图

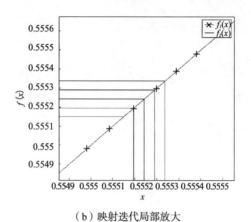

（b）映射迭代局部放大

图6.15　映射迭代放大图（续）

在图6.14中，我们还可以看出，当$\mu<1$时，映射的混沌分布并未充满整个(0, 1)区间，而只是占据了(0, 1)区间一部分区域，形成内映射。当$\mu=1$时，式（6.10）和式（6.11）相同，即Logistic映射在满映射$\mu=4$时的表达式，其迭代形式也与Logistic映射完全相同，映射在$\mu=1$时的迭代图如图6.16所示，映射从此时开始形成满映射。

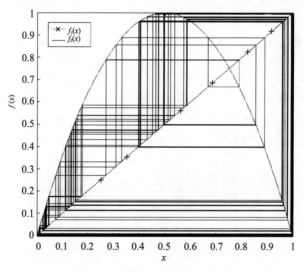

图6.16　映射在$\mu=1$时的迭代图

6.3.2　复合超混沌映射的控制

超混沌吸引子中内嵌大量的不稳定周期轨道，表现在动力学方程上具有无穷多组解。一个带有可控参数的二维平面映射，通过表达式

$$\begin{cases} x_{n+1} = 1 - a(x_n^2 + y_n^2) \\ y_{n+1} = -2a(1-2\varepsilon)x_n y_n \end{cases} \qquad (6.14)$$

已证明具有弥散型超混沌吸引子。具有两个正的李指数,即可判定为超混沌条件也可以推测出,在弥散型超混沌吸引子中的大量不稳定周期轨道上表现为没有稳定的流型。

现在引入控制参数扰动法,得到带有控制参数的控制方程为

$$\begin{cases} x_{n+1} = 1 - a(x_n^2 + y_n^2) + u_n \\ y_{n+1} = -2a(1-2\varepsilon)x_n y_n + v_n \end{cases} \qquad (6.15)$$

并给定控制目标 $g_n = (g_n^x, g_n^y)$。经过对控制方程的控制目标参数进行局部线性化处理,得到其时变线性反馈控制规律和受控系统为

$$\begin{cases} u_n = g_{n+1}^x - 1 + a(g_n^{x^2} + g_n^{y^2}) - (A_1 - 2ag_n^x)(x_n - g_n^x) \\ \qquad + 2ag_n^y(y_n - g_n^y) \\ v_n = g_{n+1}^y + 2a(1-2\varepsilon)g_n^x g_n^y + 2a(1-2\varepsilon)g_n^y(x_n - g_n) \\ \qquad - \left[A_2 - 2a(1-2\varepsilon)g_n^x \right](y_n - g_n^y) \end{cases} \qquad (6.16)$$

$$\begin{cases} x_{n+1} - g_{n+1}^x = -A_1(x_n - g_n^x) \\ y_{n+1} - g_{n+1}^y = -A_2(y_2 - g_n^y) \end{cases} \qquad (6.17)$$

此时由选择参数 A_1 和 A_2 判定。如果

$$|A_i| < 1 \qquad (i = 1, 2) \qquad (6.18)$$

则系统的动态行为渐近于控制目标 g_n,从而达到其控制目的。

对控制系统方程(6.15),采用式(6.16)的控制参数 u_n 和 v_n 对复合超混沌映射的不稳定周期轨道进行控制。

当 $a = 1.95$, $\varepsilon = 0.2$, $u_n = v_n = 0$ 时,方程(6.15)呈现超混沌状态。超混沌吸引子中存在不稳定的周期3轨道和不稳定的不动点。其中,不稳定的周期3轨道变化为(-0.6613, 0.09946)→(0.1280, 0.1539)→(0.9218, -0.04612)→(-0.6613, 0.09946),不动点为(-0.4264, -0.7412)。在选择参数中按照式(6.18)选取 $A_1 = A_2 = 0.9$。在 $t_1 = 2500$ 时刻和 $t_2 = 3200$ 时刻,分别对两个控制目标施加控制,得到了稳定的结果。

6.4　超混沌扩频序列的产生方案

由以上的分析得知,映射经过复合后,其满映射的区间得到了极大的扩展,当 μ 取[1, 2]上任意一值时,复合映射式(6.15)均为(0, 1)上的满映射。为了进一步提升系统的复杂度,这里采用变系数的方案。事实上,如果对单一映射采用变系数方案,在通常情况下是不可取的,因为其在(0, 1)上形成满映射的 μ 的取值范围很小,如上面所提到的人字映射只有在 $\mu=2$ 时才出现满映射,Logistic映射也只有在 $\mu=4$ 时 x_k 的值才被映射到整个(0, 1)区间上。因此如果直接改变其系数,则必然会在某一数值上出现 x_k 脱离混沌区而进入暂态的情况,从而降低了系统的随机性,使系统变得不够安全。但映射经过复合后,使得 x_k 形成满映射的 μ 的取值范围扩展到了整个连续的[1, 2]区间上,正是这一点变系数方案才得以实施。

在此采用抛物线映射来控制系数 μ 的跳变,取其满映射时的系数 $\mu=2$,现将式(6.2)改写为

$$y_{k+1} = 1 - 2y_k^2 \qquad (6.19)$$

此时 y_k 为(-1, 1)上的满映射,因 $y_k^2 = |y_k|^2$,可以将式(6.19)变为

$$y_{k+1} = |1 - 2y_k^2| \qquad (6.20)$$

如此变换,使得 y_k 终于映射到了(0, 1)区间上,可见,在式(6.9)中, μ 的取值范围是(1, 2),所以只需取 $\mu=y_{k+1}$ 即可,将其与式(6.9)和式(6.20)综合便得到

$$\begin{cases} x_{k+1} = \begin{cases} 4\mu x_k(1 - \mu x_k) & (0 < x_k < 0.5) \\ 4\mu(1 - x_k)\left[1 - \mu(1 - x_k)\right] & (0.5 \leqslant x_k < 1) \end{cases} \\ y_{k+1} = |1 - 2y_k^2| \end{cases} \qquad (6.21)$$

式中

$$\mu = y_k + 1$$

$$x_k \in (0, 1), \qquad y_k \in (0, 1)$$

x_k 受 y_k 的驱动,只要改变 x、y 的初值,就可以生成不同的混沌序列。图6.17所示为混沌序列在相空间 y-x 上的分布图,迭代初值 $x_0=0.618$、$y_0=0.1$,步数为5000的分布;图6.18所示为式(6.21)在 $y_0 \in (0, 1)$ 时的李指数分布曲线,初值 $x_0=0.618$,迭代6000点,并舍弃前3000点。

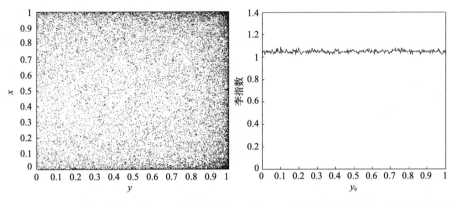

图6.17　混沌序列在相空间y-x上的分布图　　图6.18　混沌扩频序列随y_0变化的李指数

从图6.18可以看出,式(6.21)的李指数在$y_0 \in (0, 1)$时,始终大于1,系统始终处于混沌状态。此时,它在相空间y-x上分布表现为一系列随机分布的点。

6.5　混沌扩频序列的性能分析

如前所述,扩频就是将信号的频谱扩展,使其功率分布在一个很宽的频带宽度上,这样可使信噪比为负值,从而使信号隐藏在噪声之中,达到保密的目的。但这同时也增加了接收方解调的难度,采用传统的解调方案是行不通的,只能采用相关技术进行解调。因此,混沌序列的性能(尤其是自相关特性和互相关特性)变得异常重要,这是能够将信息良好地解调出来的关键。

6.5.1　自相关特性

这里采用公式

$$R(\tau) = \lim_{N \to \infty} \frac{1}{N} \sum_{i=0}^{N-1} (x_i - \overline{x})(x_{i+\tau} - \overline{x}) \qquad (6.22)$$

进行自相关函数值的计算。选取序列长度N=4096,相关间隔τ从$-512 \sim 512$,初值为x_0=0.1、y_0=0.1,其自相关特性如图6.19所示。

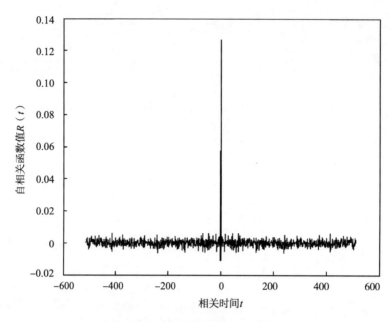

图6.19 混沌序列的自相关特性

其主瓣R_0=0.12845749874043，旁瓣R_{max}=0.00593633837179，主旁瓣抑制比R_0/R_{max}=21.63918070285844，比较理想。

为了说明由其他初始条件所决定的混沌序列，也具有较好的自相关特性，这里选取了x_0=0.1，y_0从0.1到0.10005和y_0=0.1，x_0从0.1到0.10005间隔均为0.0001的11组数作为初始条件，分别产生混沌序列，并计算出它们的主瓣R_0、旁瓣R_{max}和主旁瓣抑制比R_0/R_{max}，其结果如表6.1和表6.2所示，并同时计算出相同条件下的Logstic映射的相关特性，结果如表6.3所示，以便进行对比分析。

表6.1 复合混沌序列的自相关特性（x_0=0.1）

y_0	R_0	R_{max}	R_0/R_{max}
0.1	0.128457499	0.005936338	21.6391807
0.10001	0.124720234	0.006067126	20.55672262
0.10002	0.124311708	0.005034696	24.69100634
0.10003	0.126604654	0.005606753	22.58074534
0.10004	0.12991114	0.005359694	24.23853526
0.10005	0.12526095	0.006206485	20.18227048
平均值	0.126544364	0.005701849	22.31474346

表6.2　复合混沌序列的自相关特性（y_0=0.1）

x_0	R_0	R_{max}	R_0/R_{max}
0.10001	0.127197254	0.005819965	21.85532862
0.10002	0.124144694	0.006425206	19.3215118
0.10003	0.125355285	0.006171187	20.31299429
0.10004	0.125153044	0.005317049	23.53806508
0.10005	0.126060089	0.005963794	21.13756511
平均值	0.125582073	0.00593944	21.23309286

表6.3　Logistic映射的自相关特性

y_0	R_0	R_{max}	R_0/R_{max}
0.1	0.128457499	0.005936338	21.6391807
0.10001	0.124720234	0.006067126	20.55672262
0.10002	0.124311708	0.005034696	24.69100634
0.10003	0.126604654	0.005606753	22.58074534
0.10004	0.12991114	0.005359694	24.23853526
0.10005	0.12526095	0.006206485	20.18227048
平均值	0.126544364	0.005701849	22.31474346

　　从表6.1和表6.2中数据可以看出，这11组初值产生的混沌序列都具有良好的自相关特性，其主旁瓣抑制比R_0/R_{max}都处于19至24之间，平均值大于20，明显优于传统的M序列（其主旁瓣抑制比在4至11之间）。与表6.3单一的Logistic映射相比，其自相关特性差不多。说明该混沌序列具有良好的抗干扰能力。

6.5.2　互相关特性

　　这里采用表达式

$$R_{1,2}(\tau) = \lim_{N \to \infty} \frac{1}{N} \sum_0^{N-1} (x_{1,i} - \overline{x})(x_{2,(i+\tau)} - \overline{x}) \quad (6.23)$$

进行互相关函数值的计算。选取序列长度N=4096，相关间隔τ从-512~512，初值为x_{10}=0.1、x_{20}=0.10001、y_0=0.1，其互相关特性如图6.20所示。

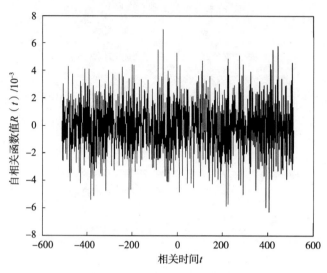

图6.20　混沌序列的互相关特性

经计算得初始条件x_{10}=0.1、x_{20}=0.10001、y_0=0.1时的最大互相关函数值R_{cmax}=0.00699616636679。表6.4和表6.5分别给出了当对初始条件x_0和y_0作微小改动(这里取间隔为0.00001)时混沌序列的最大互相关函数值,表6-5给出相应条件下Logistic映射的最大互相关函数值,以便进行对比。

表6.4　混沌序列的互相关特性（y_0=0.1）

x_{10}	x_{20}	R_{cmax}
0.10000	0.10001	0.006996166
0.10001	0.10002	0.005583468
0.10002	0.10003	0.005791049
0.10003	0.10004	0.006020187
0.10004	0.10005	0.006095871
平均值		0.006097349

表6.5　混沌序列的互相关特性（x_0=0.1）

y_{10}	y_{20}	R_{cmax}
0.10000	0.10001	0.007011142
0.10001	0.10002	0.005337146
0.10002	0.10003	0.005547242
0.10003	0.10004	0.00665752
0.10004	0.10005	0.006232767
平均值		0.006157164

表6.6　Logistic映射的互相关特性

x_{10}	x_{20}	R_{cmax}
0.10000	0.10001	0.005715433
0.10001	0.10002	0.006144525
0.10002	0.10003	0.006165297
0.10003	0.10004	0.005718173
0.10004	0.10005	0.007846544
平均值		0.006317994

从表6.4和表6.5中可以看出,这10组初值产生的混沌序列其互相关函数值都在10^{-3}量级上,具有良好的互相关特性,与表6.6的Logistic映射相比,该混沌系统的互相关特性没有太大的差别。

6.5.3　多址能力与复杂度分析

由以上的分析不难发现,式(6.21)的初始条件x_0或y_0改变的值虽然很小(只有0.00001),但产生的序列已经变得很不相关(相关函数值都在10^{-3}量级上)。这说明系统对初始条件非常敏感,具有极强的依赖性。因此,只要对系统的初始条件x_0或y_0中的任意一个改变一个很小的值,便可获得一个完全不相关的码序列。

式(6.21)是由3个映射复合而成的一个较为复杂的结构,分段映射(人字映射)的存在使通过序列推知系统的内部结构很难实现。要获得序列的迭代初值,便更不容易。

6.6　混沌序列下的跳频通信仿真

6.6.1　切比雪夫混沌映射

切比雪夫混沌映射的定义为

$$x_{n+1} = f(x_n) = \cos(\mu \arccos x_n) \quad (-1 \leqslant x_n \leqslant 1) \tag{6.24}$$

式中,x_n是当前状态,f把当前状态映射到下一个状态x_{n+1},μ是参数。3阶切比雪夫混沌映射的表达式为

$$x_{n+1} = f(x_n) = 4x_n^3 - 3x_n \quad (-1 \leqslant x_n \leqslant 1) \tag{6.25}$$

该混沌映射的输入输出部分都分布在区间$[-1,\ 1]$上,为满映射。

根据一维映射李指数

$$\lambda = \lim_{n \to \infty} \frac{1}{n} \sum_{i=1}^{n} \ln |f'(x)|$$

可知,若$\lambda < 0$,则给定的轨道是稳定的;若$\lambda > 0$,则给定的轨道则是不稳定的。由式(6.25)求得$\lambda = \ln 3 > 0$,所以轨道是不稳定的,即式(6.25)所表示的系统为混沌系统,产生的序列为混沌序列。

根据式(6.25)还可以得到混沌序列的概率密度函数

$$\rho(x) = \frac{1}{\pi \sqrt{1 - x^2}}, \quad -1 \leqslant x < 1 \tag{6.26}$$

通过计算可以进一步得到该混沌序列的均值为0,自相关函数是δ函数,互相关函数为0,说明混沌序列的概率统计特性与白噪声一致,可以用作扩频序列。

利用MATLAB 软件的Simulink 动态仿真平台,根据3 阶切比雪夫混沌映射的表达式,构建出的混沌序列发生器如图6.21 所示。

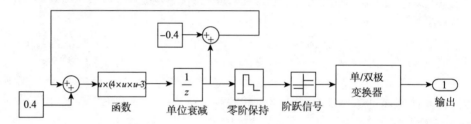

图6.21　切比雪夫混沌序列发生器

在仿真模型中,Fcn 是用户自定义的函数,是产生混沌序列的关键。为此需要将3 阶切比雪夫混沌映射的表达式定义到Fcn 模块中,通过它得到混沌序列。切比雪夫模块的采样时间决定了混沌序列的产生频率。由于混沌信号具有初值敏感性,所以选取0.4 作为混沌序列的初始值。将初始值0.4 输入Fcn 计算出一个数值,然后将该数值返回输入端,作为下一次计算的初始值,也就是将第n 次的计算结果当作第$n+1$ 次的初始值,如此循环计算就可得到一个随机性很强的数字序列,然后经过波形变换得到0-1混沌序列,其相应的切比雪夫混沌序列波形如图6.22 所示。

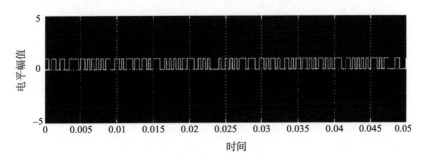

图6.22 切比雪夫混沌序列

6.6.2 跳频通信系统的模块设计

根据跳频通信系统的组成,需要设计的模块主要包括信息的调制和解调部分、跳频和解跳部分、仿真结果的显示和比较部分,因此构建的跳频通信系统如图6.23所示。

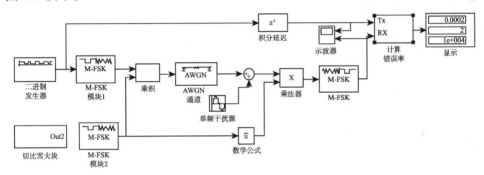

图6.23 跳频通信系统

在跳频通信系统的发送端,首先由Bernoulli Binary Generator模块产生一个1 kB/s 的二进制信号作为要发送的原始信号,其原始信号的波形如图6.24 所示。然后对原始信号进行2FSK（frequency-shift keying）调制变成频带信号,其频谱如图6.25 所示。

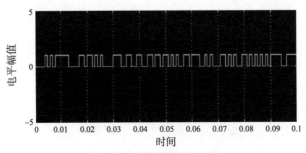

图6.24 原始信号的波形

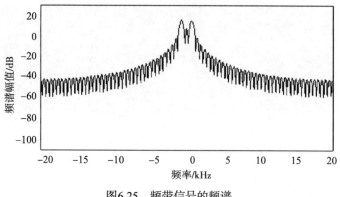

图6.25　频带信号的频谱

切比雪夫映射产生的混沌序列经过MFSK（multiple frequency keying）调制后成为跳频载波,该载波的跳频点是64 个,频率间隔是500Hz,与频带信号相乘来生成跳频信号,其频谱如图6.26所示。

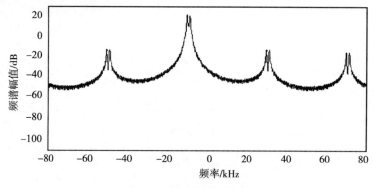

图6.26　跳频信号的频谱

在传输过程中,信号会出现多径衰落、信号功率衰减和单频噪声的干扰等,从而使传输信号的信噪比下降。所以在仿真模型中,跳频信号不仅在高斯信道中传输,还叠加一个单频干扰源模拟单频噪声对跳频信号的干扰。在系统的接收端,首先进行解跳,将与发送端相同的混沌跳频序列输入Product 模块,然后和接收到的跳频信号相乘来完成对跳频信号的解跳,即把宽带信号恢复成窄带信号。再对解跳后的信号进行2FSK 解调,把频带信号转化成基带信号,进而恢复出原始的信号,最后将原始信号和恢复的信号同时送入Error Rate Calculation模块,计算出在传输过程中出现的误码率,并将结果通过Display 模块显示出来。

6.6.3 仿真结果分析

利用Simulink 模块构建的跳频通信系统,可以观察信息的调制和解调部分,以及跳频和解跳部分的主要波形和频谱图,这些图形清楚地反映了跳频通信的全过程。通过Display 模块可以看出,在传输信道中存在高斯噪声和单频干扰时,系统的误码率为0.0035,即平均传输10000 个码字会出现35 个错误码字。在该误码率的条件下,理论上能较理想地传输信号和恢复信号。将原始信号的波形和恢复出的信号波形进行对比,得到原始信号的波形和恢复信号的波形如图6.27所示。

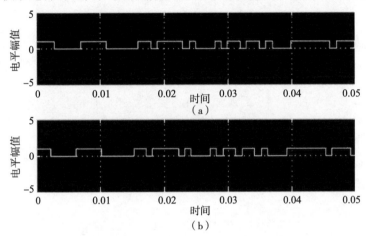

图6.27 原始信号的波形和恢复信号的波形

从图6.27中可以看出接收端的信号和原始信号相比有一定的时间延迟,其误码极少。所以从误码率和信号波形两个方面都可以验证混沌序列用于跳频通信系统的可靠性。

第7章 超混沌保密通信系统应用研究

自1990年Pecora和Carroll开创性地提出驱动－响应同步方案,并首先在电子线路中实现以来,混沌同步及其应用研究成为近年来人们追踪的热点之一,尤其是保密通信研究,在理论上和实践上都已经做了大量工作。利用混沌同步进行保密通信需过三关:同步关、破译关和干扰关。

随着应用研究的不断深入,人们逐渐发现,在某些情况下,利用弱混沌系统(只有一个李指数)进行保密通信,其抗破译能力还不够理想,特别是高速发展的计算机技术,使人们有条件去想象和研究更好的保密通信措施。因此,超混沌系统的混沌同步研究成为替代弱混沌的有力保障。超混沌同步是更高层次的混沌保密通信系统的研究方向,代表了一个保密通信新时代的到来。

本章主要研究扩频序列超混沌保密通信系统电路模块设计、基于软件无线电的超混沌保密通信系统和声/光/图文/图像保密通信系统的应用研究。通过理论分析和实验讨论超混沌通信过程中的调制解调、抗干扰和误码率问题。

7.1 扩频序列混沌保密通信数字电路模块设计研究

为了使超混沌研究成果满足家庭、政府机关、企事业单位等的保安保密实际需要,人们在扩频序列混沌保密通信数字电路模块设计方面做了大量工作。本章采用扩频序列混沌作为基本载体设计制作保密通信电路模块。采用扩频序列混沌是鉴于模拟通信逐步退出而更适应今后数字电路发展的需要,这是一个潜在的大市场。

7.1.1 扩频通信技术原理

扩频通信技术作为一种信息传输方式,其信号所占有的频带宽度远大于所传信息必需的最小带宽;频带的扩展是通过一个独立的码序列来完成,用编码和调制的方法来实现的,与所传信息数据无关;在接收端则用同样的码进行相关同步接收、解扩和恢复所传信息数据。扩频通信技术工作原理如图7.1所示。

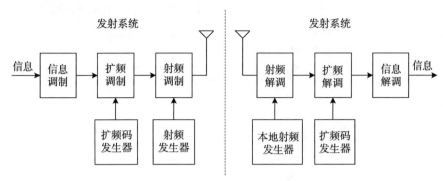

图7.1　扩频通信工作原理

扩频通信是在发射端对输入的信息进行信息调制形成数字信号,然后由扩频码发生器产生的扩频码序列去调制数字信号以展宽信号的频谱,展宽后的信号再调制到射频发送出去。

在接收端收到的宽带射频信号,变频至中频后由本地产生的与发射端相同的扩频码序列去相关解扩,再经信息解调,恢复成原始信息输出。

由此可见,一般的扩频通信系统都要进行三次调制和相应的解调。一次调制为信息调制,二次调制为扩频调制,三次调制为射频调制。与一般通信系统比较,扩频通信就是多了扩频调制和解扩部分。图7.2为信号扩频调制与BPSK（binary phase shift keying）的调制过程。

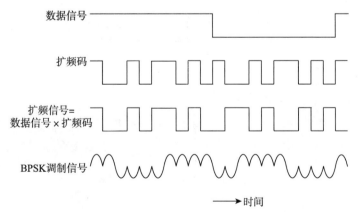

图7.2　BPSK调制的直接扩频序列（direct sequence spread spectrum, DS-SS）信号的调制过程

7.1.2　混沌通信硬件可实现算法

对于式（6.21）的实现,如直接对人字映射与Logistic映射进行复合,硬件实现较为复杂,因此这里采取逐次复合的方式来实现。首先计算抛物线映射的值,

计算完成后把结果代入人字映射进行计算,待人字映射的计算完成后,再将人字映射的计算结果代入到Logistic映射中,计算出最后序列的值。这与直接采用式(6.21)计算完全等效,而硬件电路却可以得到简化。

对于输入、输出均分布在区间(0,1)上的映射,可以把其每一步迭代的值写成精度为L的二进制小数形式

$$x = 0.a_0 a_1 a_2 \cdots a_{L-1} = \sum_{i=0}^{L-1} a_i \, 2^{-(i+1)} = 2^{-L} X \tag{7.1}$$

式中,$X = \sum_{i=0}^{L-1} a_i \, 2^{(L-1)-i}$ 是一个L位二进制表示的整数,它与L位二进制小数x一一对应。

对于抛物线映射,将式(6.20)改写成分段函数的形式为

$$y_{k+1} = |1 - 2y_k^2| = \begin{cases} 1 - 2y_k^2 & (y^2 < 0.5) \\ 2y_k^2 - 1 & (y^2 \geqslant 0.5) \end{cases} \tag{7.2}$$

把y_{k+1}和y_k写成式(7.1)的形式,并将其代入式(7.2)中,得到

$$2^{-L} Y_{k+1} = \begin{cases} 1 - 2 \cdot 2^{-2L} Y_k^2 & (Y_k^2 < 2^{2L-1}) \\ 2 \cdot 2^{-2L} Y_k^2 - 1 & (Y_k^2 \geqslant 2^{2L-1}) \end{cases} \tag{7.3}$$

进一步变换,并加上初始条件,得

$$\begin{cases} Y_{k+1} = \begin{cases} 2^L - Y_k^2 / 2^{L-1} & (Y_k^2 < 2^{2L-1}) \\ Y_k^2 / 2^{L-1} - 2^L & (Y_k^2 \geqslant 2^{2L-1}) \end{cases} \\ Y_0 = [2^L y_0] \end{cases} \tag{7.4}$$

式中,Y_0为抛物线映射初值,Y_k^2可以用L位的乘法器进行计算,$2^L - Y_k^2/2^{L-1}$就是对Y_k^2右移($L-1$)位后求补,而$Y_k^2 < 2^{2L-1}$和$Y_k^2 \geqslant 2^{2L-1}$实际上就是对乘法器输出结果中D_{2L-2}位的判断。

对于人字映射,将$\mu = y_k + 1$直接代入到式(6.6)中得到

$$x_{k+1} = \begin{cases} (y_k + 1)x_k & (0 < x_k < 0.5) \\ (y_k + 1)(1 - x_k) & (0.5 \leqslant x_k < 1) \end{cases} \tag{7.5}$$

式中,y_k是由式(7.2)的抛物线计算得出的,对式(7.5)作同样的变换可以得到

$$2^{-L} X_{k+1} = \begin{cases} (2^{-L} Y_k + 1) \cdot 2^{-L} X_k & (X_k < 0.5) \\ (2^{-L} Y_k + 1)(1 - 2^{-L} X_k) & (X_k \geqslant 0.5) \end{cases} \tag{7.6}$$

也就是

$$X_{k+1} = \begin{cases} (Y_k + 2^L)X_k / 2^L & (X_k < 2^{L-1}) \\ (Y_k + 2^L)(2^L - X_k)/2^L & (X_k \geqslant 2^{L-1}) \end{cases} \quad (7.7)$$

但在式(7.7)中Y_k+2^L的值已经超出了L位,使得其无法用L位的乘法器进行计算,因此对其进行变换并加入初始条件得到

$$\begin{cases} X_{k+1} = \begin{cases} (Y_k / 2 + 2^{L-1})X_k / 2^{L-1} & (X_k < 2^{L-1}) \\ (Y_k / 2 + 2^{L-1})(2^L - X_k) / 2^{L-1} & (X_k \geqslant 2^{L-1}) \end{cases} \\ X_0 = [2^L x_0] \end{cases} \quad (7.8)$$

式中,X_0为抛物线变换的初值,因$y_k<1$,所以$Y_k/2=[2^L y_k]/2<2^{L-1}$,因此$Y_k/2+2^{L-1}$不会超出$L$位,可以使用$L$位的乘法器进行计算。

Logistic映射为

$$x_{k+1}=2x_k（1-x_k）$$

式中,x_k是人字映射算得的结果,该映射比较简单,经过类似的变换可得

$$X_{k+1} = 4X_k（2^L-X_k）/2^L \quad (7.9)$$

通过以上的推导可知,只要使用数字设备对式(7.4)、式(7.8)和式(7.9)进行计算,便可获得一系列的扩频序列。要得到不同的序列,只要改变初始条件X_0和Y_0即可,其精度由数字设备的字长决定。

事实上,对于混沌序列的计算,由于受到数字系统字长的限制,所以无论浮点预算采用何种精度,序列的数目总是有限的,从这个意义上说,迭代得到的序列必然呈现周期性,任何通过数字设备计算得到的混沌序列都必然是对客观混沌的逼近,而无法保证混沌序列维持在原有初值决定的客观轨道上。但从工程上说,不需要考虑迭代的轨道是否恒定在某一确定路线上,只要其轨道具有足够长的周期,能够保持其良好的伪随机特性和足够大的序列复杂度即可。研究表明,当$L=32$时,仅由式(7.9)进行迭代,产生的序列不会脱离混沌状态,因此,这里把系统的字长定为32位。

7.1.3　混沌扩频序列发生器的设计

本章采用自顶向下的设计方法进行硬件电路的设计,首先将系统分解成几个具有独立功能的模块,之后对每个模块进行设计,最后再从顶层对各个模块进行连接构成系统。系统可划分为4个模块,包括乘法运算单元MUL和算术逻辑

运算单元ALU两个运算单元,一个序列控制单元SEQCTRL和一个序列寄存器SEQREG。乘法运算单元MUL的运算量很大,速度较慢,而算术逻辑运算单元ALU的计算量很小,处理速度相对较快,因此对模块之间的连接是系统的关键。这里采用半握手协议,由序列控制单元SEQCTRL对各模块间进行连接。

1.乘法运算单元MUL

对于32位的乘法器如果直接进行设计,无论是采用加法树还是查找表,占用的硬件资源都很大,而且不易实现。一般的方法是先设计一个16位的乘法器,然后再用它来构造32位的乘法器。首先进行16位乘法器的设计。

16位乘法器:采用加法树进行设计。其设计原理比较简单,将串行处理改为并行处理。图7.3所示为其在Quartus II下的时序仿真波形图。图7.4所示为Verilog程序在Synplify Pro下编译后生成的RTL电路图。

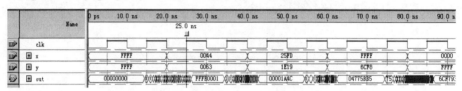

图7.3　对16位加法树乘法器时序仿真波形图

32位乘法器MUL:设两个32位16进制数A和B,将其分别写成

$$A=A_1 \times 2^{16}+A_0 \tag{7.10}$$

$$B=B_1 \times 2^{16}+B_0 \tag{7.11}$$

则

$$
\begin{aligned}
C = A \cdot B &= (A_1 \times 2^{16} + A_0) \times (B_1 \times 2^{16} + B_0) \\
&= A_1 \cdot B_1 \times 2^{32} + A_1 \cdot B_0 \times 2^{16} + A_0 \cdot B_1 \times 2^{16} + A_0 \cdot B_0
\end{aligned}
\tag{7.12}
$$

对于算式(7.12),可以考虑以下三种方案进行32位乘法器的设计:① 采用4个16位乘法器构成四级流水线结构进行处理;② 采用4个16位乘法器直接并行处理;③ 采用1个16乘法器分4次进行处理。

本系统主要进行迭代运算,速度要求不是很高,考虑到资源占用,本章采用方案③进行乘法器的设计,借鉴DSP（digital signal processor）的乘法处理单元的结构,采用乘法、移位和累加操作分4次处理来实现32位的乘法计算,其中累加器为64位。利用一个乘法器和一个累加器分时处理数据,实际上也是流水线结构,这使得在不增加系统硬件开销的情况下尽可能地提高系统的处理速度。32位乘法器原理图如图7.5所示。

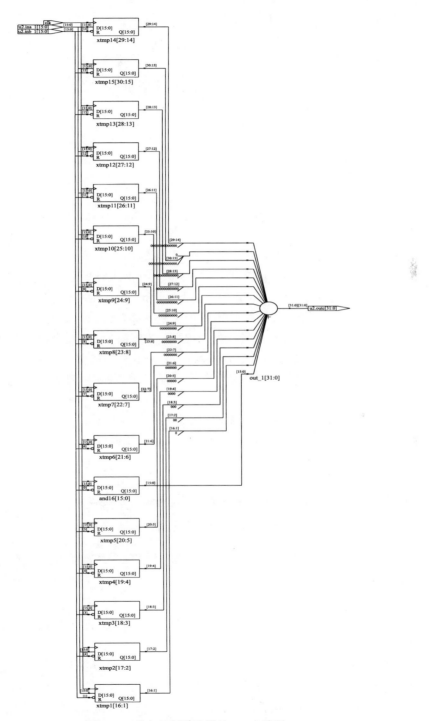

图7.4 16位加法树乘法器的RTL电路图

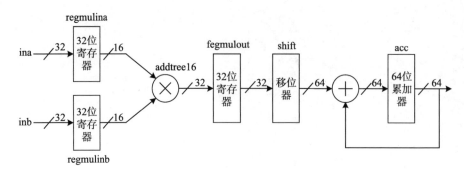

图7.5　32位乘法器原理图

对于图7.5中各部分的控制,采用摩尔(Moore)型有限状态机(finite state machine, FSM)实现,为了简化组合电路的设计,状态机的状态编码采用一位热码(One-Hot)编码来设计。当系统启动后,该单元电路并不立即工作,只有收到请求信号ack时,电路才开始工作。当ack的上升沿来到后,首先将用于乘法运算的外部输入数据mulina(或ina)和mulinb(或inb)分别储存于寄存器regmulina和regmulinb,同时清除ready信号,使ready=0,然后将FSM的状态置为S0。以后FSM的状态按其状态转移表每个时钟周期改变一次,当FSM进入状态S4时,乘法运算完成,使ready=1,以通知其他电路模块。当FSM进入状态S5时,乘法器进入等待状态,acc和ready保持原值,直到重新收到ack信号,再次启动乘法器为止。图7.6为32位乘法器时序仿真波形图。

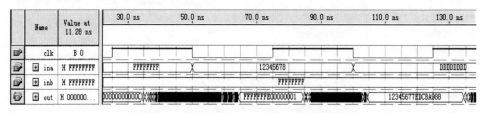

图7.6　32位乘法器MUL的时序仿真波形图

综合结果表明采用该方案其硬件资源的占用比采用前两种方法节省近60%。

2.算术逻辑运算单元ALU

算术逻辑运算单元主要用于完成混沌序列发生器的相加、取反和移位运算,其原理图如图7.7所示。

此电路主要由组合电路构成。从算法的推导中可以看到,三次迭代过程中的运算操作和流程有些相似,因此,考虑到硬件开销,可以采用一套电路来实现三次迭代过程中除乘法的所有运算。至于进行的是哪次迭代运算,可以由两位的模式位

map[1:0]来控制。xy0为32位的数据总线,用于为X、Y(即寄存器mulcreg和yreg)赋予初始值,两个32位变量共用一条数据总线,为哪个变量赋值由置位控制信号setx和sety决定。寄存器mulcreg用于暂存乘法器的输出并为组合电路提供驱动,由于抛物线映射是独立进行迭代的,因此寄存器yreg对迭代过程中的Y值进行暂存是必需的。

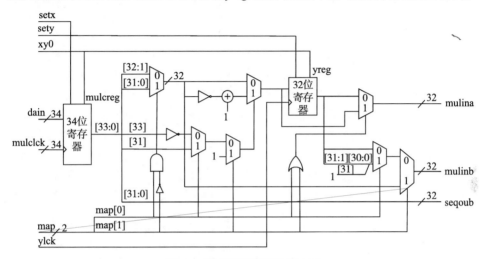

图7.7 算术逻辑运算单元ALU

图7.8所示为ALU和MUL两模块的联合时序仿真图,驱动信号由手工模拟序列控制器进行配置。

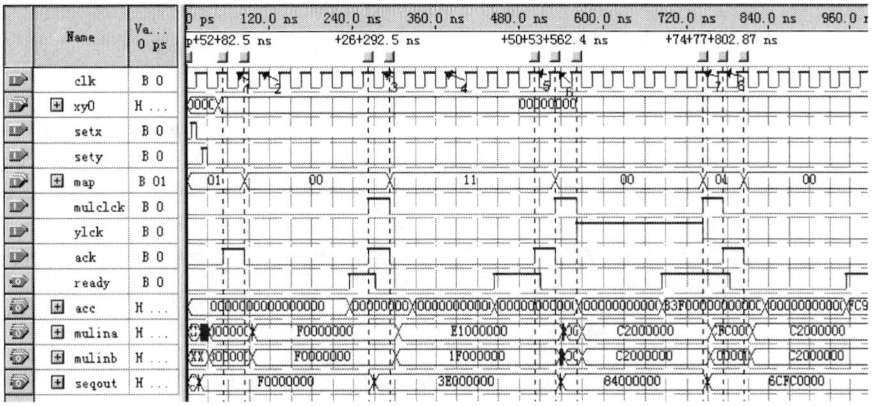

图7.8 ALU与MUL的联合时序仿真图

3.序列控制单元 SEQCTRL

序列控制单元SEQCTRL模块用于产生乘法运算单元MUL和算术逻辑运算

单元ALU的控制信号,除setx和sety外, ALU和MUL的所有控制信号都由该模块产生。这里仍然采用摩尔型FSM来实现,为了防止FSM在状态转换过程中产生的过渡态影响系统的稳定性,对FSM的状态编码借鉴了gray码的编码方式,部分可能会产生影响系统稳定性的过渡态的状态间编码采用gray码。当系统复位时,首先进入状态S0,对系统进行初始化,当时钟上升沿来到时,判断是进入下一状态还是停留在此状态进行等待。其中,在状态S0、S1、S4、S7、S9和S10时,无条件进入下一状态;而在其余的状态则要根据输入的信号来决定是否进入下一状态。

图7.9所示为序列控制单元时序仿真图需要说明的是,状态转移和图7.9中的输入信号req为外部电路的申请信号,它可能来自于并/串转换器或其他电路。当序列发生器产生一个超混沌序列,并将其寄存于序列寄存器SEQREG后,并不是立即继续产生第二个序列,而是进入等待状态。等待其他电路(如并/串转换器)将序列取走,否则,第二个混沌序列会将第一个混沌序列覆盖,从而使系统产生错误。信号req的设置是为外部电路提供了一个通信接口,只有当系统收到外部电路将序列取走的通知时,系统才继续产生下一个序列,否则,系统将无限等待。

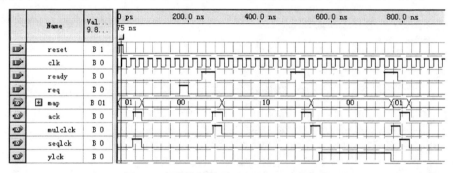

图7.9 序列控制单元SEQCTRL时序仿真

4.顶层设计与系统性能分析

顶层设计主要是对各个模块进行连接,本章采用原理图输入的方法进行设计。

序列发生器顶层系统设计如图7.10所示。该系统包含ALU、MUL、SEQREG和SEQCTRL4个模块。其中, ALU和MUL用于完成系统的数据计算;SEQREG是一个32位寄存器,用于寄存产生的混沌序列; SEQCTRL用于协调其他3个模块间的通信和控制序列的生成。系统包括5个输入端(clk、xy0、setx、sety、req)和一个输出端(seq)。其中,clk用于提供乘法运算单元MUL和序列控制单元SEQCTRL的时钟;xy0为32位端口,用于对寄存器赋予初值;赋予哪个寄存器由setx和sety决定;req是为外部电路请求信号提供的端口,seq用于混沌序列的输出。

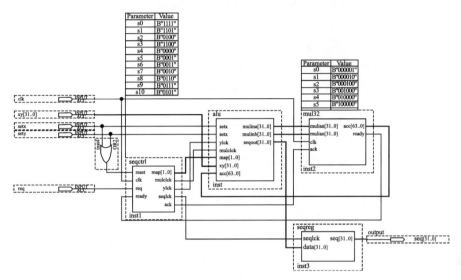

图7.10　序列发生器顶层设计原理图

图7.11所示为序列发生器顶层设计时序仿真图。取初值X_0=F0000000、Y_0=F0000000，通过对式（7.4）、式（7.8）和式（7.9）的计算与图7.11的对比发现，其结果完全吻合，证明电路设计是正确的。

Name	V... 8...					
xy0	H...	F0000000				00000000
sety	B 0					
setx	B 0					
req	B 0					
clk	B 0					
seq	H...	F0000000	6CFC0000	C0D95640	CFED85AB	EDF61B3E

图7.11　序列发生器顶层设计时序仿真图

在Quartus II下以EPF10K30EFC265-1作为下载目标进行综合得出结果为：系统占用逻辑单元数为1381个，约为总逻辑单元数的79%；引脚数为68个，约占总引脚数的38%；clk的最小时钟周期为19.78 ns。

该系统产生一个序列需要24个时钟周期，约480 ns。因此，系统产生的混沌扩频序列的最大时钟频率略大于2 MHz。该系统的字长为32位，也就是说通过并/串转换器转换后，所得到的扩频码片最大传输率可以达到64Mbit/s，远高于而现行的通信系统的传输率，说明系统的设计是成功的。

实际上，由以上的分析可以看出，完全可以采用速率较低的FPGA（field

programmable gate array）或CPLD（complex programmable logic device ）器件实现该系统,以产生适合于超混沌扩频通信的扩频码序列,这样就更适合于家庭电话、银行和保险等多方面的需求,并降低应用成本。另外,还可以考虑将该系统与其他通信电路一起嵌入到ASIC中,实现超混沌芯片,可进一步降低其应用成本,只要在本设计的基础上进行必要的改进,便可达到较好的效果。

7.1.4 扩频序列混沌保密通信应用研究

1.混沌扩频序列基本组成原理

利用混沌系统对初始值的敏感依赖性,采用离散时间动态系统逻辑映射和人字映射复合构造出新的混沌序列。采用复合混沌序列,算式相对简单,计算和数值分析比较省时,可以为混沌系统的软件化和数据分析带来方便,信息隐藏极为容易。根据第4章的理论分析结果,在此将扩频序列发生器原理简化,得到的混沌跳频序列组成原理如图7.12所示。

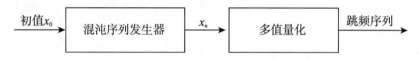

初值x_0 → 混沌序列发生器 → x_n → 多值量化 → 跳频序列

图7.12 混沌跳频序列组成原理

为了增加混沌扩频序列的复杂程度,即增加其破译难度,提高保密性,采用数字技术,对式(7.4)、式(7.8)和式(7.9)进行计算便可获得一系列的扩频序列。

为了验证扩频序列的跳频信号可靠性,笔者曾根据勒斯勒尔方程构建了三阶混沌运算放大器电路的自治硬件系统,作为混沌信号发生器。由方程建立两个相同的能够产生混沌信号的运算放大器混沌电路,通过参数调整即可实现混沌的同步实验。然后将其混沌模拟信号经过A/D转换为数字信号,或者直接利用勒斯勒尔方程进行软件编程,获得软件勒斯勒尔三阶混沌模块。

2.混沌系统的软件化过程

由于混沌保密通信应用在软件无线电系统中,混沌模块必须进行相应的软件化处理和编程迭代。软件是软件无线电的核心,也是混沌保密模块的核心。在软件无线电的混沌保密通信系统中,语言信息混沌加密流程如图7.13所示。基于DS-CDMA模式下的软件混沌载波信号发射功率控制流程见图7.14。

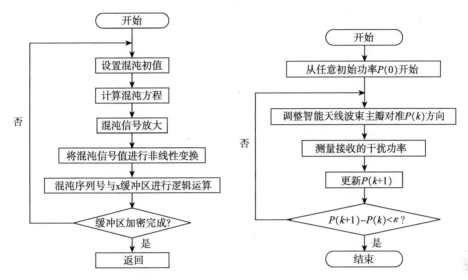

图7.13 语音信息混沌加密程序流程　　图7.14 DS-CDMA模式下软件混沌载波
信号发射功率控制

由于软件无线电加入了智能天线技术,采用迭代的方法调整软件混沌载波信号的发射功率,但必须在每次功率迭代之前首先进行一下波束形成运算,将波束方向图的主瓣指向信号方向,可以获得最优的信号功率。经过仿真实验,传送混沌信号获得成功。

3. 离散混沌序列与连续混沌保密通信系统比较分析

设混沌载波信号为$F(x, y, z)$,混沌电路自发产生混沌信号,由式(6.7)或式(5.5)产生的混沌信号为$H(t)$,通信系统的同步本振信号为$f(x, y, z)$。线性化处理后根据叠加原理,形成新的载波信号为

$$F(x, y, z) = S(t) + H(t) \tag{7.13}$$

$$g(t) = F(x, y, z) + f(x, y, z) \tag{7.14}$$

式中,x、y、z分别是时间t的函数,$g(t)$为信息上传的调制信号,所以$F(x, y, z)$又称为一级解调混沌信号,它内含基本信号$S(t)$(信息源)。

根据信号的调制、解调原理,使用混沌信号的初始条件$[u(t_0), v(t_0), w(t_0)]^T$,对同步传输的信息进行调制和解调。将信息从$g(t)$中解出并恢复为原码形式。如果逆向求解,还可将信息叠加到混沌载波$F(x, y, z)$中,再通过$f(x, y, z)$深层处理,将调制信号$g(t)$进行上传发送。

经过以上两个混沌保密系统的分析,不论是离散混沌序列,还是勒斯勒尔三

阶混沌系统,其保密通信基本原理相似,都必须把所建立的混沌模块分别作用于接收和发送系统中,实现信息传输的调制和解调。

混沌载波信号传输具有优良的抗信息截获功能,它的信息提取主要是混沌序列(方程)中的系统参数的调整,也可以说,混沌系统的初始条件就是保密信息的密钥。对于混沌序列,如果收发两端的混沌系统分别采用不同的初始条件产生密码序列,则语音通信系统不能正常通信。混沌系统对初始条件的极端敏感性,使其保密特性优于其他保密方法。但是,通过计算机仿真实验发现,同是混沌系统软件模块应用起来却存在保密特性的差异。

从信息保密的信号调制与解调过程看,与Logistic映射相比,时间连续混沌存在较大转换误差,表现为声音信号稍有改变,但不影响使用,从人的听力上难以发觉。从保密特性上看,由于时间连续混沌系统(勒斯勒尔三阶混沌模块)的自同步允许收发系统参数中存在一定误差,即转换误差,使得初始条件的敏感性降低,保密性稍逊前者。

人类听觉音频信号频率宽度一般在20 Hz ~ 20 kHz,语音交流信号在300 ~ 3000 Hz范围内。这里采用离散时间动态系统 Logistic 映射混沌模块,进行计算机语音通信实验。利用计算机声卡的线路输入接口,通过话筒输入音频信号,语音信号经过软件混沌数字序列模块提取初始值并产生一个原始混沌序列密码,由软件无线电载波变频传输后,再加以接收和转换,产生与发射端初始值相同的软件混沌序列密码,在无通道噪声的条件下,语音信号便从一片混沌与噪声中被清晰地还原出来了。

7.2 软件无线电通信系统超混沌语音保密系统应用研究

现代战争与未来战争的一个共同特点是海陆空协同的短时间、立体化战争(包括卫星外层空间),战争的最主要的指挥系统当属现代通信技术。通信技术与通信质量密切相关,为确保现代战争中通信指挥系统安全畅通,信息传输保密技术一直是世界各国潜心研究的课题。随着数字化时代的到来,软件无线电是继模拟通信技术、数字通信技术之后的第三代无线电通信技术。它的突出优点是抗干扰能力强、频带宽而细腻,具有良好的保密特性,特别是设备升级换代容易,而且在军事上诸兵种作战通信可以达到协调一致,代码统一,这在现代化战争中具有重要意义。

目前军事保密通信虽然借助于现代密码学在电子通信、光通信领域进行了广泛而深入的研究,并取得了丰富的成果,但是它还很不完善,不仅存在着许多尚待开垦的领域,而且随着加密理论研究的不断深入,相应的破译方法也层出不穷。为了在软件无线电通信中进一步提高安全可靠性,本章在研究混沌与超混沌的基础上提出利用混沌同步法和信息掩盖方法加密语音信息,以实现语音保密通信的目的。

7.2.1　软件无线电安全保密通信系统

1.软件无线电结构原理

软件无线电保密通信系统基本结构如图7.15所示,主要包括天线射频模块、信息安全巡回侦码、高速宽带A/D与D/A转换器、微处理器DSP,窄带A/D与D/A转换器以及网络接口模块(电话、图像数据、传真)等六个模块。其中天线射频模块负责收发信息,并转换为中频信号。A/D和D/A按照宽带与窄带分别处理模拟与数字信号的转换。信息安全巡回侦码主要负责信息安全传输的保密处理等。

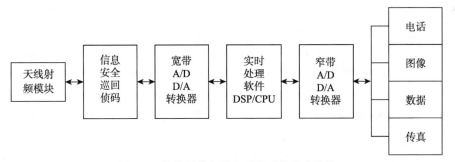

图7.15　软件无线电保密通信系统基本结构

软件无线电的天线一般要覆盖比较宽的频段,如1.0 MHz~2 GHz。在军事和民用通信中,可能还需要VHF/UHF的视频通信、UHF卫星通信,HF通信作为备用通信方式。射频前端在发射时主要完成上变频、滤波和功率放大等任务,接收时实现滤波、放大和下变频等功能。

模拟信号进行数字化后的处理任务完全由DSP/CPU编程软件承担。为了减轻通用DSP/CPU的处理压力,采用专用数字信号处理器件(如数字下变频器DDC)对A/D转换器传来的数字信号进行处理,降低数据流速率,并把信号下变到基带后,再把数据传送给通用DSP/CPU进行处理。通用DSP/CPU主要完成各种数据速率相对较低的基带信号的处理,如信号的调制解调、抗干扰、抗衰减和自适应均衡算法等。

2.软件无线电超混沌语音保密系统模块作用原理

软件无线电系统中的信息安全巡回侦码模块,实际上就是包括超混沌语音保密在内的安全通道信息收发调制解调关键部分。信息安全巡回侦码的超混沌语音保密信息收发原理如图7.16所示。

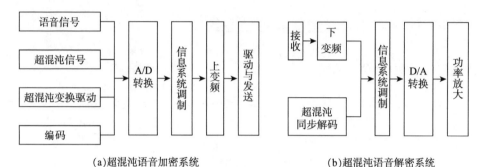

　　(a)超混沌语音加密系统　　　　　　　　　　　(b)超混沌语音解密系统

图7.16　超混沌语音保密信息收发原理框图

　　图7.16（a）是语音信号加密调制发送原理框图,主要包括语音信号、超混沌信号、超混沌变换驱动和编码(密钥)四种动力源,并由变频调制器进行上变频处理发送超混沌载波信号。图7.16(b)是语音超混沌载波信号接收解调原理框图,主要包括接收、下变频、超混沌同步解码(密钥)、信息系统调制、D/A转换和功率放大等功能,将高频超混沌载波信号进行下变频处理、解码和中频放大送到软件中央处理器进行滤波、检波等。软件无线电语音保密通信系统信息传送的过程实质是采用超混沌信号与保密信息相互叠加,构成新的载波信号的传输过程。在超混沌语音加密系统即发送器的混沌信号的驱动下,接收器(超混沌语音解密系统)复制发送器的所有状态,达到两者同步。此时发送端将语音信号与超混沌信号相叠加,构成新的超混沌载波信号,经过高频调制器调制后放大并传送出去,新的超混沌载波信号在公共信道中传送类似于噪声,达到保密传输的目的;在接收端,响应系统能够复制到由外部传来的超混沌载波信号,在此通过给出超混沌方程所预定的初始条件,可使语音信号从超混沌载波中解调出来,获得还原的语音信号。

3.系统模块的参数设定

　　为确保在无线通信条件下的信息传输,特设定如下系统参数作为通信参考。① 语音处理:采用8.0/12.5 kHz频率、8/16位字长采样,单/双声道WAV文件格式存储; ② A/D转换:采用24 bit字长, PCM（脉码调制)量化编码方法,量化电平0.5 V; ③ 信息传输速率: 512 kbit/s; ④ 无线电频带:将1.5~1000 MHz的频率范围划分8个频段,通频带总带宽为89.5 MHz。每个频段分别用一个电调谐滤波器来覆盖；⑤勒斯勒尔超混沌同步巡回侦码：12 bit；⑥ 信息传输总误码率：
≤ 0.1%。

7.2.2　勒斯勒尔超混沌语音保密通信系统

信息安全巡回侦码模块的超混沌语音保密部分采用超混沌的勒斯勒尔方程，
进行同步化通信和软件化处理研究。

1.勒斯勒尔超混沌同步系统参考模型

勒斯勒尔四阶超混沌系统状态方程表示为

$$\begin{cases} \dfrac{\mathrm{d}x_1}{\mathrm{d}t} = -x_2 - x_4 \\[2mm] \dfrac{\mathrm{d}x_2}{\mathrm{d}t} = x_1 + ax_2 + x_3 \\[2mm] \dfrac{\mathrm{d}x_3}{\mathrm{d}t} = cx_3 - 2ax_4 \\[2mm] \dfrac{\mathrm{d}x_4}{\mathrm{d}t} = b + x_1 x_4 \end{cases} \qquad (7.15)$$

式中，a，b，c均为正的参数，初值为$x_0=(x_{01}, x_{02}, x_{03}, x_{04})^{\mathrm{T}}$。

作者曾根据勒斯勒尔方程，构建了三阶混沌运算放大器电路的自治硬件系
统，作为混沌信号发生器。由勒斯勒尔方程建立两个相同的能够产生混沌信号的
运算放大器混沌电路，通过参数调整即可以实现混沌的同步实验。但是，超混沌
方程(7.15)在混沌轨道上至少一个平面(或环面)上产生收缩和发散，至少要有两
个正值的李指数，表现在奇怪吸引子上具有更复杂的折叠和跳跃，这说明超混沌
系统在局部上比混沌系统更具有强烈的不稳定性，勒斯勒尔超混沌奇怪吸引子如
图7.17所示。

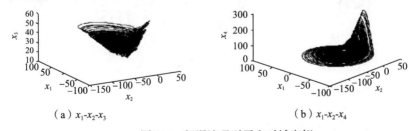

（ a ）x_1-x_2-x_3　　　　　　　　　　　　　（ b ）x_1-x_2-x_4

图7.17　超混沌吸引子和时域密钥

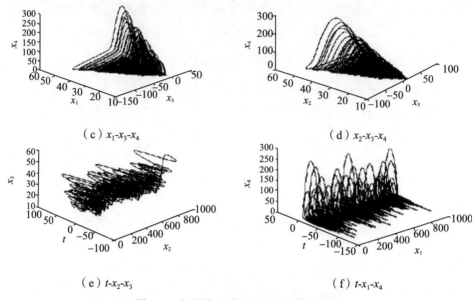

图7.17　超混沌吸引子和时域密钥（续）

由于超混沌振荡信号频谱貌似随机却又是确定性信号,具有宽频带连续频谱和更为复杂的动力学行为,在无线电通信上非常适合用于保密通信。超混沌勒斯勒尔方程的非线性电路同步是通信的关键,而超混沌保密通信系统的软件化同步则是信息传递的基本原则。

2.超混沌保密通信模块的软件化

由超混沌电路产生的模拟信号首先要经过A/D转换为数字信号,或者直接利用勒斯勒尔方程进行软件化编程,获得软件勒斯勒尔超混沌保密通信模块。本研究是以勒斯勒尔方程为出发点,进行软件化编程。基本思想是根据超混沌勒斯勒尔方程设定初始条件,计算超混沌方程,进行PCM和线性化处理,产生脉码调制超混沌序列与语音等数字化信息进行逻辑运算,判定调制与解调初始条件,送软件滤波解析语音信号。语音信息超混沌加密程序流程如图7.18所示。语音信息超混沌解密程序流程从略。

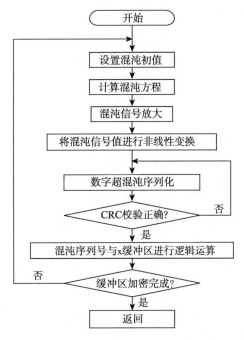

图7.18　语音信息超混沌加密程序流程

7.2.3　软件无线电模式下的语音超混沌保密通信系统仿真

1.混沌保密特性分析

超混沌载波信号传输比混沌载波具有更强的抗信息截获功能。它的信息提取主要是利用混沌方程中的系统参数的调整,即混沌系统的初始条件就是保密信息的密钥。对于混沌方程产生的密码序列,如果收发两端的混沌系统分别采用不同的初始条件产生密码序列,则语音通信系统不能正常通信。混沌系统对初始条件的极端敏感性使保密特性优于其他保密方法。但是,通过计算机仿真实验发现,同是混沌系统软件模块应用起来却存在保密特性的差异。

从信息保密的信号调制与解调过程看,作者曾通过对Logistic映射、复合超混沌映射、勒斯勒尔三阶混沌和勒斯勒尔四阶超混沌进行仿真实验,相比之下时间连续混沌都存在着一定的转换误差。

从保密特性上看,时间连续混沌系统(勒斯勒尔三阶混沌模块)的自同步允许收发系统参数中存在一定误差,使初始条件的敏感性降低,保密性低于Logistic映射和复合映射。勒斯勒尔四阶超混沌系统由于具有两个或两个以上正的李指数,混沌轨道更加复杂的动力学特性弥补了转换误差缺陷,加之超混沌更接近自然现象,保密特性明显优于前两者。

2.无线电通信系统软件化的超混沌模块调制与仿真

1)软件超混沌系统模块调制方法

设混沌载波信号为$F(x_1, x_2, x_3, x_4)$,混沌电路自发产生混沌信号,由式(7.15)产生的混沌信号为$H(t)$,通信系统的同步本振信号为$f(x_1, x_2, x_3, x_4)$。线性化处理后根据叠加原理,形成新的载波信号为

$$F(x_1, x_2, x_3, x_4) = S(T) + H(t) \qquad (7.16)$$

$$g(t) = F(x_1, x_2, x_3, x_4) + f(x_1, x_2, x_3, x_4) \qquad (7.17)$$

式中,x_1、x_2、x_3、x_4分别是时间t的函数,$g(t)$为信息上传的调制信号,所以$F(x_1, x_2, x_3, x_4)$又称为一级解调混沌信号,它内含基本信号$S(t)$(信息源)。

根据载波信号的调制、解调原理,使用超混沌信号的初始条件$[u_1(t_0), u_2(t_0), u_3(t_0), u_4(t_0)]^T$,对同步传输的信息进行调制和解调。将信息从$g(t)$中解出,并恢复为原码形式。如果逆向求解,还可将信息叠加到混沌载波信号$F(x_1, x_2, x_3, x_4)$中,再通过$f(x_1, x_2, x_3, x_4)$深层处理,将调制信号$g(t)$进行上传发送。

2)无线通信系统中软件超混沌密钥序列发生器仿真

利用勒斯勒尔四阶超混沌动力学方程进行软件化处理,采用四阶龙格–库塔方法,经计算机仿真进行实验。数据采样100000点,去掉5000个初始点,计算步长为0.01,仿真超混沌和密钥序列见图7.17。

3)无线通信系统中软件超混沌同步通信的计算机仿真

人类听觉音频信号频率宽度一般在20Hz~20kHz,语音交流信号在300~3000Hz范围内。这里采用四阶勒斯勒尔超混沌模块,进行计算机语音通信实验。利用计算机声卡的线路输入接口,通过话筒输入"长春理工大学"音频信号,语音信号经过软件混沌数字序列模块提取初始值并产生一个原始混沌序列密码,由软件无线电载波变频传输后,再加以接收和转换,产生与发射端初始值相同的软件混沌序列密码,在无通道噪声的条件下,语音信号便从一片混沌与噪声中被清晰地还原出来。图7.19所示为输入男声语音"长春理工大学"的音频原始信号、加密载波混沌信号和解密后的还原音频信号的时域波形。

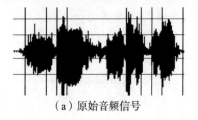

　　　(a)原始音频信号　　　　　　　　　(b)加密混沌载波信号

图7.19　混沌语音保密通信时域波形

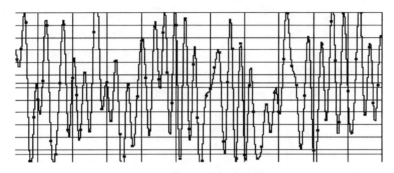

（c）加密混沌载波信号局部放大

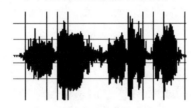

（d）解密还原后的音频信号

图7.19 混沌语音保密通信时域波形（续）

7.2.4 勒斯勒尔超混沌语音保密通信系统的可靠性问题

软件无线电通信系统中的信息安全传输的可靠性主要表现在两个方面：①通信系统的鲁棒性（robustness）保证；② 安全密钥的敏感性（sensitivity）问题。

通过在软件无线电系统中实现语音混沌保密通信的理论分析与计算机仿真实验，结果表明混沌信号具有类似白噪声的宽频谱和可由确定性系统中产生并提取信息的特点，适合于软件无线电通信系统中作为隐藏语音等信息的噪声源，也可用作扩频调制波发生器。经过实验比较；时间连续混沌通信和时间离散序列混沌以及超混沌编码通信中，后者更具有优良的安全可靠性。

7.2.5 有关软件无线电超混沌系统通信应用的讨论

在软件无线电通信系统中加入混沌和超混沌技术，可以实现通信代码的更深层、更隐蔽的安全保密通信。它的突出特点是：①混沌对于初始条件极其敏感，对于混沌载波，只要保证处理后的信息处于极度混乱状态，它的通解具有无穷多个，而解码的唯一条件是它的初始条件，只有密码与初始条件相吻合，其解码具有唯一性，符合高保密信息传输；②保密码序传输过程高次校验，通过电调制可达到自动循环、巡回侦码，确保信息传输质量和保真度；③信息传输容易加扰处理,利用二次双重混沌载波,可实现两套或两套以上信息同时被超混沌所载波,形成内核保密信息与外层无用加扰信号同时传输,实现深层保密;④信源代码具有自我毁灭功能,在信息巡回侦码中一旦发现信源代码有序或无序信号叠加时,代码自动销毁或隐藏,起到防盗和抗复制作用;⑤高阶多维混沌系统的代码更接近于自然现象,超混沌吸引子轨道混乱度更大,隐蔽性更好;⑥软件无线电语音混沌系统充分利用数字电路的可调谐控制与同步特点,结合软件化信息传输的高频宽带的保密通信,实现高效信息传输。

计算机技术与传统密码技术研究的深入和公开,使信息加密变得越来越困难,研究语音混沌保密技术在软件无线电通信应用显得更加重要与迫切,对于巩固国防、加强民用通信现代化、确保信息安全,具有重要的实用价值。

7.3　超混沌同步图文图像保密通信与软件应用研究

由前述可知,软件无线电语音保密通信系统是采用超混沌信号与保密信息相互叠加,构成新的载波信号的过程。为了在软件无线电系统中同样能够实现图文图像的保密通信,并取得预想结果,在混沌掩盖保密模式下,利用方程(5.17)进行软件化处理和应用实验研究。

7.3.1　超混沌信息掩盖技术应用

结合超混沌同步原理,根据所构造的同步方程,对所要加密的图文及图像信息与超混沌信号进行简单相加即可,因为图文图像在终端是以图形和画面形式出现,只要按照一定规律对其施加掩盖技术,即可实现加密目的。接收器只要从超混沌载波信号中减去超混沌信号,马上将信息还原出来。

超混沌信号的强度大于被加密信号的强度是确保实现超混沌同步的必要条件。这个条件可使真实信号完全被混沌信号淹没,在信号通道中传送的是超混沌载波信号。由于超混沌载波信号具有信号的宽阔频谱,又类似于噪声,其状态不可预估,这些特点使攻击者很难从中提取真实信号。此外,接收端真实信号的恢复依赖于驱动系统和响应系统的同步状态,这要求两者具有相同的参数和初始状态,微小的差异将导致同步失败,而不能在接收端恢复接收真实信号。这使非法闯入者难以用常规加密与解密方法去统计分析估计系统的参数,从而破译真实信号,使系统具有更高的保密性能。

7.3.2　软件实现

程序的编程环境为中文Windows XP系统,采用C++ Builder 6.0编写程序,以多线程方式运行。由于是按照二进制位读入数据,因此可处理任何类型的文件,包括多媒体的数字化信息。程序的主要流程如下:① 启动程序进入主窗口,内部预置为标准强度加密,允许打开文件操作;② 用户选定加密/解密功能、加密级别,并打开文件后,允许输入口令操作;③ 口令输入且检查合格后,界面线程启动,进行统计加密/解密文件数目、显示准备信息等操作。允许用户按"开始处理"按钮;④ 工作者线程启动,根据从界面线程处获得的信息开始加密/解密,并允许中断操作,此时界面线程等待用户中断和工作者线程消息;⑤ 若收到用户中断命令,立即中断工作者线程的执行,否则直到加密/解密完成;⑥ 界面线程收到工作者线程加密/解密完成消息后,终止工作者线程,整理界面,恢复界面初始状态,并准备好下一次加密/解密前的工作。解密函数的程序流程和加密函数相类似。根据软件实现和硬件的不同特点,对算法作如下处理。

（1）采用"与或"运算取代混沌掩盖保密通信系统中的相加和相减运算,即加密时将被加密信号和混沌信号相"与或",解密时,再将已加密信号和混沌信号作同样运算。用"与或"运算比加减运算具有更快的执行速度,同时也避免了数据的溢出。

（2）将原文件整段读入缓冲区,减少访问硬盘的次数,以提高执行速度。

（3）为取得更好的加密效果和更高的保密度,在加密和解密过程中,将两个不同参数的混沌系统产生混沌信号叠加,然后经放大和被加密信号进行"与或"运算。

密钥管理采用的方法是,在进行加密前需要用户输入口令(可以是键盘上的字符),经过运算后生成超混沌系统的参数和程序运行参数。解密时必须输入同样的口令。

7.3.3　实验结果与讨论

超混沌加密软件对图像加密前后效果图如图7.20所示。主要采用一个24位带有图文的图像进行加密,原图文图像如图7.20（a）所示,加密和解密后的图文图像分别为图7.20 (b)和图7.20(c)所示。观察实验的显示结果,从加密后的图文图像中找不到原图文图像的任何信息,而解密后的图像则又精确地恢复了原图像信息。对文本文件和音频文件的加密、解密可以收到相同的效果。如果要显示加密后的文本文件,可以看到的是一片乱码。而解密后的文本文件未丢失任何信息。对音频文件进行加密后播放,真实声音完全被噪声所掩盖,而解密后则能清晰地还原出原来的声音。

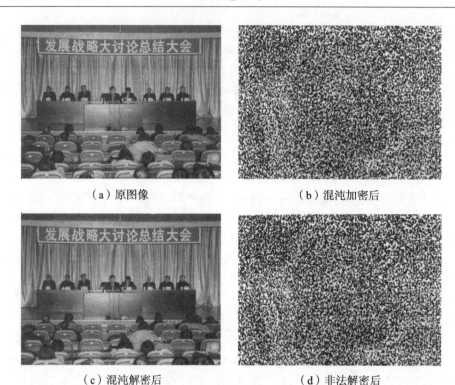

（a）原图像　　　　　　　　　　　（b）混沌加密后

（c）混沌解密后　　　　　　　　　（d）非法解密后

图7.20　超混沌加密软件对图像加密前后效果

　　所设计的程序具有较快的运行速度。一个900KB的位图,在配置为P4 1.7G、256MHz内存、运行在Windows XP环境下的计算机上运行实验,加密耗时约3s,解密也小于5s。由于对该位图进行的是静态高等级加密,如果进行动态播放,只需要破坏视觉效果,就会达到加密目的,处理速度可大幅提高。

　　设计的程序算法对参数十分敏感。所采用的两个超混沌系统各有7个参数,包括计算步长,所以,此算法的等效密钥长度约为600位,精度最高可达10^{-17}。

7.4　利用超混沌信息掩盖技术实现信息保密传输

7.4.1　混沌掩盖算法原理

　　混沌掩盖通信的基本原理是利用具有逼近高斯白噪声统计特性的非周期、宽带混沌信号,在发送端对有用信息信号进行混沌掩盖,形成混沌掩盖信号;在接收端利用同步后的混沌信号去除掩盖,恢复出有用信息信号

发送端为

$$s(t)=e_n(t)+p(t) \tag{7.18}$$

式中，$p(t)$ 为信息信号，在加密系统中也称为明文，即待加密的信息信号，$e_n(t)$ 为混沌信号，为通过信道传输的混沌掩盖信号，即加密后的密文。

接收端为

$$\hat{p}(t)=s(t)-d_e(t) \tag{7.19}$$

式中，$d_e(t)$ 为恢复的混沌信号，$\hat{p}(t)$ 为去掩盖后恢复的信息信号。在理想信道即传输信号$s(t)$无失真情况下，只有接收端恢复的混沌信号与发送端的混沌信号相等，即$d_e(t)=e_n(t)$时，才能正确恢复信息信号，即 $\hat{p}(t)=p(t)$。要做到这一点，有两种实现途径：一是利用混沌同步方法，当接收端与发送端混沌电路达到同步时，$d_e(t)=e_n(t)$；二是接收端与发送端采用相同的混沌电路，即控制混沌电路的初始状态，使其做到完全一致，可保证$d_e(t)=e_n(t)$。

7.4.2　超混沌掩盖–混沌加密方法

超混沌掩盖–混沌加密方法，采用复杂度更高的超混沌信号作为混沌载波对信息信号进行混沌掩盖，以增加相空间重构方法破译的难度，通常认为相空间重构方法难以重构出高维混沌动力学，因此采用超混沌信号作为混沌载波，能提高加密系统的保密性。另外为了更有效地抵御相空间重构方法的破译，我们还对超混沌信号进行非线性变换，使超混沌载波并非超混沌系统产生的某个超混沌信号本身，而是它们的非线性变换，一方面有效抵御回归映射方法的攻击，另一方面进一步增加超混沌载波的复杂度，进而增强保密性。

超混沌掩盖–混沌加密方法的系统框图如图7.21所示，信息信号$p(t)$在超混沌系统产生的密钥$K(t)$作用下首先进行第一次加密处理得$p_{en}(t)$，然后再被非线性变换后的超混沌载波$e_n(t)$掩盖，得$s(t)$，二次加密后的信息信号$s(t)$经空间几何位置的随机置乱后为$s'(t)$，以上为发送端的加密处理；接收端在已知密钥的情形下，首先对加密信号$s'(t)$进行反置乱，得$s(t)$，恢复信息信号的原始空间几何位置，经过相同非线性变换后，恢复的超混沌载波$d_e(t)$完成去掩盖处理，得到的$\hat{p}_{en}(t)$仍是加密信息信号，在密钥$\hat{K}(t)$作用下解密恢复的信息信号为$\hat{p}(t)$。收发密钥一致可保证$\hat{p}(t)=p(t)$，正确恢复原始信息信号。

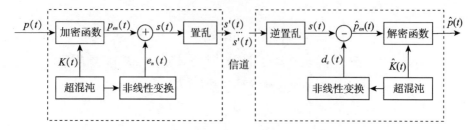

图7.21　超混沌掩盖—混沌加密方法的系统框图

图7.21中超混沌电路由下列方程描述:

$$\begin{bmatrix} \dot{x}_1 \\ \dot{x}_2 \\ \dot{x}_3 \\ \dot{x}_4 \end{bmatrix} = \begin{bmatrix} 0 & -1 & 0 & 0 \\ 1 & 0.7 & 0 & 0 \\ 0 & 0 & 0 & 0 \\ 0 & 0 & 1.5 & 0 \end{bmatrix} \begin{bmatrix} x_1 \\ x_2 \\ x_3 \\ x_4 \end{bmatrix} + \begin{bmatrix} -1 \\ 0 \\ 10 \\ 0 \end{bmatrix} g(x_1, x_3) \qquad （7.20）$$

式中 $g(\cdot)$ 为分段线性函数

$$g(x_1, x_3) = \begin{cases} -0.2 + 3(x_1 - x_3 + 1) & (x_1 - x_3 < -1) \\ -0.2(x_1 - x_3) & (-1 \leqslant x_1 - x_3 \leqslant 1) \\ -0.2 + 3(x_1 - x_3 - 1) & (x_1 - x_3 > 1) \end{cases} \qquad （7.21）$$

有四个输出变量可供后续选择。

　　非线性变换采用以下函数

$$e_n(t) = g(z_1, z_2) = k_1 z_1 \times k_2 z_2 \qquad （7.22）$$

式中, k_1、k_2 取整数,为非线性变换参数,也是本加密方法的密钥, z_1、z_2 为超混沌任意两个输出变量。

　　为了进一步提高超混沌加密系统的抗破译能力,在混沌掩盖之前,首先运用图7.21中的加密函数对信息信号 $p(t)$ 进行加密,加密函数为 n 阶移位运算非线性函数

$$p_{en}(t) = f\left\{ \cdots f\left[(p(t), K(t), K(t) \right] \cdots K(t) \right\} \qquad （7.23）$$

式中

$$f(x,K) = \begin{cases} (x+K)+2h & (-2h \leqslant (x+K) \leqslant -h) \\ (x+K) & (-h < (x+K) < h) \\ (x+K)-2h & (h \leqslant (x+K) \leqslant 2h) \end{cases} \quad (7.24)$$

按式(7.23)对信息信号$p(t)$进行递归加密,得到加密信息信号$p_{en}(t)$,h和n取整数,$K(t)$为混沌密钥,可以是超混沌电路的任意一个输出变量,它们一起构成加密参数。

接下来就是一般的混沌掩盖,只不过此时式(7.18)中的信息信号由$p(t)$变成加密信息信号$p_{en}(t)$,即

$$s(t) = p_{en}(t) + e_n(t) \quad (7.25)$$

根据式(7.19)、式(7.25),解密端恢复的已加密信息信号为

$$\widehat{p}_{en}(t) = s(t) - d_e(t) \quad (7.26)$$

考虑到解密原则与加密原则一样

$$p(t) = f\left\{\cdots f\left[(p_{en}(t), -K(t), -K(t)\right]\cdots -K(t)\right\} \quad (7.27)$$

恢复信息信号为

$$\widehat{p}(t) = f\left\{\cdots f\left[(\widehat{p}_{en}(t), -\widehat{K}(t), -\widehat{K}(t)\right]\cdots -\widehat{K}(t)\right\} \quad (7.28)$$

式中,$\widehat{p}_{en}(t)$由式(7.26)给出,而密钥$K(t)$由接收端产生,考虑到解密端与加密端解密加密参数相同,即$K(t)=K(t)$非线性变换参数k_1、k_2也相同,因此,$d_e(t)=e_n(t)$,$\widehat{p}_{en}(t)=p_{en}(t)$,$p(t)=p(t)$可不用通过信道传输任何密钥,接收端就能恢复明文信息$p(t)$。

7.4.3 仿真实验结果

对超混沌掩盖—混沌加密方法进行算法仿真时,加密端和解密端采用相同的初始值、步长,其他参数选择为$h=3$,$n=9$,$K(t)=x_2(t)$,$k_1=1$,$k_2=1$,$z_1=x_1$,$z_2=x_3$,它们一起构成该加密系统的密钥空间。原图像、加密图像、恢复图像如图7.22所示。

　　（a）原图像　　　　　　　（b）加密图像　　　　　　　（c）恢复图像

图7.22　混沌掩盖信息加密效果

　　观察实验的显示结果,从加密后的图像图7.22(b)中找不到原图像的任何信息,而解密后的图像则又精确地恢复了原图像信息。对文本文件和音频文件的加密、解密可以收到相同的效果。

第8章 基于混沌加密的图像和音频数字水印算法

8.1 图像数字水印技术及多尺度几何分析

8.1.1 数字水印原理

数字水印技术是指在多媒体内容中嵌入预先设定的信号作为水印,并对原内容有轻微改变的一种信号处理技术。

数字水印算法应能抵抗多种类型的攻击,这取决于实际的应用环境。根据攻击对水印检测过程的影响,数字水印的攻击主要可以分为移除攻击、同步攻击和伪造攻击三种类型。

(1)移除攻击。移除攻击的目的是将被嵌入的水印信号全部或部分移除,以阻止对水印的检测。移除攻击通常是多种移除方法同时使用,或者和破坏攻击同时使用,达到让水印信号尽量不可检测的效果。在移除攻击中最常用的方法是传统的图像处理方法,如滤波、锐化、增强对比度和压缩等。

(2)同步攻击。同步攻击的目标是破坏嵌入的水印信号,使之失去原有的意义。最简单的同步攻击方法是对图像进行变形处理,如改变被保护图像的大小、旋转图像和剪切图像等。

(3)伪造攻击。伪造攻击的目的并不是阻止原有水印的检测,而是在被保护内容中嵌入一个不合法的水印信号。伪造攻击主要的目标是图像和水印之间的关系,所以也称作协议攻击。

各种数字水印算法可能存在很大的差异,这些差异导致不同数字水印算法在特性上相差很大,绝大多数图像数字水印算法都是利用量化或扩频方法,将数据嵌入空域或变换域。

8.1.2 图像多尺度几何分析

1.数字图像的信号表示

二维连续信号可以表示为$x(t_1, t_2)$,其中,t_1和t_2是与时间无关的相互独立的变量,(t_1, t_2)在给定的区域范围内必须是全部有意义的。一个二维信号需要在三维空间中描述,其中,t_1和t_2分别由在同一平面上的两个坐标轴表示,幅值$x(t_1, t_2)$需要用垂直于平面的坐标轴表示,二维信号曲面图与灰度图如图8.1所示。图8.1（a）为$t_1=[0,59]$,$t_2=[0,59]$,幅值为[0,255]的二维信号在三维坐标空间的表示。如果幅值$x(t_1, t_2)$表示的是(t_1, t_2)位置的亮度(黑为0,白为255),则图8.1（a）所示的二维信号可以用如图8.1（b）所示灰度图像来表示。

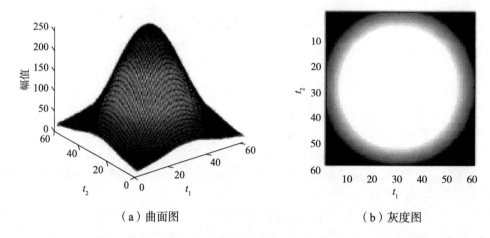

（a）曲面图   （b）灰度图

图8.1   二维信号曲面图与灰度图

一个连续二维信号可以通过采样获得离散信号$x(n_1T_1, n_2T_2)$,其中n_1和n_2为采样指数,T_1和T_2为变量各自的采样周期。在不考虑采样周期的情况下,可以得到二维序列$x(n_1, n_2)$。二维序列所表示的信号和数字图像具有相同的含义,对图8.1（b）所示的图像进行两个方向的采样,可以得到数字图像的矩阵表示形式,其中每个元素代表一个像素,一个$N_1 \times N_2$大小的图像可以表示成如图8.2所示的矩阵形式。

$$
\begin{array}{l}
(0,0) \longrightarrow n_1 \qquad\qquad\qquad\qquad\qquad\qquad (N_1-1,0) \\
\left\downarrow \begin{bmatrix} a(0,0) & a(1,0) & \cdots & a(N_1-1,0) \\ a(0,1) & a(1,1) & \cdots & a(N_1-1,1) \\ \vdots & \vdots & & \vdots \\ a(0,N_2-1) & a(0,N_2-1) & \cdots & a(N_1-1,N_2-1) \end{bmatrix}\right. \\
\;n_2 \\
(0,N_2-1) \qquad\qquad\qquad\qquad\qquad\qquad (N_1-1,N_2-1)
\end{array}
$$

图8.2   数字图像的矩阵表示

二维离散序列可以通过幅值量化得到整数序列,在数字图像中,幅值表示像素点的亮度,所以幅值应为非负数。在幅值量化中,首先应确定采样后得到幅值的储存位数B,然后将幅值划分为2^B个灰度级($0\sim 2^B-1$),用来表示不同的亮度。二维序列的幅值用适当的灰度级表示后,得到的数字图像被称为B位灰度图像。通常情况下,灰度图像被量化为256级(8位),量化的级数越高,所表示的数字质量越好。

2.数字图像卷积

图像变换在数字图像处理中起到非常重要的作用,并被广泛应用于图像压缩、图像分割、图像增强和图像数字水印等领域。变换是图像处理中基本的数学工具,它可以将信号处理由一个域转移到另一个域,从而降低信号处理的难度,增强信号处理的有效性。变换将信号投射到一组基函数上,从而改变了信号的表示方式,但变换没有改变信号中所携带的信息。大多数图像变换(如傅里叶变换、离散余弦变换和小波变换等)都是给出图像中的频域信息。时域中的操作都会影响到频域,时域中复杂的卷积操作等价于频域中简单的乘操作,卷积是图像变换最重要的数学基础。

3.图像二维离散傅里叶变换

二维离散空间中,给定大小为$M\times N$的图像$g(u,v)$,其二维离散傅里叶变换可定义为

$$G(m,n)=\frac{1}{\sqrt{MN}}\sum_{u=0}^{M-1}\sum_{v=0}^{N-1}g(u,v)\cdot \mathrm{e}^{-\mathrm{i}2\pi\left(\frac{mu}{M}+\frac{nv}{N}\right)} \qquad (8.1)$$

其中,变换后的坐标$m=0,1,\cdots,M-1$,$n=0,1,\cdots,N-1$,即离散傅里叶变换后得到的图像大小与原始图像大小相同。

二维离散傅里叶逆变换可定义为

$$g(u,v)=\frac{1}{\sqrt{MN}}\sum_{m=0}^{M-1}\sum_{n=0}^{N-1}G(m,n)\cdot \mathrm{e}^{\mathrm{i}2\pi\left(\frac{mu}{M}+\frac{nv}{N}\right)} \qquad (8.2)$$

其中所得图像的像素坐标为$u=0,1,\cdots,M-1$,$v=0,1,\cdots,N-1$。

4.图像多尺度几何分析

图像可以看成是由边缘部分和边缘内部区域构成的,为了便于研究,可使用如图8.3所示图像边界来描述模型表示图像。在图像处理的一些应用中,图像边缘信息的作用非常重要。在边界表示图像模型中,各区域由边界划分,这个模型

的本质是表现图像的几何构造。图像小波变换的作用就是将光滑区域和平滑边界的描述分离,但小波变换捕获的边界是以点的形式存在的,并不能很好地表示图像中的边界信息。

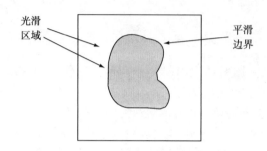

光滑区域

平滑边界

图8.3　边界表示图像模型

在边界表示图像模型中,要表示一个图像,主要就是表示划分图像的边界"线"和被边界划分成的"面","线"的表示方式和表示的效率决定着整个图像的表示。图8.4所示为小波变换与多尺度几何分析图,其中图8.4(a)所示为二维小波变换逼近轮廓曲线的过程,二维小波是一维小波张量积,只具有水平、竖直和对角三个方向,不同大小的正方形表示小波的多分辨率,小波描述曲线必须用到大量的小波系数。如果要更精确地描绘这一曲线,就必须大量增加所获得点的数量。而理想的曲线逼近方式如图8.4(b)所示,这种逼近方法中,使用不同尺度和方向的矩形来描述曲线,这种描述与小波变换相比,可以用更少的系数来更有效地描述光滑曲线,比小波分析更有效。以多方向和多形状为基础的图像变换方法就是多尺度几何分析技术。

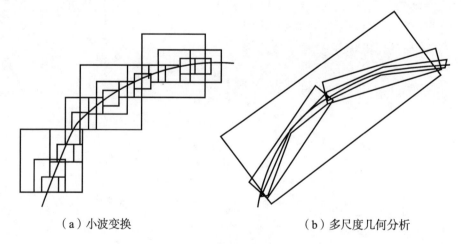

（a）小波变换　　　　　　　　　（b）多尺度几何分析

图8.4　小波变换与多尺度几何分析图

8.2　基于混沌加密和NSCT的图像数字水印处理

8.2.1　Logistic映射与混沌序列的产生

混沌是一个具有高度复杂性、不可预测性和随机性的非线性系统。1976年,美国数学生态学家May在研究动物数量动态变化时,以小规模的动物数量为对象,建立了一个描述一段时间内动物数量变化的简单模型,模型同时也考虑了有限的食物供应对动物数量的影响,这个模型被称为Logistic方程或Logistic映射。尽管Logistic映射是形式最简单的混沌模型之一,但混沌系统的不可预测性、不可分解性和存在约束不规则运动的多种规则性等都包含其中。

Logistic映射的一般形式为

$$x_{n+1} = f(x_n) = \mu x_n (1 - x_n) \tag{8.3}$$

它表示的是变量x随时间n变化的一种简单关系。式中,x_n表示第n年的动物数量与可以生存的最大数量之间的比值,所以$x_n \in [0,1]$;分岔参数μ是一个正数,用来表示数量上的增长或者减少,在动物数量较少、资源和环境不是限制条件时,动物的数量就会有爆炸式增长,但是当动物数量变得巨大时,资源的限制就会使动物的数量减少,这样就会出现动物数量的往复变动。以上是Logistic映射意义的最直观体现。

参数$\mu > 4$时,x_n的值会超出[0,1]区间,失去了实际的意义。当$0 < \mu \leqslant 4$时,可以分以下情况讨论:

(1)当$0 < \mu \leqslant 1$时,函数 f 的稳定不动点为0,即x值最终为0,物种灭亡;

(2)当$1 < \mu < 3$时,函数 f 的稳定不动点为$(\mu - 1)/\mu$,即经过迭代后,x的值会稳定在$(\mu - 1)/\mu$;

(3)当$3 \leqslant \mu \leqslant 3.45$时,x的值将在2个固定值之间振荡;

(4)当$3.45 < \mu \leqslant 3.54$时,x的值将在4个固定值之间振荡;

(5)当$3.45 < \mu < \mu_0$时,x的值将分别在8个固定值、16个固定值、32个固定值……之间振荡,出现周期倍增级联现象,其中μ_0为周期倍增级联现象消失的临界点;

(6)当$\mu = 3.5699456\cdots = \mu_0$时,周期倍增级联现象消失,x的值没有任何的振荡周期性,初始值微小的改变会引起结果较大的差异,从而产生混沌现象,所以μ_0也是混沌现象产生的初值;

(7)当$\mu_0 \leqslant \mu \leqslant 4$时,Logistic映射产生混沌现象,x在(0,1)区间内的某一范围随机取值,μ值越接近4,x的取值的范围越大。

　　与以上的讨论相对应,参数μ对x值的影响如图8.5所示,其中,初始值x_0=0.6,取$\{x_n\}$中的前50个值描点演示x取值受μ值影响的情况。

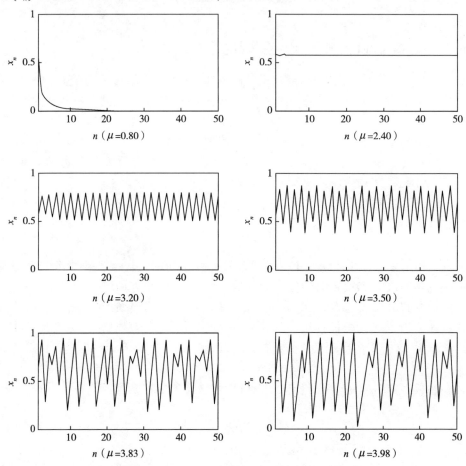

图8.5　Logistic中分岔参数μ对x值的影响

　　随着参数μ的改变,Logistic映射从稳定于不动点0或($\mu-1$)/μ,到倍周期分叉达到混沌状态,是一个逐步变化的过程。图8.6所示为Logistic映射分岔图,该图表明了分岔和参数μ的对应关系,其中,x表示函数f稳定点的取值,图中的黑色区域表明x的取值不固定,也就是进入了混沌状态。

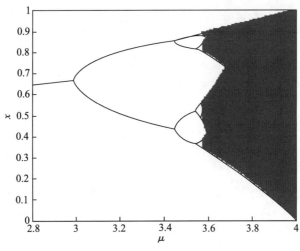

图8.6　Logistic映射分岔图

使用混沌序列置乱和加密,主要是利用了混沌状态对初始值极其敏感的特点,取不同的初值,可得到不同轨迹的混沌变量。在此使用不同的初值$(x_0, \mu) = (0.315429, 3.99)$和$(x_0', \mu') = (0.429315, 3.99)$分别初始迭代10000次后产生两个长度为1024的混沌序列x和x',其中x用于对数字水印进行置乱,x'用于置乱后水印序列的加密。

8.2.2　水印信号置乱算法

对水印图像进行置乱处理,可以提高水印算法的鲁棒性和安全性。首先,置乱后的水印变得杂乱无章,没有任何规律,这样的序列嵌入宿主图像后,才不会引起明显的纹理和色彩的变化。其次,即便是检测截取到了水印信息,在不知道置乱方法的情况下,也无法复原成有意义的水印信息,提高了水印的安全性。最后,在数字水印算法中使用置乱技术,可使算法能抵抗各种噪声攻击和大幅度的剪切攻击。

使用混沌序列对水印图像进行置乱,主要利用混沌序列的伪随机数特性,将x升序排列,可以得到索引序列index,将水印图像转换成一维序列后,按照索引序列index重新排列后,再转换为二维序列,便可得到置乱图像。图8.7所示为图像水印加密效果,其中图像的置乱效果如图8.7(b)所示,它是将图8.7(a)所示的水印图像按照上述算法置乱后,得到的一个无序的二值图像。

置乱后图像的还原,是图像置乱的一个逆过程,将置乱获得的二值图像转换为一维序列,用索引序列index对一维序列重新排列顺序,将排序后的一维序列转换为二维序列,便可得到原水印图像。

（a）原始水印　　　　（b）置乱水印　　　　（c）加密水印

图8.7　水印加密效果

8.2.3　水印信号加密算法

经过置乱的水印图像虽然变成了无意义的图案,但其中0和1的统计特性并没有改变,为增强水印的安全性,使0和1的统计特性改变。本章对置乱后的二值水印进行加密处理,以达到更好的保密效果。对混沌序列x'设定阈值0.5,可以得到序列seq为

$$seq(i) = \begin{cases} 0, & 0 \leqslant x'(i) < 0.5 \\ 1, & 0.5 < x'(i) < 1 \end{cases} \tag{8.4}$$

式中,$i=1,2,\cdots,1024$,指示序列中的位置。

序列seq是一个由0和1组成的随机序列,将置乱后的水印图像转换成一维序列后,和序列seq进行异或运算,把得到的序列转换为二维序列,可得到加密的水印图像,置乱效果如图8.7（c）所示,其0、1统计特性与图8.7（b）相比较,发生了明显的变化。

根据异或运算的性质,将加密的水印图像转换成一维序列后,再与序列seq进行异或运算,转换为二维序列后,便可得到原置乱后的水印图像。

8.3　轮廓波变换和非下采样轮廓波变换

8.3.1　轮廓波变换

轮廓波变换是一种多分辨率的、局域的、多方向的图像表示方法,其优点在于仅使用少量系数就能有效地表示平滑轮廓,而平滑轮廓正是自然图像中的重要特征。轮廓波变换将多尺度分析和方向分析分别进行,首先由拉普拉斯金字塔（Laplacian pyramid, LP）对图像进行多尺度分解,然后由方向滤波器组（directional filter bank, DFB）将分布在同方向的奇异点合成一个系数。由于轮廓波变换在LP和DFB中均存在下采样过程,所以轮廓波变换不具有平移不变性。

8.3.2　非下采样轮廓波变换

为了增强轮廓波变换的方向选择性和平移不变性,Cunha等提出了非下采样轮廓波变换(nonsubsampled contourlet transform,NSCT),它去掉了轮廓波变换中的下采样操作。NSCT由非抽样金字塔(nonsubsampled pyramid,NSP)滤波器和非抽样方向滤波器组(nonsubsampled directional filter bank,NSDFB)构成。NSP用于实现图像的多分辨率分解,NSDFB用于实现多方向分解。

8.3.3　水印嵌入和提取算法

1.水印嵌入算法

由于NSCT中去掉了轮廓波变换中的下采样部分,所以图像分解得到的所有子带的尺寸与原图像相同,本节假设宿主图像是尺寸为$N \times N$的256级灰度图像I,水印图像是尺寸为$m \times m$的二值图像W,其中N是m的整数倍。

在NSCT分解的各子带中,宿主图像的能量主要集中在低频子带中,低频子带具有较强的抗外界干扰的能力,稳定性较好,而高频子带中包含了原始图像的纹理和边缘信息,这些信息容易受外来噪声干扰和滤波、去噪等传统图像处理方法的破坏,所以在本节中,作者选择将水印图像嵌入到NSCT分解的低频子带中,这样水印的不可见性和鲁棒性具有较好的折中。水印的嵌入算法分三个步骤完成:①对宿主图像进行三级NSCT分解,可以得到大小为$N \times N$的低频子带L和若干高频子带,将L按大小$(N/m) \times (N/m)$分成m^2块,每一块记为$S(x,y)$,$1 \leqslant x$,$y \leqslant m$,$S(x,y)$块内系数为$\{S_{x,y}(i,j),1 \leqslant i, j \leqslant (N/m)\}$。② 将水印图像进行置乱加密,得到的加密序列嵌入到子带L中,按分块$S(x,y)$嵌入水印,每个分块嵌入一位,即

$$S'(x,y) = \begin{cases} S(x,y) + kM(x,y) & W(x,y) = 1 \\ S(x,y) - kM(x,y) & W(x,y) = 0 \end{cases} \quad (8.5)$$

式中,$S(x,y)$,$S'(x,y)$分别为水印嵌入前后的分块,k为嵌入强度,$M(x,y)$是$S(x,y)$块内系数大于系数平均值ave_S的系数的集合。③低频子带L嵌入水印后得到L',将L'和高频子带进行三级NSCT逆变换,即可得到含水印的图像I^*。

2.水印提取算法

嵌入水印信号后,图像低频子带能量发生改变,根据这一原理进行数字水印的提出。水印的提取算法分为以下三个步骤。

（1）将待提取水印的图像I^{*}进行三级NSCT分解，得到低频子带L''，将L''按大小$(N/m)×(N/m)$分成m^2块，每一块记为$S''(x,y)$，$1≤x,y≤m$。

（2）按照下式计算$S(x,y)$和$S''(x,y)$的能量E_s和$E_{s''}$：

$$E_s = \sum\sum S_{x,y}^2(i,j) \tag{8.6}$$

则提取得到水印$W'(x,y)$为

$$W'(x,y) = \begin{cases} 1, & E_{s''} > E_s \\ 0, & E_{s''} \leq E_s \end{cases} \tag{8.7}$$

（3）对$W'(x,y)$分别进行解密和反置乱，获取水印图像。

8.3.4　实验结果和分析

在MATLAB 2011a、Windows7的环境下以Minh等开发的Nonsubsampled Contourlet Toolbox为基础，编写相关混沌置乱、混沌加密、水印嵌入和水印提取程序进行实验。宿主图像采用大小为256×256像素的256级灰度的baboon图像，如图8.8(a)所示；水印图像采用大小为32×32像素，含"长春理工"四字的二值图像，如图8.8(b)所示；嵌入水印后的图像如图8.8(c)所示。

（a）宿主图像　　　　　　（b）水印图像　　　　　　（c）嵌入水印后图像

图8.8　水印嵌入

数字水印算法的测试一般是一个黑盒测试过程，也就是给出测试参数作为输入，观察不同输入情况下输出性能指标的过程。在测试中，要尽可能地模拟数字水印在实际使用中可能遇到的问题，对嵌入水印后的图像进行一系列的攻击，验证水印抵抗攻击的性能。

归一化相似度(normalized correlation, NC)和嵌入后图像的峰值信噪比(peak signal-to-noise ratio, PSNR)是对水印嵌入效果进行客观度量的量。NC主要用来说明水印提取的准确度,实验表明,当NC>0.8时,提取出来的水印人类视觉是可分辨的,PSNR主要用于分析水印嵌入的不可见性,PSNR的数值越高,水印嵌入的不可见性越好。NC为

$$NC = \frac{\sum_{x=1}^{m}\sum_{y=1}^{m}w(x,y)w'(x.y)}{\sqrt{\sum_{x=1}^{m}\sum_{y=1}^{m}w^2(x,y)\cdot\sum_{x=1}^{m}\sum_{y=1}^{m}w'^2(x,y)}} \qquad (8.8)$$

式中,$w(x,y)$为原始水印,$w'(x,y)$为提取的水印。PSNR为

$$PSNR = 10\lg\frac{I_{max}^2}{\sum\sum(I-I^{**})^2} \qquad (8.9)$$

式中,I_{max}为宿主图像的最大灰度值,I为原始图像,I^*为待检测水印的图像。

1.水印嵌入和水印提取

选取嵌入强度k=0.02,宿主图像嵌入水印后,观察不到明显的嵌入痕迹,如图8.8(c)所示,嵌入后的图像PSNR=44.0924。在嵌入水印图像不受到任何攻击的情况下,使用正确的密钥可提取水印,水印提取效果如图8.9所示。提取得到的正确水印如图8.9(a)所示,计算得NC=1,即水印可无失真地提取。在使用错误密钥提取水印的情况下进行水印信号提取,得不到正确的水印信息,结果如图8.9(b)所示,所得到的只是无序无意义的二值图像。

　　(a)正确水印　　　　　　　(b)密钥错误水印

图8.9　水印提取结果

2.水印的抗攻击测试

数字水印的抗攻击能力,是评价水印性能的重要方面,对本章提出的算法进行抗攻击测试,分别对嵌入水印后的图像进行JPEG压缩、滤波、添加噪声和随机剪切等攻击,然后进行水印提取,实验结果如表8.1所示。

表8.1　水印攻击实验结果

攻击类型（强度）	NC	提取水印
无攻击	1	 长春理工
JPEG压缩（因子70）	0.9714	 长春理工
JPEG压缩（因子50）	0.9677	 长春理工
JPEG压缩（因子30）	0.9293	 长春理工
中值滤波（3×3）	0.9005	 长春理工
高斯噪声（0.001）	0.9113	 长春理工
椒盐噪声（0.01）	0.8853	 长春理工
随机剪切（32×32）	0.9795	 长春理工
随机剪切（64×64）	0.9429	 长春理工

3.实验结果分析

　　由前面水印的嵌入和提取实验可知,选择适当的嵌入强度,宿主图像嵌入水印信号后,观察不到明显嵌入痕迹,图像质量几乎没有发生改变,并且在图像未受到攻击的情况下,可以无失真地提取所嵌入的水印信号。由于在水印信号的预处理中使用了混沌序列置乱和加密,在无正确密钥时无法获取所嵌入的水印信息,所以本算法还具有较强的安全性。

　　对基于混沌加密和NSCT的数字水印算法进行攻击测试,所得结果见表8.1。当受到JPEG压缩攻击时,随着压缩因子的减小,嵌入水印后的图像质量也不断下降,所提取出的水印信息的可辨识度也逐步降低,在压缩因子为30时,提取的水印仍是可辨识的,所以说明此算法抗JPEG压缩攻击的能力较强。由于水印信号的嵌入位置为图像的低频子带,而中值滤波对低频子带影响远低于高频子带,所以此算法具有较强的抗中值滤波能力。在抗噪声攻击方面,由于高斯噪声为加性白噪声,对图像低频子带影响小于椒盐噪声,所以本算法抗高斯噪声的能力较强,抗椒盐噪声的能力相对较弱。对于随机剪切攻击,由于水印信号采用了混沌序列置乱,增强了抗剪切攻击的能力,所以在图像较大面积剪切后,依然可以提取到较清晰的水印信息。

由此可知,基于混沌加密和NSCT的数字水印算法具有较高的安全性、较高的鲁棒性、较好的不可见性,适于版权保护、数字指纹和数据集成等方面的应用。

8.4 复倒谱理论与水印嵌入方法

8.4.1 倒谱与复倒谱

倒谱分析属于一种同态分析处理,它是语音信号处理中常用的一种方法。平常遇到的语音信号、图像信号、雷达信号和声呐信号等,往往不是服从加法原则的加性信号,而大都是服从乘法原则或者是服从卷积原则的信号。对于这些信号的处理,不能像处理加性信号那样使用线性系统,而是要用非线性系统来处理。同态分析处理实际上就是一种非线性的处理方法,它本质上是通过把非线性问题转换成线性问题来处理的。语音信号其实就是一种卷积性的信号,因此要通过同态分析来处理语音信号。

1.倒谱(同态)分析

对于卷积性信号的处理,一个同态分析处理系统通常可以转化为三个子系统,同态系统模型如图8.10所示。

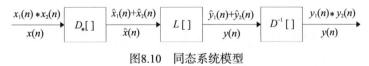

图8.10 同态系统模型

第一个子系统$D_*[\ ]$的输入为卷积形式的信号,而输出为叠加形式的信号,因此$D_*[\ ]$的功能就是实现卷积形式的信号向叠加形式信号的转化。图8.11所示为$D_*[\ ]$的运算过程。

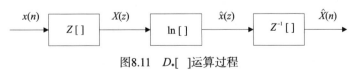

图8.11 $D_*[\ ]$运算过程

$D_*[\ ]$子系统的三个具体运算表达式为

$$Z[x(n)] = X(z) = X_1(z) \cdot X_2(z) \quad\quad (8.10)$$

$$\ln X(z) = \ln X_1(z) + \ln X_2(z) = \hat{X}_1(z) + \hat{X}_2(z) = X(z) \quad\quad (8.11)$$

$$Z^{-1}[\hat{X}(z)] = Z^{-1}[X_1(z) + X_2(z)] = \hat{x}_1(n) + x_2(n) = x(n) \quad\quad (8.12)$$

式中, $x(n)=x_1(n) * x_2(n)$ 代表一个卷积形式的信号。

第二个子系统 $L[\ ]$ 实际上就是一般的满足叠加原则的线性系统,它对 $D_*[\ ]$ 系统输出的信号 $\hat{x}(n)$ 进行相应的线性处理,然后得到 $\hat{y}(n)$。

第三个子系统 $D_*^{-1}[\ ]$ 其实就是 $D_*[\ ]$ 的逆系统,也就是要将叠加形式的信号转化为卷积形式的信号。图8.12所示为 $D_*^{-1}[\ ]$ 的运算过程。

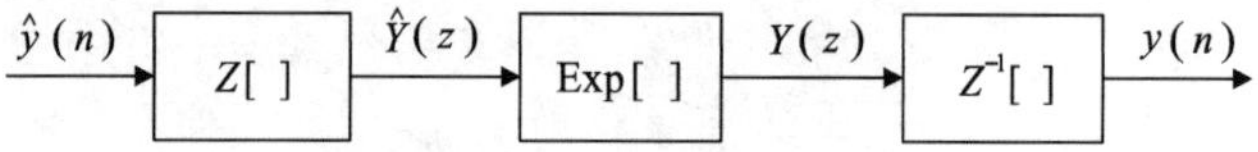

图8.12　$D_*^{-1}[\ ]$ 运算过程

$D_*^{-1}[\ ]$ 子系统的三个具体运算表达式为

$$Z[\hat{y}(n)] = \hat{Y}(z) = Y_1(z) + Y_2(z) \quad\quad (8.13)$$

$$\exp \hat{Y}(z) = Y(z) = Y_1(z) \cdot Y_2(z) \quad\quad (8.14)$$

$$y(n) = Z^{-1}[Y_1(z) \cdot Y_2(z)] = y_1(n) * y_2(n) \quad\quad (8.15)$$

2.复倒谱

这里将 $D_*[\ ]$ 和 $D_*^{-1}[\ ]$ 运算过程中的信号 $\hat{x}(n)$ 和 $\hat{y}(n)$ 称为"复倒频谱",简称为"复倒谱"。

设信号 $x(n)$ 的 z 变换为 $X(z) = z[x(n)]$,其对数为

$$\hat{X}(z) = \ln X(z) = \ln z[x(n)] \quad\quad (8.16)$$

$\hat{X}(z)$ 的逆 z 变换为

$$\hat{x}(n) = z^{-1}[\hat{X}(z)] = z^{-1}[\ln X(z)] = z^{-1}\{\ln z[x(n)]\} \quad\quad (8.17)$$

取 $z=\mathrm{e}^{\mathrm{j}\omega}$,可得

$$\hat{X}(n) = \frac{1}{2\pi} \int_{-\pi}^{\pi} X\left(\mathrm{e}^{\mathrm{j}\omega}\right) \mathrm{e}^{\mathrm{j}\omega n} \mathrm{d}\omega \quad\quad (8.18)$$

式（8.18）即定义了信号$x(n)$的复倒谱$\hat{x}(n)$。在英语中，倒谱"cepstrum"是将谱"spectrum"中前四个字母颠倒顺序之后得到的，因为$\hat{X}(e^{j\omega})$一般为复数，故称$\hat{x}(n)$为复倒谱。如果对$\hat{X}(e^{j\omega})$的绝对值做取对数运算，便得到

$$\hat{X}(e^{j\omega}) = \ln\left|X(e^{j\omega})\right| \tag{8.19}$$

则$\hat{X}(e^{j\omega})$为实数，由此求出的倒频谱$c(n)$为实倒谱，简称为倒谱，即

$$c(n) = \frac{1}{2\pi}\int_{-\pi}^{\pi}\ln\left|X(e^{j\omega})\right|e^{j\omega n}d\omega \tag{8.20}$$

式中，实部是可以取唯一值的，但对于虚部，会引起唯一性的问题，因此要求相角为ω的连续奇函数。

从前面的复倒谱定义过程可以看出，倒谱变换主要包括三个步骤，即傅里叶变换（Fourier transform, FT）、复对数运算（ln(X)）和傅里叶逆变换（inverse Fourier transform, IFT）。图8.13所示为倒谱变换过程示意图。

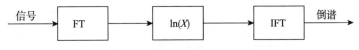

图8.13　倒谱变换过程示意图

倒谱变换可以分为实倒谱和复倒谱变换两种形式。实倒谱变换优点就是计算简单，但忽略了相位信息，只保留了原来信号的频谱幅值信息，不能重建原始信号。而复倒谱变换尽管计算上比实倒谱变换复杂，但保留了原始信号的完整信息，能重建原始信号。因此，将复倒谱变换用于数字音频水印有着更为显著的优势。

8.4.2　水印嵌入方法

水印信息的嵌入采用量化手段来实现。所谓量化，就是指按照某一种规则对指定的系数进行量化，使这些指定的系数按规则映射到有限的数域中，这种映射关系是根据水印序列来设计的。量化方法是向音频中嵌入水印的简单且又有效的方法，并且经过量化方法嵌入的水印在提取时还能实现盲提取。

量化包括单极性、双极性两种量化形式。单极性量化要求待量化的数只能都是正数或只能都是负数。而对于双极性量化而言，待量化的数是正数或者负数都可以。本章后续用到的量化方法属于双极性量化，因此下面仅对双极性量化理论进行研究。

设f为待量化的系数，f'为量化后的系数，Δ为量化步长，w为水印信息。量化原理如图8.14所示。

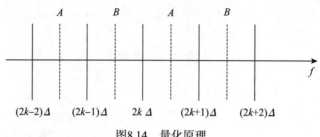

图8.14　量化原理

量化的具体过程有三个步骤。

（1）依据量化步长Δ,把待量化系数f分为A和B两个区间（见图8.14）。对于水印信息的表示,当坐标值属于A时,表示水印为"1"；当坐标值属于B时,代表水印为"0"。

（2）求模m和余数r,即

$$m = f \bmod \Delta \tag{8.21}$$

$$r = f - m \times \Delta \tag{8.22}$$

（3）根据水印信息w的比特值和待量化系数f所属的区间对f量化。量化规则为：当w为"1"时,将f量化成A区间中与其最接近的中间值；当w为"0"时,将f量化成B区间中与其最接近的中间值。

量化方法如下。

①当$f \geqslant 0, w = 1$时

$$f' = \begin{cases} 2k\Delta + \dfrac{1}{2}\Delta & \left(m = 2k\right) \\[2mm] 2k\Delta + \dfrac{1}{2}\Delta & \left(m = 2k+1 \text{且} |r| \leqslant \dfrac{1}{2}\Delta\right) \\[2mm] 2k\Delta + 2\Delta + \dfrac{1}{2}\Delta & \left(m = 2k+1 \text{且} |r| > \dfrac{1}{2}\Delta\right) \end{cases} \tag{8.23}$$

②当$f \geqslant 0, w = 0$时

$$f' = \begin{cases} 2(k+1)\Delta + \dfrac{1}{2}\Delta & \left(m = 2k+1\right) \\[2mm] 2k\Delta - \dfrac{1}{2}\Delta & \left(m = 2k \text{且} |r| \leqslant \dfrac{1}{2}\Delta\right) \\[2mm] 2(k+1)\Delta + \dfrac{1}{2}\Delta & \left(m = 2k \text{且} |r| > \dfrac{1}{2}\Delta\right) \end{cases} \tag{8.24}$$

③当 $f<0$, $w=1$ 时

$$f' = \begin{cases} -2(k+1)\Delta - \dfrac{1}{2}\Delta & \left(m = -(2k+1)\right) \\[2mm] -2k\Delta + \dfrac{1}{2}\Delta & \left(m = -2k \text{ 且 } |r| \leqslant \dfrac{1}{2}\Delta\right) \\[2mm] -2(k+1)\Delta - \dfrac{1}{2}\Delta & \left(m = -2k \text{ 且 } |r| > \dfrac{1}{2}\Delta\right) \end{cases} \qquad (8.25)$$

④当 $f<0$, $w=0$ 时

$$f' = \begin{cases} -2k\Delta - \dfrac{1}{2}\Delta & m = -2k \\[2mm] -2k\Delta - \dfrac{1}{2}\Delta & m = -(2k+1) \text{ 且 } |r| \leqslant \dfrac{1}{2}\Delta \\[2mm] -2(k+1)\Delta - \dfrac{1}{2}\Delta & m = -(2k+1) \text{ 且 } |r| > \dfrac{1}{2}\Delta \end{cases} \qquad (8.26)$$

由式（8.23）~式（8.26）可知，存在 $|f-f'| \leqslant \Delta$ ，这表明因量化所产生的最大量化误差即为量化步长 Δ 。利用量化的方法可以很方便地实现二值水印序列的嵌入，同样，在水印提取时也很方便。量化后，如果 f' 在 A 区间，即表示提取水印"1"；如果 f' 在 B 区间，即表示提取水印"0"。

8.4.3　图像置乱技术

图像置乱可以消除图像各个像素之间的相关性，实现了隐藏原始图像真实信息的目的，提高了安全性。而混沌加密，可以使图像一维序列中邻近元素的相关性进一步消除，更重要的是，这样能大大提高水印的稳健性。

1.图像置乱

图像置乱通过一种算法来打乱图像的各个像素点的次序，而总的图像像素点个数和图像直方图都会保持不变。置乱变换过程是可逆的，它主要对图像像素点位置等进行变换，从而使人眼看到的图像就成了一幅被扰乱的图像。经过置乱处理后的图像视觉上杂乱无章，在不了解所用的具体置乱算法和置乱次数的情况下是很难还原成原来的图像的。

置乱技术用于图像置乱有着显著特点：置乱的过程通常都是周期性的，当置乱达到一定的次数后就会还原到原来的图像；置乱操作后的图像大小和原始图像大小一样。本节采用最普遍的置乱变换，即Arnold变换。

2. 图像Arnold变换

Arnold变换是由Arnold在研究遍历理论的时候提出来的一种裁剪变换,也称作"猫脸变换"(cat mapping)。Arnold变换表达式为

$$\begin{bmatrix} x' \\ y' \end{bmatrix} = \begin{bmatrix} 1 & 1 \\ 1 & 2 \end{bmatrix} \cdot \begin{bmatrix} x \\ y \end{bmatrix} \mathrm{mod}(N) \qquad (8.27)$$

式中,(x,y)是原始图像像素点对应的坐标,$x,y \in \{1,2,\cdots,N-1\}$;$N$表示图像的

阶数;(x',y')是置乱变换后原像素点所对应的坐标;$\begin{bmatrix} 1 & 1 \\ 1 & 2 \end{bmatrix}$称为变换矩阵。

利用式(8.27)进行Arnold置乱时,通常需要作多次变换才能使图像得到较好的置乱效果。图像置乱的最直接目的是要隐藏原始图像的真实信息。Arnold变换的优点是算法简单,另外它还具有周期性,将图像一直作Arnold变换,那么总会出现某一次变换后还原成原来的图像。Arnold变换的周期和被变换图像矩阵阶数的值有关,总体趋势是图像阶数越大周期越大,但不是绝对的。

图8.15所示为不同的Arnold变换次数下,图像置乱的实验结果。实验采用"cameraman"图(256×256)进行Arnold变换,n表示Arnold变换的次数。从图8.15可以看出,当变换次数$n=1,2,3$时,图像的像素点并没有被完全打乱,置乱的效果不是很好;当$n=55,75,100$时,图像的像素点完全被打乱了,达到了很好的置乱效果;当$n=192$时,又还原为了初始图像。

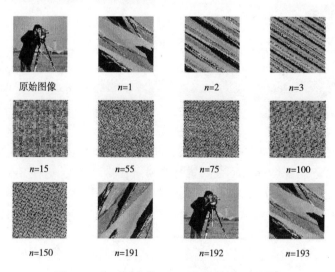

图8.15　经不同次数Arnold变换后的置乱效果

8.4.4 水印嵌入算法

通常,可以采用多种形式的信息作为水印嵌入载体信息,这些信息包括伪随机序列(如一个标识版权的ID号)、有意义的符号、一段音乐、有意义的二值图像等。本节采用二值图像作为嵌入载体音频的水印信息,这个二值图像是有意义的,即可以携带一些文字或者版权信息。

图8.16所示为基于复倒谱变换的音频水印嵌入算法原理图。

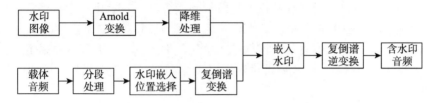

图8.16 基于复倒谱变换的音频水印嵌入算法原理图

1. 水印预处理

这里的水印信息采用一幅标有"长春理工"的字样的二值图像。水印图像的大小为32×32,格式为PNG。整个预处理过程包括Arnold变换和降维处理两个过程。

1)Arnold变换

对二值水印图像"长春理工"进行Arnold变换,所得置乱效果图如图8.17所示。

（a）水印图像   （b）置乱水印

图8.17 Arnold置乱效果图

从图8.17（b）可以看出,经过Arnold变换的二值水印图像变得杂乱无章。它的像素间的空间相关性在一定程度上被消除,因此可以提高水印信息内容的安全性。

2)降维处理

由于载体音频信号属于一维信号,要想把二值水印图像信息嵌入载体音频就要对水印图像进行降维处理。所谓降维,就是把图像信号从二维转换为一维的"0"和"1"的二值序列。

设W代表一幅$P \times Q$的二值图像,$W=\{w(i,j), 0 \leq i<P, 0 \leq j<Q\}$,其中,$w(i,j) \in \{0,1\}$。则$W$经过降维处理后,转化为了0和1的一维水印序列可以表示为$V=\{v(k)=w(i,j), 0 \leq i<P, 0 \leq j<Q, k=iQ+j\}$。

2.水印嵌入

水印图像的嵌入主要按下面六个步骤进行。

1）载体音频信号分段

将原始载体音频标记为A，$A=\{a(i),0\leqslant i<N\}$。其中，$N$为载体音频的总长度；$a(i)$为音频数据的振幅大小，并且有$a(i)\in\{0,1,2,\cdots,2^p-1\}$，$p$为每个音频数据的比特数大小。

对载体音频信号进行分段后，设每段音频包含L个数据，则整个载体音频可分为N/L段，这个过程中L的取值应该综合考虑原始载体音频和二值水印图像信息量的大小来决定，L的取值通常应该保证大于等于8，另外，原始载体音频信号总长度N需要满足$N\geqslant PQL$。分段后每段音频记为$A=\{a(j),0\leqslant j\leqslant N/L\}$，$a(j)=\{x(jL+i),0\leqslant i\leqslant L\}$。

2）水印嵌入位置选择

对于分段后的音频信号而言，时域能量越大的音频段，能够隐藏的水印信息容量也越大。因此，为了提高算法嵌入水印的容量，同时也为了使不可感知性能得到提升。结合人类心理声学模型和音频掩蔽效应，选取时域能量相对较大的音频段来嵌入水印信息。

首先，计算分段后的音频段的时域能量，计算方法为

$$E(j)=\sum_{i=0}^{L-1}a^2(jL+i) \tag{8.28}$$

然后，依据各音频段时域能量大小对各音频段进行降序排列。最后，根据所要嵌入的水印信息二值序列的长度，确定时域能量排在前N_w的音频段作为待嵌入水印的音频段。

3）复倒谱变换

对步骤2）中选定的音频段作复倒谱变换，并求相应各段音频信号复倒谱系数均值。复倒谱变换和求复倒谱系数均值的表达式为

$$(C_j^i,nd(j))=\text{CCEPS}(A_j(i)) \qquad (1\leqslant j\leqslant N/L,1\leqslant i\leqslant L) \tag{8.29}$$

$$M_{(j)}=\text{MEAN}(C_j^i)=\frac{1}{L}\sum_{i=1}^{L}C_j^i \tag{8.30}$$

式中，C_j^i为第j段音频信号的第i个复倒谱系数，$A_j(i)$代表载体音频的第j段数据的第i个采样点。

4)嵌入水印信息

通过对复倒谱系数的均值$M_{(j)}$进行量化,进而修改复倒谱系数来嵌入水印。

设$z_{(j)} = \left\lfloor \dfrac{M_{(j)}}{q} + 0.5 \right\rfloor$,$q$为初始给定的量化参数,$\lfloor \ \rfloor$表示向下取整,则量化的计算表达式为

$$
M_{(j)} = \begin{cases}
z_{(j)} \times q & \left(z_{(j)} \% 2 = v_{(k)} \right) \\[3mm]
(z_{(j)} + 1) \times q & \left(z_{(j)} \% 2 \neq v_{(j)} \text{且} z_{(j)} = \left\lfloor \dfrac{M_{(j)}}{q} \right\rfloor \right) \\[3mm]
(z_{(j)} - 1) \times q & \left(z_{(j)} \% 2 \neq v_{(j)} \text{且} z_{(j)} \neq \left\lfloor \dfrac{M_{(j)}}{q} \right\rfloor \right)
\end{cases} \tag{8.31}
$$

式中,$M'_{(j)}$为经量化后的复倒谱系数均值,%表示取余数操作,q的取值应综合考虑水印的不可感知性需求和鲁棒性需求来设定。

5)根据量化误差调整复倒谱系数

在对复倒谱系数均值$M_{(j)}$进行量化操作时,会产生量化误差,设量化误差为$\Delta_{(j)}$,则有

$$
\Delta_{(j)} = M'_{(j)} - M_{(j)} \tag{8.32}
$$

因此,调整复倒谱系数为

$$
C'_j = C_j + \Delta_{(j)} \tag{8.33}
$$

6)作复倒谱逆变换并重构音频信号

经过前面的步骤已经实现了水印信息的量化嵌入,对调整后的复倒谱系数进行复倒谱逆变换处理,有

$$
A'_j(i) = \text{ICCEPS}[C_j^{i'}, nd(j)] \tag{8.34}
$$

由于在步骤3)中对原始载体音频信号序列均值进行过取反操作,因此,这里在完成复倒谱逆变换操作后,要将经过取反操作的序列再次取反以恢复原来的值。最终,将嵌入了水印信息的音频段和没有嵌入水印信息的音频段组合起来,便可以得到含水印信息的音频信号A'。

8.4.5 水印提取算法

图8.18所示为基于复倒谱变换的音频水印提取算法原理图。

图8.18 基于复倒谱变换的音频水印提取算法原理图

水印提取是水印嵌入的逆过程,由于采用了量化的方法来嵌入水印,因此水印的提取过程实现了盲提取,使整个提取过程相对简便。水印的提取过程主要有四个步骤:①对含水印的音频信号A'进行分段,选出时域能量大的前N_w个音频段,再对其进行复倒谱变换,并求出各段复倒谱系数的均值。②提取水印序列。③ 对二值序列进行升维操作,得到二维的图像。④根据嵌入时所作的Arnold变换的次数,对二维的图像进行Arnold反变换处理。经过所有这些步骤便可从含水印的载体音频中提取出水印图像W'。

8.4.6 仿真实验

利用MATLAB 2011b仿真软件,并在Windows XP系统环境下进行仿真实验,以此来评价此算法中水印的不可感知性和鲁棒性的性能。实验采用的载体音频信号为一段WAV格式的音乐,此音乐文件的时长为11 s、量化精度为16 bit、采样频率为44.1 kHz。

为了更充分验证算法中水印的不可感知性和鲁棒性,并且验证本节算法对于不同类型风格的音乐文件的实用性,笔者分别选用五种风格的音乐文件作为载体音频进行试验。这五种音乐分别为流行歌曲《练习》、古典钢琴曲 *The Blue Danube*、爵士乐《我的爱》、摇滚舞曲《摩天轮》和轻音乐《琵琶语》,将这五种类型音乐分别记为原始载体音频A、B、C、D和E。

1.不可感知性性能测试

这里从三个方面来检测水印的不可感知性能,即嵌入前后的波形图对比、信噪比(signal to noise ratio, SNR)值和平均意见值(mean opinion score, MOS)评分。图8.19 ~ 图8.23分别所示为原始载体音频信号A、B、C、D和E在嵌入水印信息前后的波形对比图。从图中可以直观地看出,在嵌入水印信息前后A、B、C、D和E的波形图几乎无差别,说明了水印具有良好的不可感知性。

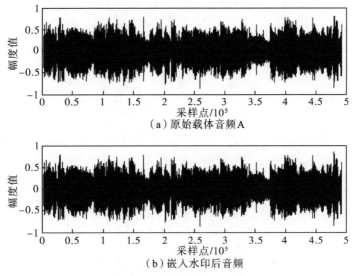

（a）原始载体音频A

（b）嵌入水印后音频

图8.19　水印嵌入前后载体音频A波形对比图

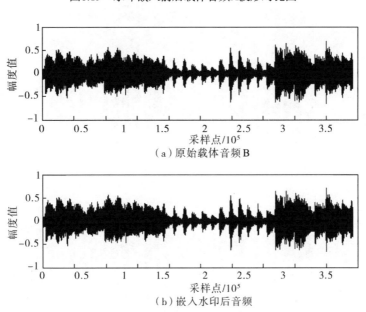

（a）原始载体音频B

（b）嵌入水印后音频

图8.20　水印嵌入前后载体音频B波形对比图

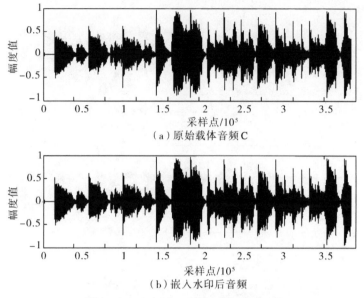

（a）原始载体音频C

（b）嵌入水印后音频

图8.21 水印嵌入前后载体音频C波形对比图

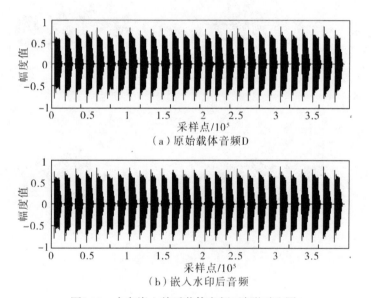

（a）原始载体音频D

（b）嵌入水印后音频

图8.22 水印嵌入前后载体音频D波形对比图

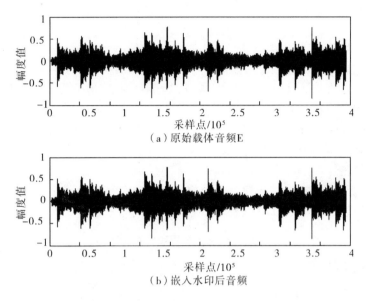

（a）原始载体音频E

（b）嵌入水印后音频

图8.23　水印嵌入前后载体音频E波形对比图

在完成水印嵌入后,分别计算出了五种载体音频信号的SNR。此外,作者组织了十名听觉良好的测试者进行MOS评分测试。测试采用五分制标准,在相对安静的环境下进行。依次向十名测试者分别播放音频文件A、含水印的音频A、音频B、含水印音频B、音频C、含水印音频C、音频D、含水印音频D、音频E和含水印音频E,再让测试者打分。最终分别统计十名测试者所打分数,并计算其平均分。表8.2所示为含水印音频的SNR和MOS评分测试结果。

表8.2　含水印音频的SNR和MOD评分测试结果

载体音频	SNR	MOS
A	35.2786	5
B	34.9793	4.9
C	35.8912	5
D	34.9553	5
E	35.7316	4.8

从表8.2中可以看出,五种类型的载体音频信号嵌入水印后的SNR都超过了30 dB,达到了国际唱片业协会(International Federation of the Phonographic Industry, IFPI)要求的至少22 dB的要求。另外,MOS评分都达到或接近满分5分,表明五种原始载体音频在嵌入水印后,从主观听觉上几乎察觉不到音频质量有所下降。因此,可以说本章算法嵌入的水印其不可感知性良好。

2.鲁棒性能测试

水印的鲁棒性能一般是通过对含水印的载体进行攻击实验来测试的,如果攻击后的音频还能很好地提取出原始水印信息,则表明水印具有良好的鲁棒性。

这里以已经嵌入了水印信息后的载体音频A为例,进行常规的信号处理攻击测试,并提取受攻击后相应的水印,对整个信号处理攻击做详细说明,并给出对应的误码率(bit error rate, BER)和NC。这些信号处理操作包括重量化、重采样、加噪声、低通滤波和MP3压缩。

1)未攻击

对含水印信息的载体音频A不做任何攻击处理,直接提取水印信息。表8.3所示为不进行任何攻击提取出的水印。

表8.3　未攻击提取出的水印

攻击方式	未攻击
提取的水印	 长春理工
BER	0
NC	1

2)重量化

原始载体音频A的量化精度为16 bit,先用8 bit对含水印音频A量化,然后再用16 bit再次量化(将这一过程简记为16-8-16 bit)。表8.4所示为重量化攻击后提取出的水印。

表8.4　重量化后提取出的水印

重量化精度	16-8-16 bit
提取的水印	 长春理工
BER	0.0244
NC	0.9824

由表8.4可知,对于多数的量化操作,提取出的水印信息可辨别性很高,而且NC接近或达到1,可以说明本节算法嵌入的水印对重量化操作具有较强的鲁棒性。

3）重采样

由于原始载体音频A的采样频率为44.1 kHz，因此先用22.05 kHz对含水印的音频进行采样，然后再使用44.1 kHz的频率重新采样。表8.5所示为重采样后提取出的水印。

表8.5　重采样提取出的水印

重采样	44.1-22.05-44.1kHz
提取的水印	 长春理工
BER	0.0195
NC	0.9859

4）加噪声

对含水印信息的载体音频A添加高斯白噪声，其均值和均方差分别设置为0和0.1。表8.6所示为加噪声后提取出的水印。

表8.6　加噪声提取出的水印

攻击方式	加高斯白噪声
提取的水印	 长春理工
BER	0.0322
NC	0.9768

5）低通滤波

对含水印信息的载体音频A做低通滤波处理，滤波器选用Butterworth低通滤波器，并设定滤波器的阶数和截止角频率分别为5 rad/s和0.96 rad/s。表8.7所示为低通滤波处理后提取效果。

表8.7　低通滤波提取出的水印

攻击方式	低通滤波
提取的水印	 长春理工
BER	0.0273
NC	0.9803

6）MP3压缩

将含水印的音频信号压缩为MP3格式，再重新解压缩为WAV格式。表8.8所示为MP3压缩攻击后提取出的水印。

表8.8　MP3压缩处理提取出的水印

攻击方式	MP3压缩
提取的水印	
BER	0.1436
NC	0.8939

通过以上仿真攻击实验可以看出,经过多种攻击试验后,绝大部分还能够很好地提取出水印,并且大部分提取的误码率较低,归一化相似度较高,说明水印算法嵌入的水印信息的鲁棒性能很好。表8.9所示为其他两种类型音频(B ~ E)实验数据的对比,从表中可以看出,复倒谱盲水印算法对于不同类型音频都有着良好的适用性,且鲁棒性能都有很好表现。

表8.9　音频B~E实验数据对比

载体音频	攻击类型	未攻击	重量化	重采样	加噪声	低通滤波	MP3压缩
B（古典）	提取水印						
	BER	0	0.0303	0.0215	0.0352	0.0313	0.1924
	NC	1	0.9781	0.9845	0.9745	0.9774	0.8556
C（爵士）	提取水印						
	BER	0	0.0264	0.0186	0.0156	0.0273	0.1240
	NC	1	0.9810	0.9866	0.9888	0.9803	0.9091
D（摇滚）	提取水印						
	BER	0	0.0400	0.0293	0.0244	0.0488	0.1934
	NC	1	0.9710	0.9788	0.9824	0.9645	0.8531
E（轻音乐）	提取水印						
	BER	0	0.0410	0.0615	0.0283	0.0596	0.2402
	NC	1	0.9703	0.9553	0.9796	0.9567	0.8156

在嵌入算法设计时,有多个环节可以设置密钥以保证算法的安全性。例如,水印图像Arnold变换的次数、载体音频分段数、量化参数q等,这些都可以设置为密钥,在水印提取时,如果不知道这些密钥中的任何一个,就可能提取不到原始的水印信息。

8.5 混合域中同时嵌入鲁棒水印和脆弱水印的算法研究

8.5.1 图像混沌加密

混沌是在非线性动态系统中出现的具有确定性的一种伪随机过程。它是一种非周期过程,总体上呈现稳定状态,但在局部有扩张性。混沌实质上并非无序,只是确定性系统中存在非线性,因此产生了一种类似于随机的确定性行为。

混沌加密就是通过混沌系统来生成混沌序列,进而利用该混沌序列对信息进行加密。和一般的加密技术相比,混沌系统对设定的初始条件具有很强的敏感性,而且有运算快、安全性高和密钥量大等优点,因此混沌加密受到普遍重视,并被广泛使用。

混沌序列拥有很好的伪随机特性,点的分布也处处分散,并且它对给定的初始值敏感性很强。正是由于这些优点,混沌序列经常被用来做图像混沌加密处理。相对于Arnold变换具有周期性,混沌系统可以将初值设为密钥,具有随意性,因此采用混沌加密的方法对水印图像进行加密,比Arnold变换的方法更为安全。这里选取Logistic混沌映射来生成混沌序列,并利用它对水印图像进行加密。

如前所述,Logistic映射是混沌模型中形式较简单的一种,Logistic方程表示为

$$x_{n+1} = \mu x_n (1 - x_n) \qquad (n = 1, 2, 3, \cdots)$$

式中,$x_n \in (0,1)$,μ称为分岔参数且$\mu \in [0,4]$。随着分岔参数μ的取值不同,Logistic方程的状态会从稳定于不动点0或者$(\mu-1)/\mu$,到倍周期分岔,进而再到混沌状态。

对于图8.6所示的Logistic分岔图,当$3.5699456 < \mu \leqslant 4$时,Logistic方程呈现混沌状态,其中黑色区域即为进入混沌状态。

在此使用初值$x_0 = 0.315429$,$\mu = 3.99$,迭代10000次后得到长度为1024的混沌度序列x,用此混沌序列来对降维后的二值水印图像进行加密。

8.5.2 水印嵌入算法

水印嵌入算法是要向音频信号中同时嵌入鲁棒和脆弱水印,采用两幅有意义的二值图像分别作为鲁棒和脆弱水印图像。鲁棒水印是一张标有"中国东北"字

样的二值图像,脆弱水印是一张标有"吉林长春"字样的二值图像,二者大小都为32×32像素,文件格式都为PNG。图8.24所示为混合域中同时嵌入鲁棒和脆弱水印的嵌入算法原理图。

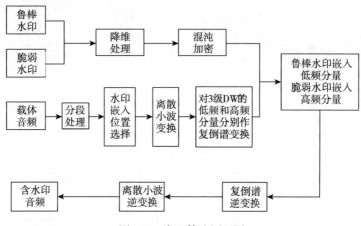

图8.24　嵌入算法原理图

1.水印预处理

1)降维处理

将原始二值水印图像记为$W=\{w(i,j),0\leq i<P,0\leq i<Q\}$,其中$w(i,j)\in(0,1)$,降维后的二值序列记为

$$V=\{v(k)=w(i,j),\quad 0\leq i<P,\quad 0\leq j<Q,\quad k=iQ+j\}$$

2)水印混沌加密

设置由Logistic映射生成的序列$x(k)$阈值为0.5,将$x(k)$转化为0和1的二值序列$x'(k)$为

$$x'(k)=\begin{cases}0 & (0<x(k)<0.5)\\1 & (0.5<x(k)<1)\end{cases} \tag{8.35}$$

$$\mu(k)=v(k)\oplus x'(k) \tag{8.36}$$

式中,$\oplus$表示异或操作。将二值水印序列$v(k)$与二值混沌序列$x'(k)$进行异或操作,便得到了经过混沌加密的水印图像序列$\mu(k)$。图8.25和图8.26分别为鲁棒水印图像和脆弱水印图像经混沌加密后的效果图。

中国
东北

吉林
长春

　　（a）鲁棒水印　　　（b）加密水印　　　　　　（a）脆弱水印　　　（b）加密水印

　　图8.25　鲁棒水印混沌加密效果　　　　　　　图8.26　脆弱水印混沌加密效果

　　从图8.25（b）和图8.26（b）可以看出，经过Logistic混沌加密的二值水印图像同样也变得杂乱无章。

2.水印嵌入

　　首先，对原始载体音频分段，分段后每段音频记为

$$A=\{a(j),\ 0\leqslant j\leqslant N/L,\ a(j)=x(jL+i),\ 0\leqslant i\leqslant L\}$$

然后，对各音频段按时域能量大小进行排序，选择能量排在前N_w的音频段作为待嵌入水印的音频段。经过离散小波变换和复倒谱变换，嵌入鲁棒、脆弱水印，调整复倒谱系数，重构音频信号。最后，将嵌入了水印信息的音频段和没有进行水印嵌入的音频段结合起来，便得到了含水印信息的音频信号。

8.5.3　水印提取算法

　　图8.27所示为混合域中同时嵌入鲁棒和脆弱水印提取算法原理图。

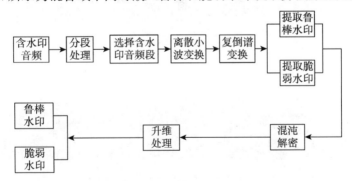

图8.27　提取算法原理图

　　提取算法主要实现了盲提取，整个提取过程是嵌入过程的逆过程。水印的提取过程主要有五个步骤：①对含水印的音频信号进行分段处理，选出时域能量大的前N_w个音频段。②采用小波基对第一步骤中选定的音频段作三级离散小波变换(discrete wavelet transform, DWT)，得到低频的近似分量和高频的细

节分量。③对小波变换的第三层近似分量和细节分量分别作复倒谱变换,并求相应的各段音频信号的复倒谱系数平均值。④提取鲁棒和脆弱水印序列。⑤水印序列的混沌解密及升维。解密过程就是再次作异或运算的过程。对解密后的二值序列和分别进行升维处理,便得到了二维的鲁棒水印图像W_1和脆弱水印图像W_2。

8.5.4　仿真实验

1.不可感知性能测试

图8.28 ~ 图8.32分别所示为原始载体音频信号A、B、C、D和E在同时嵌入鲁棒水印和脆弱水印前后的波形对比图。比较图8.28(a)和(b)及图8.32中(a)和(b),便可以看出,在嵌入双重水印信息前后A、B、C、D和E的波形图几乎看不出来有变化,说明了在此所提算法具有良好的不可感知性。同时,还说明了针对五种不同类型的载体音频,算法仍然具有很好的不可感知性,证明了算法对不同类型的载体音频具有普遍适用性。

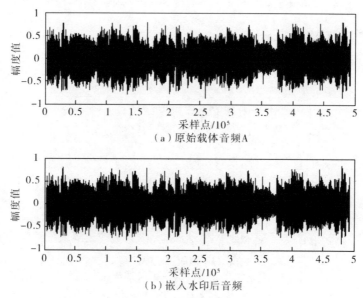

图8.28　双重水印嵌入前后载体音频A波形对比图

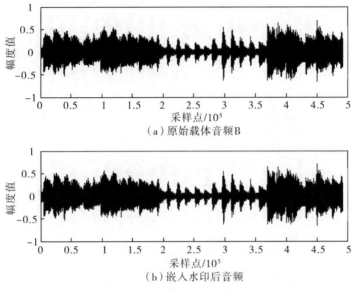

（a）原始载体音频B

（b）嵌入水印后音频

图8.29　双重水印嵌入前后载体音频B波形对比图

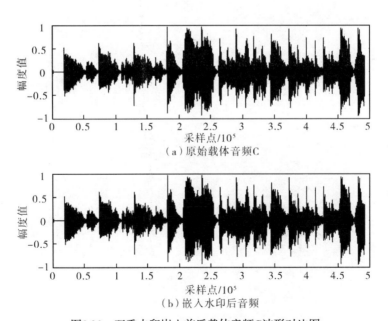

（a）原始载体音频C

（b）嵌入水印后音频

图8.30　双重水印嵌入前后载体音频C波形对比图

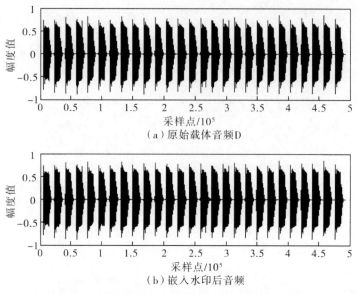

（a）原始载体音频D

（b）嵌入水印后音频

图8.31 双重水印嵌入前后载体音频D波形对比图

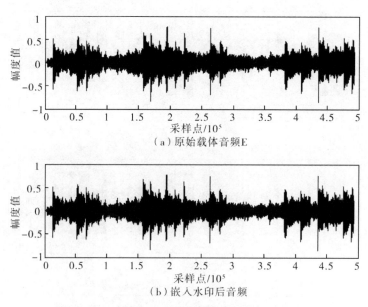

（a）原始载体音频E

（b）嵌入水印后音频

图8.32 双重水印嵌入前后载体音频E波形对比图

SNR和MOS评分测试结果如表8.10所示。

表8.10　嵌入双重水印后的SNR和MOS评分

载体音频	SNR	MOS
A	37.5384	5
B	37.2385	5
C	36.8173	4.9
D	37.2063	5
E	36.6748	4.6

从表中SNR和MOS评分结果可以看出,五种不同类型的载体音频在嵌入双重水印后,SNR较高,并且MOS评分结果也都达到或者接近5,因此本章所提算法在嵌入了双重水印后仍然具有很好的不可感知性能。

2.鲁棒和敏感性能测试

这里攻击实验过程与8.4节实验过程相同。表8.11所示为五种不同类型音频(A、B、C、D、E)实验数据的对比。

表8.11　五种音频攻击实验数据对比

载体音频	攻击类型	未攻击	重量化	重采样	加噪声	低通滤波	MP3压缩
A（流行）	提取鲁棒水印	中国东北	中国东北	中国东北	中国东北	中国东北	中国东北
	BER	0	0.0215	0.0186	0.0225	0.1240	0.1494
	NC	1	0.9844	0.9866	0.9838	0.9077	0.8880
	提取脆弱水印	吉林长春					
	BER	0	0.3750	0.2227	0.2715	0.3135	0.4824
	NC	1	0.6915	0.8245	0.7842	0.7445	0.6015

续表

载体音频	攻击类型	未攻击	重量化	重采样	加噪声	低通滤波	MP3压缩
B（古典）	提取鲁棒水印	中国东北（水印图）	中国东北（水印图）	中国东北（水印图）	中国东北（水印图）	中国东北（水印图）	中国东北（水印图）
	BER	0	0.0244	0.0264	0.0322	0.1025	0.1494
	NC	1	0.9824	0.9809	0.9766	0.9242	0.8855
	提取脆弱水印	吉林长春（水印图）	（水印图）	（水印图）	（水印图）	（水印图）	（水印图）
	BER	0.0273	0.3223	0.4219	0.4834	0.3818	0.5068
	NC	0.9794	0.7368	0.6494	0.5946	0.6808	0.5801
C（爵士）	提取鲁棒水印	中国东北（水印图）	中国东北（水印图）	中国东北（水印图）	中国东北（水印图）	中国东北（水印图）	中国东北（水印图）
	BER	0	0.0254	0.0146	0.0596	0.0801	0.1533
	NC	1	0.9816	0.9894	0.9564	0.9412	0.8852
	提取脆弱水印	吉林长春（水印图）	（水印图）	（水印图）	（水印图）	（水印图）	（水印图）
	BER	0	0.2217	0.3057	0.4609	0.2764	0.4893
	NC	1	0.8261	0.7548	0.6136	0.7809	0.5971
D（摇滚）	提取鲁棒水印	中国东北（水印图）	中国东北（水印图）	中国东北（水印图）	中国东北（水印图）	中国东北（水印图）	中国东北（水印图）
	BER	0	0.0342	0.0186	0.0459	0.0488	0.1738
	NC	1	0.9752	0.9866	0.9666	0.9644	0.8684
	提取脆弱水印	吉林长春（水印图）	（水印图）	（水印图）	（水印图）	（水印图）	（水印图）
	BER	0	0.3057	0.3037	0.2588	0.3057	0.3574
	NC	1	0.7519	0.7540	0.7939	0.7519	0.7117

续表

载体音频	攻击类型	未攻击	重量化	重采样	加噪声	低通滤波	MP3压缩
E（轻音乐）	提取鲁棒水印	中国东北	中国东北	中国东北	中国东北	中国东北	中国东北
	BER	0	0.0508	0.0391	0.0195	0.0801	0.1338
	NC	1	0.9630	0.9716	0.9859	0.9411	0.9001
	提取脆弱水印	吉林长春					
	BER	0	0.3486	0.2900	0.2949	0.3926	0.4248
	NC	1	0.7148	0.7632	0.7590	0.6732	0.6550

由仿真攻击实验得出，鲁棒水印在经过多种攻击后，基本都能很好地提取出水印，且误码率和归一化相似度都很好，说明鲁棒水印的鲁棒性能较好；而脆弱水印在经过多种攻击后，都不能很好地提取，提取出的水印也几乎无法识别，误码率大，归一化相似度较低，说明脆弱水印有着良好的敏感性。

在嵌入算法中，Logistic映射设定的初始值x_0、分岔参数μ、迭代次数、载体音频分段数和量化参数q等，都可以设为密钥。在提取水印信息时，如果不知道这些密钥中的任何一个，就无法提取或提取不到原始的水印信息。例如，如果不知道Logistic映射的初始值x_0或者迭代次数，那么在解密水印信息时，就无法解密出正确的水印图像。

第9章 基于混沌加密的网上银行电子身份认证技术

9.1 网上银行身份认证理论与信息传输

9.1.1 身份认证与网上银行身份认证基本原理

1.身份认证概念

认证系统的信息理论是指用信息论来研究认证系统的理论安全性和实际安全性问题,并提出设计认证码所要遵循的原则。攻击者成功概率尽可能最小的认证码和推导攻击者成功概率的下界,是身份认证的两个重要的指标。被认证方所拥有的信息(秘密信息,所持有的硬件设备或者其生物学信息),除了被认证方个人以外,其他第三方不可以伪造,若被认证方可以让认证方相信他的确拥有这些秘密,即身份认证成功。

身份认证特征主要表现为七个方面:① 攻击者有极小的概率成功伪装合法用户;② 攻击者有极小的概率应用重放认证信息来伪装和欺骗;③ 验证端有极大的概率识别用户的真实身份;④ 身份认证算法实现的计算量要足够小;⑤ 可以安全存储密钥;⑥ 身份认证实现的通信量要足够小;⑦ 算法的安全性要得到证明。

2.网上银行身份认证基本原理

网上银行的身份认证过程就是为了证实用户的真实身份,以此来防止攻击者通过一些非法手段访问系统资源,造成用户的损失。它主要基于如下原理。

(1)用户所知。目前使用最广泛的方法是基于口令的身份认证方法,它基于"用户名+口令"的方式。在访问系统资源时,这些信息被传送到服务器端,与预存在服务器端的数据相比较,如果二者信息相符合则通过认证。

(2)用户所持有。对于这种认证方式,合法用户都拥有物理介质,用户的个人参数存储其中,其实现方式有电子令牌, USB Key等。当用户进行认证时,通过物理介质中的数据来辨别用户的身份。

（3）用户所具备。它以用户的生物特征(如指纹、虹膜等)来辨别用户的身份是否合法。

在进行身份认证的过程中,通常把上述的方法结合起来建立认证系统。

9.1.2　网络环境下信息传输所面临的威胁与对策

计算机网络安全机制应该在保障计算机信息网络可靠性的前提下,保证计算机信息网络中信息的保密性、完整性、可用性、可控性和不可否认性。在进行身份认证的过程中,要求对在网络中传输的信息进行加密处理,以此来保护用户信息的安全性,开放的网络环境会遇到很多方面的威胁,这些不安全因素或多或少地给用户带来了损失。因此分析研究身份认证环节中常见的攻击手段与对策很有必要。

1.口令推测

描述:某些用户习惯以数字、字母及其组合等作为密码,攻击者试图组合用户的敏感信息来冒充合法用户。这类攻击主要包括强力破译和字典攻击。

对策:使口令的长度和复杂性增加,口令的设置尽量不要单一,要有一定的变化,并要定期更改口令。

2.重放攻击

描述:此类攻击主要用于身份认证的过程中。攻击者给服务器端发送在信息传输过程中截获的用户信息,以此来欺骗系统。

对策:在身份认证中采用挑战/应答方式。在认证信息中采用动态密码来保证其非重复性。

3.线路监听

描述:入侵者通过使用监听工具来获取用户在网上传输的明文信息。

对策:对在网络中传输的用户的明文信息进行加密处理。

4.中间人攻击

描述:中间人攻击是指攻击者在网络中放置一台虚拟计算机,此计算机称为"中间人"。然后攻击者使"中间人"与用户建立连接,并使其读取或篡改用户的敏感信息,且这种攻击手段是不易察觉的。

对策:不要轻易说出自已有价值的信息,使身份认证和建立会话密钥相结合。

5.会话劫持

描述：入侵者替代用户进行合法登陆，与服务器端进行对话。
对策：使身份认证和建立会话密钥相结合，进行重复认证。

6.密码分析

描述：攻击者通过分析密码，猜测用户的口令。
对策：在认证过程中使用散列函数和一些密码体制来进行加密处理。

因此，在用户进行网上银行身份认证的过程中，一定要保证在网络中数据传输的安全性和完整性，使攻击者无法采用各种手段来获取用户的信息，对用户的财产安全造成威胁。

9.1.3　网上银行常用的身份认证技术

1.基于静态口令的网上银行身份认证技术

在网上银行的认证过程中，静态口令认证是一种常用的认证技术。用户登陆系统时，系统会提示输入用户名和口令等信息，用户输入此信息后，系统把此信息和服务器端用户的预留信息相比较，如果二者相同，则验证通过，否则拒绝用户访问系统。静态口令的使用简单、速度快等特征，使得它的应用非常广泛，并被作为一般系统的默认认证方式。但是，它也存在很大的弊端，由于用户出于方便等原因，经常选取生日、身份证号等简单口令，这很难抵御穷举攻击和字典攻击，因此其安全性较差。为提高安全性，通常会采用相应的方法来控制口令的使用，但是对于安全性要求不是很高的场合，静态口令认证是非常可取的。

2.基于动态口令的网上银行身份认证技术

动态口令也就是通常所说的一次性口令。它的原理是：用户每次登陆系统的认证信息都不相同，以动态口令登陆系统。服务器接收到口令后验证该用户的身份是否合法。由于每个口令只使用一次，即使攻击者截获此次的正确口令，下一次登陆系统时用此口令也是不能通过验证的，这在很大程度上使登陆系统时的安全问题得到了解决。

按照生成的原理可把动态口令分为非同步与同步两种认证技术。依据挑战/应答原理来实现的是非同步动态口令认证技术。同步认证技术包含与时间有关的时钟同步认证技术和与时间无关的事件同步认证技术两个方面。事件同步认证技术是以上次生成的动态口令作为缺省挑战参数，来产生动态口令。时钟同步认证是利用令牌和验证方的时钟信息作为挑战参数,对动态口令进行验证。

3.基于智能卡的网上银行身份认证技术

智能卡(Smart Card)是带有智能芯片的集成电路卡,它可以读写和存储数据,并且可以处理数据。它属于双因素认证方式(PIN码+智能卡)的范畴。目前,广泛使用的基于智能卡的网上银行身份认证方式是基于USB Key的身份认证方式,各大银行都使用了该方式。USB Key是新一代的身份认证产品,它结合了USB技术和密码学技术。它体积小,便于携带,内置智能卡芯片。在USB Key里可以进行各种加/解密算法,这在一定程度上使用户密钥的安全性得到了保障。USB Key的存储空间大小为8~128 K,能存储密钥等用户的敏感数据,并且用户的私钥是不可导出的,这就使复制用户身份信息和数字证书不可能实现,从而保证了用户的敏感信息的安全性。

4.基于生物识别的网上银行身份认证技术

通过一些特殊的检测手段来鉴别人体所特有的一些生理特征,从而判断用户是否为合法的用户,如对指纹、声音、虹膜、视网膜、脸部等个体特征进行收集和处理,以此来鉴别用户的身份。基于生物特征的网上银行身份认证技术的优点是:①不容易丢失或者遗忘;②不容易被盗或者伪造;③可以"随身携带",非常便利。

由于基于生物识别的网上银行身份认证技术设备的成本比较高,并且采取的有些特征会出现不稳定的状态,因此,这种方式尚处在实验阶段或者小范围使用阶段。其中,指纹识别技术应用的最为广泛。

9.2　基于动态口令的网上银行身份认证与混沌保密技术

9.2.1　网上银行身份认证技术原理

动态口令也叫一次性口令(OTP),它也是基于某种密码算法的,其主要思路是:为了提高登陆过程的安全性,在登陆过程中使用不确定的因素,在每次登陆过程中都采用不同的密码。与传统的口令技术相似,用户和验证服务器端拥有一个共同秘密,这个秘密被称为"通行短语"。二者应有相同的算法,它的作用是生成动态口令,可通过硬件或者软件实现。当用户登陆系统时,用户端和服务器端同时用相同的算法进行计算,对各自得到的值进行对比就可以判断出此时的用户是否为合法的用户。因为用户通过网络传给服务器端的口令是通过算法计算出来的结果,所以,用户的敏感信息并没有在网络传播。只要设计的算法复杂度足够高,就不会提取出用户的敏感信息,从而有效地防范了攻击者所实施的攻击。首先应设计专门的密钥流生成器,实际上就是由非线性系统方程各种混沌状态产生随机二维伪随机码的序列码。Logistic 映射的动力学方程是最典型密钥流生成器。其迭代值为一个一直变化的量。因此,当用户下一次登陆系统时,其使用的口令不同于上次,这就有效地抵御了重放攻击。因此,此方法最主要的问题就是算法的设计,也是本章所主要研究的问题。

9.2.2　网上银行身份认证技术实现机制

由于所选择的不确定因素有所不同,可把动态口令机制分为以下几种。

(1)挑战/应答(challenge response)方式。一旦用户访问系统,系统就会把一个挑战信息发给用户,用户依据自己的敏感口令和这个消息生成一个口令字,并且输入此时的口令字发给服务器端,此时登陆过程完成。这种方式的优点是设备简单,省却了时间同步的麻烦,缺点是要具备数据回传的条件,而且在一般情况下并没有实现服务器端和用户之间的相互认证。

(2)口令序列。此时的口令为一个前后关联的序列,并且是单向的,服务器端只记录第N个口令就足够了。如果用户使用第$N-1$个口令登陆时,服务器端可以使用在此处已经设置完成的算法来算出此时的口令,并把此口令和已经保存的口令相比较来判断用户是否合法。

(3)时间同步(time synchronization)方式。此方式有一个随机变化的量,这个量就是用户登陆的时间,它与用户的敏感信息,也就是用户的秘密口令一同生成一个口令字。其实现机制要求用户端和服务器端要有很高的时间准确度。此实现机制最大的优点是操作非常简单,用户只需把口令发送到服务器端,而服务器端不用给用户返回任何数据,这是一种单向传输机制,用户端和服务器端必须要严格的时间同步,若时间延迟超过允许值,此次身份认证就会失败。

(4)事件同步方式。此方式目前的使用率很高,是挑战/应答方式的一种演变,它使用户不用每次都输入挑战信息,因为它把前后相互关联的单向的序列作为挑战信息,一旦服务器与用户的挑战序列之间有偏差,就需要重新进行同步。

动态口令有以下几种生成方式。

(1)Token Card (硬件卡)。这是一种内置加密算法的小卡片,每次登陆系统时都会计算此刻的动态口令。这些卡片会被做成各种形状来便于携带。

(2)IC卡。IC卡中存有用户的敏感信息,用户在登陆系统时可以不用记住自己的密钥。

(3)Soft Token (软件):制作软件来代替硬件,这就节省了系统资源,一些软件还能限制用户在何地登陆。

9.2.3　信息安全与混沌保密技术

1.混沌密码理论与密码学的关系

随着计算机技术的快速发展,人们开始越来越多地进行网上购物,但同时人们也对网上支付的不安全因素产生担忧。目前,基于传统密码学的身份认证技术已经存在着一定的缺陷,给网上支付用户带来了很大的经济损失,因此要设计出更加行而有效的身份认证方法来保证网银用户的财产安全。

混沌理论应用于密码学领域是因为混沌和密码学之间具有天然的联系,并且二者具有结构上的相似度。用混沌系统开发新的密码算法具有良好的实际意义,这是因为混沌系统是天然的保密系统,它对初值和参数极端敏感,具有良好的伪随机性,轨迹具有不可预测性和遍历性,还具有连续宽带频谱,这些都能和密码学中的混淆(confusion)、密钥(key)、扩散(diffusion)、轮循环(round)这些概念相联系。

混乱和扩散是香农提出的密码设计的基本原则。混乱是使密文和密钥间的统计关系变复杂,以此来掩盖明文、密文和密钥间的关系,从而使攻击者无法根据密文得到密钥。扩散能使明文冗余度扩散到密文空间中让其分散,以此把明文的统计结构隐藏,它是以明文的每一位来影响密文中的多位来实现的。传统密码学与混沌理论的异同点如表9.1所示。

表9.1　传统密码学与混沌理论的异同点

对比	传统密码学	混沌理论
相似点	扩散	对初始条件和参数极端敏感
	伪随机信号	类随机和周期长期不可预测性
	通过加密轮产生预期的扩散和混乱	通过迭代使初始域扩散到整个相空间
	密钥	参数
不同点	定义在有限集上	定义在实数域

一方面,从设计角度来说,密码学强调非线性变换理论,而混沌理论的发展能促进密码学的快速发展;另一方面,在混沌理论中,相空间里临近轨道的平均指数发散率可以用李指数来表示,在传统密码学与混沌理论的对比研究中发现,可用李指数在加密系统中衡量密码学的发展程度。因此,选取合适的混沌映射是设计密码系统首先要解决的问题。鲁棒性、混合属性和具有大的参数集是混沌映射必须具有的三个典型特征。因此,如果混沌加密系统不具备上面的三个条件一定是

脆弱的。

（1）鲁棒性。鲁棒性是说参数有很小的扰动时,混沌系统处于混沌态,这就可确保它的密钥空间存在扩散性。但是,通常情况下大多数混沌吸引子没有稳定的结构,这时弱密钥现象将会出现于非鲁棒系统的算法中。

（2）混合属性。把单个明文符号的影响扩散到很多密文符号中,这种性质称为混合属性。它与密码学中的扩散相对应。对于加密系统来说,有好的混合属性就有良好的统计特性,当迭代次数n趋于无穷时,由密文的统计结构不能得到明文的结构,这是因为密文的统计性质不依赖明文的统计性质。

（3）大参数集。 香农熵是指密钥空间的测度,它是衡量加密系统安全性能的重要指标。它在离散系统中通常用$\log_2^K$表示,其中K表示密钥的数目,即动力学系统的参数空间越大,离散系统对应的K就越大。

因此,在选择混沌系统时,要选择在大参数集中具有鲁棒性和混合属性的系统。

2.序列密码

序列密码根据其与密文的关系分成自同步序列密码和同步序列密码。与已经产生的一定数量的密文有关的序列密码叫做自同步序列密码,与密文无关的序列密码称为同步序列密码。自同步序列密码错误传播特性是有限的,当密文传输时,如果插入、删除或者修改其中的一个密文位,就会影响密文的解密。自同步序列密码分析起来一般比较复杂,因为系统一般需要进行密文反馈。

对于同步序列密码,发送端和接收端只要拥有相同的内部状态和密钥,就能使产生的序列密码相同。同步序列密码最大的优点是传播过程中无错误,噪声及其他原因造成的密文传输过程中的某一密文位传输错误,不会影响后续密文中恢复正确明文的能力,只会影响此密文位对应的明文。

序列密码通信效率很高,它是将明文消息按字符逐位加密的,不会出现数据扩展和误差传递等情况。报文、图像和语音等消息都可经过量化编码技术转为二进制的数字序列,本章假设序列密码中的明、密文空间和密钥空间都是由二进制数字序列组成的集合。因此,本章讨论的基于网上银行的同步加密算法主要是基于同步序列密码,来保证信息传输过程中混沌同步的实现。

3.混沌序列密码

对混沌序列密码的研究,可以为构造更加安全可靠的加密方案打下基础,同时,也促进了密码学领域和混沌保密通信领域的深入发展。混沌信号具有初值极端敏感性、高度复杂性和容易实现性等特性,这就使混沌序列拥有丰富的码源。用混沌序列密钥流发生器来产生安全可靠的加密算法,是很有实际意义的。而且混沌序列加密算法抗破译能力很强,保密性很高。

　　在混沌序列密码系统的加/解密端有两个独立的、相同的混沌系统。明文在加密端加密后生成的密文直接发送到解密端,解密端接收密文以后对其进行实时解密,此方法的安全依赖于混沌密钥流生成器的构造,这与混沌系统的典型特征是分不开的。混沌序列加/解密原理图如图9.1所示。

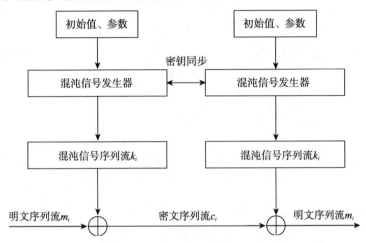

图9.1　混沌序列加/解密原理图

　　加密过程表示为

$$c_i = k_i \oplus m_i$$

解密过程表示为

$$m_i = k_i \oplus c_i$$

式中,m_i是明文流,c_i是密文流,k_i是混沌信号发生器所产生的密钥流,$\oplus$表示异或。把混沌序列用作密钥流,采用一次一密的动态口令密码体制来对明文序列进行同步加密,由于本书采用同步序列密码技术,加密端和解密端的密钥必须同步,即采用相同的传输协议,这样才能对密文进行正确解密。因此,混沌序列同步加密的安全问题主要依赖于密钥流生成器的设计。在本章的混沌同步加密技术设计中,采用Logistic映射,密钥可以选择初值或者系统参数,因此,密钥的选择性很高。对于超混沌同步加密系统来说,由于可变参数有很多,密钥的选择更加灵活。本章所产生的混沌信号序列流是对混沌序列进行数据处理得到的,因此,在一定程度上提高了系统的抗破译能力。

9.3　基于混沌同步加密的网上银行动态口令身份认证技术研究

前面对典型的混沌进行了较深入的研究，Logistic映射的数学模型非常简单，便于分析其特性，通过对混沌序列做一定的数据处理，会使混沌系统的保密性更强。因此，用Logistic映射可以构造加密性能良好、具有很强的抗破译能力，符合实际应用的网上银行动态口令混沌同步加密系统，从而保证身份认证时用户数据传输的保密性，保护用户的信息安全。

9.3.1　Logistic映射的性质研究

在现代密码学意义上，一个安全的伪随机序列是不能预测的，即使已经知道产生伪随机序列的算法，也不可以通过计算预测下一个随机位。计算机生成的伪随机数要满足如下要求：①均匀分布；②统计独立性；③长周期。

1.Logistic映射的李指数特性

回顾前面分析的Logistic映射的动力学方程

$$x_{i+1} = \mu x_i(1-x_i) \quad (\ x_i \in [0,1],\ \mu \in [0,4]\ )$$

当$0 \leqslant \mu \leqslant 1$，映射存在一个稳定不动点$x_1=0$，系统存在周期一解；当$1 \leqslant \mu \leqslant 3$，映射存在一个稳定不动点$x_2=1-1/\mu$，系统存在周期一解；当$3 \leqslant \mu \leqslant 1+\sqrt{6}$，$x_1=0$和$x_2=1-1/\mu$失稳，解二次迭代方程得到4个不动点，其中 $x_{3,4} = \dfrac{1+\mu \pm \sqrt{(\mu+1)(\mu+3)}}{2}$ 为稳定的，这时系统有周期二解，继续下去，当$\mu=\mu_m=3.5699\cdots$时系统进入混沌态，μ继续增大，此系统不断经历倍周期分叉，直至出现混沌态。

Logistic映射的李指数如图9.2所示。从图中可知，当$\mu<3.5699$时，李指数为负，当$\mu=3.5699$时，李指数变为正值。当μ超过3.5699时就会出现多次李指数为负值的μ区，当$3.5699<\mu<4\cdots$时，李指数主要为正，可以确定此时的系统处于混沌态。因此，在设计加密系统时，要保证所设计的密钥流生成器的参数区间是处于混沌状态的，这样才能保证采用的系统具有混沌学典型的基本特征，保证所设计的身份认证系统的安全性，使在网络中传输的信息具有很高的安全性。

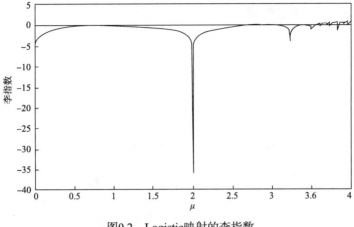

图9.2　Logistic映射的李指数

2.Logistic映射的初值敏感性分析

对于Logistic映射，$\mu=4$时数值计算的部分结果如表9.2所示。在此设s为初始值，r为迭代次数。对三个非常临近的初值$x_0=0.3000$，$x_1=0.3001$，$x_2=0.3002$进行迭代，在前几次的迭代时三者差别很小，但随着迭代次数的增加，三者差值逐渐增大。当迭代经过100次时，三者有很明显的差值，到第200次迭代时，已经有非常显著的差值了。可见，初值极其微小的变化便可使混沌系统产生很大的差异。由此可看出Logistic映射对于初值的极端敏感性。

表9.2　Logistic映射数值计算的部分结果

r s	1	2	100	200
0.3000	0.8400	0.5376	0.2145	0.4881
0.3001	0.8402	0.5372	0.1045	0.7780
0.3002	0.8403	0.5367	0.3382	0.6740

进一步证明Logistic映射对初值的敏感性问题。用Logistic映射产生的2个序列如图9.3所示。其中，一个序列代表初始值$x_{10}=0.3000$，另一个序列代表初始值$x_{20}=0.3001$，迭代30次，从仿真图中可以发现，在初始阶段，两个代表不同初始值的序列基本上是吻合的，但是，当迭代到第15次的时候，二者开始分离，当迭代到第30次的时候，二者已经完全的分开了。可见，虽然2个序列的初始值只有10^{-4}的差异，但是通过迭代后会产生截然不同的结果。可见，混沌序列对初值具有极端敏

感性，即混沌序列具有非常丰富的码源。

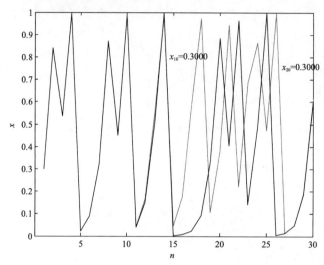

图9.3　用Logistic映射产生的2个序列

3.Logistic映射的功率谱分析

当$\mu=4$时，Logistic映射的功率谱如图9.4所示。

从功率谱图可以看到，此映射在很宽的范围内谱密度是均匀分布的，类似于噪声。白噪声的功率谱为连续的频谱，由许多独立的因素产生，它的振幅与频率无关联，而混沌状态的谱不是频谱，并且其迭代结果呈现明显的非周期。由于混沌迭代数值本质是确定性的，分布是不确定性的这些性质，所以在信息加密理论中应用到了混沌算法。

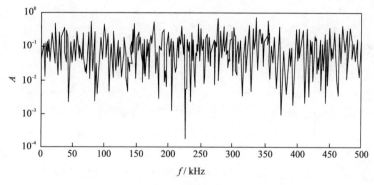

图9.4　Logistic映射的功率谱（$\mu=4$）

4.Logistic混沌映射的相关性分析

衡量序列分布特性的重要指标是序列的相关性,包括其自相关性和互相关性。当Logistic映射工作于混沌态时,由它生成的序列对初值具有极端敏感性,这里研究$\mu=4$时的Logistic映射。

Logistic映射的输入、输出全分布在[0,1]上。混沌映射具有伪随机性,研究混沌序列的特性可使用概率统计的方法。混沌映射的概率分布密度函数为

$$\rho(x)=\begin{cases}\dfrac{1}{\pi\sqrt{x(1-x)}} & (0<x<1)\\ 0 & (其他)\end{cases} \tag{9.1}$$

均值为

$$\overline{x}=E\left\{x_k\right\}=\lim_{N\to\infty}\frac{1}{N}\sum_{k=0}^{N-1}x_k=\int_0^1 x\rho(x)\mathrm{d}x=0.5 \tag{9.2}$$

自相关函数为

$$R(\tau)=\lim_{N\to\infty}\frac{1}{N}\sum_{k=0}^{N-1}(x_i-\overline{x})(x_{i+\tau}-\overline{x})$$

$$=\int_0^1 xf^\tau(x)\rho(x)\mathrm{d}x-\overline{x}^2$$

$$=\begin{cases}0.125 & (t=0)\\ 0 & 其他\end{cases} \tag{9.3}$$

互相关函数为

$$R_{1,2}=\lim_{N\to\infty}\frac{1}{N}\sum_{i=0}^{N-1}(x_i-\overline{x})(x_{i+\tau}-\overline{x})$$

$$=\int_0^1\int_0^1 f^\tau(x_2)\rho(x_1)\mathrm{d}x_1\,\mathrm{d}x_2-\overline{x}^2=0 \tag{9.4}$$

由此可知,混沌序列的均值为0.5,自相关函数是个δ函数,互相关函数为0,它的概率统计特性与白噪声一致。因此,Logistic混沌映射具有很好的伪随机性,可用作伪噪声。

9.3.2　网上银行动态口令混沌同步加密算法的设计原则

设计更加安全可靠的混沌同步加密算法,必须在充分考虑混沌映射典型特征的基础上,把混沌理论和传统的动态口令同步加密技术相结合,以保证网银用户身份认证过程中敏感信息的安全。在这里,重点考虑以下几个问题。

(1)安全性能分析。安全问题是设计一个加密系统首先要考虑的问题。数据在信道中传递时,如果攻击者得到了混沌轨道的一些信息,对混沌系统的特性和结构类型进行分析,就可能会导致加密系统被破译,用户的安全不能得到保障。所以在设计加密算法时,应尽可能地避免暴露混沌轨道的相关信息,使黑客无机可乘。

(2)离散动力学。在此对Logistic映射进行详细分析,并以此来产生数字混沌序列。目前改善离散混沌系统性能的方法有很多,如级联多个混沌系统、基于m序列扰动等。但是,还没有可以证明离散的混沌系统才是真正的混沌系统这样的理论,也没有可以改善离散的混沌系统退化问题的理论依据。

(3)抗穷举攻击能力。对于一个加密算法来说,其设计关键在于密钥有足够大的选取范围,且具有一定的抗穷举攻击的能力。密钥范围的选取越大,算法的抗穷举攻击能力就越好。本章取出小数点后4位的有效数字来组成整数,对这个整数进行二进制转换,这样做是为了使混沌序列的相关性被扰乱,提高了系统的抗穷举攻击能力。

(4)实现问题。如果一个加密算法性能良好,就能够简单地用软件或者硬件来实现,并消耗较少的系统资源,本章设计的混沌同步加密算法结构上简单,易于实现。

因此,本章围绕以上所提出的几点要求来设计混沌同步加密算法,并且试图采用软件来实现。对于所设计的混沌同步加密算法,要让其具有非常强的保密性,为今后关于网上银行身份认证技术的研究工作奠定坚实的理论基础。

9.3.3　基于Logistic映射的网上银行动态口令身份认证技术设计

1.混沌同步加密算法设计

本章基于序列同步加密原理,提出基于Logistic映射的网上银行动态口令身份认证系统,其认证原理如图9.5所示。

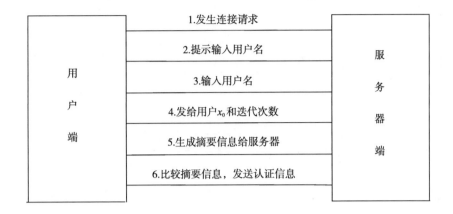

图9.5　基于Logistic映射的网上银行动态口令身份认证过程原理图

　　认证的双方分别为用户端和服务器端,双方使用完全相同的迭代方程,选取的密钥为μ或者初始值x_0。在本章中,μ的值已经给定,这就等于双方拥有了共同的传输协议。当用户访问系统的时候,用户首先要连接服务器端,服务器端收到了用户的请求以后,便要求用户输入其用户名。如果用户名是正确的,那么服务器端发送此次通信所使用的密钥x_0和Logistic 映射的迭代次数,用户则通过Logistic 映射把自己的敏感口令发送到服务器端来进行认证。服务器端记住第N个口令就可以。当用户用第$N-1$个口令进行登陆时,服务器端用预先设置好的迭代算法来计算比较此时的口令与预先保存的口令是否一样,来判断此用户是否合法。在这种方法下,客户端每次只做一次迭代运算,计算量非常小,并且较好地实现了序列同步加密。保证了用户的信息安全性。基于Logistic序列的加解密模型如图9.6所示。

　　1)传统异或加密算法的改进

　　通常情况下,Logistic加密算法都采用按位异或运算,而本章通过对May(1976)所提的算法进行改进,采用二级混沌系统,用第Ⅰ级混沌序列迭代1000次产生的值作为第Ⅱ级混沌序列的初值x'_0,这样经处理后的序列x'_0随机性将得到改善,从而能产生安全性能更好、更加可靠的混沌同步加密序列。又由于攻击者无从知道初值,从而提高了算法的抗破译能力。二级混沌系统模型如图9.7所示。

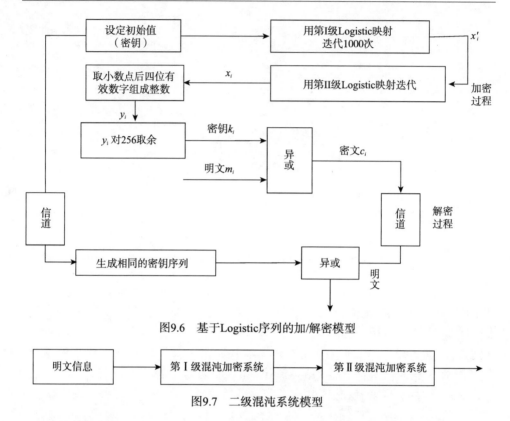

图9.6　基于Logistic序列的加/解密模型

图9.7　二级混沌系统模型

2）动态密钥法

为提高算法的安全性能,在Logistic混沌系统中采用对系统参数进行调制的方法,即采用动态密钥法来实现一次一密。在实现基于动态口令的网上银行身份认证混沌同步传输时,如果选取Logistic初值作为算法的变量,这无疑会增大密钥空间。因此,采用动态密钥方法在一定程度上增大了混沌序列的周期,提高了系统的抗破译能力。

2.算法流程

基于前面给出的模型,采用具体加密算法:① 选取Logistic混沌系统方程作为密钥流生成器,本章选择方程$x_{i+1}=\mu x_i\left(1-x_i\right)$,令$\mu=3.8$,$x_0$为密钥,取$x_0=0.3$,采用二级混沌系统;② 对第Ⅰ级混沌系统迭代1000次,第Ⅰ级Logistic混沌映射迭代1000次的结果x_0'作为第Ⅱ级混沌系统的初值,经计算$x_0'=0.5680$;③ 根据第Ⅰ级混沌系统迭代后得到的x_0'作为初值对第Ⅱ级Logistic混沌系统进行迭代;④ 取x_i'迭代后值的小数点后第1、2、3、4位有效数字,得出整数y_i;⑤ y_i mod 256取余得出密钥序列;⑥ 与明文或密文进行异或操作;⑦ 判断加密,解密过程是否完成,如果完成,则Logistic系统在迭代后重复步骤④~⑥;否则就退出系统(结束)。

经过混沌同步加密算法迭代之后,明文信息已经完全被掩盖了,这样使得用户的敏感信息得以保护。

解密过程:① 选取合适的Logistic混沌系统方程作为密钥流生成器,本章选择方程$x_{i+1}=\mu x_i(1-x_i)$,令$\mu=3.8$,x_0为密钥,取$x_0=0.3$,采用二级混沌系统;② 对第Ⅰ级混沌系统迭代1000次,第Ⅰ级Logistic混沌映射迭代1000次的结果x_0'作为第Ⅱ级混沌系统的初值,经计算$x_0'=0.5680$;③ 根据第Ⅰ级混沌系统迭代后得到的x_0'作为初值对第Ⅱ级Logistic混沌系统进行迭代;④ 取出x_i'迭代后值的小数点后第1、2、3、4位有效数字,得出整数y_i;⑤y_i mod 256取余得出密钥序列;⑥ 与密文或密钥序列进行异或操作;⑦ 得到明文M。

混沌同步加/解密算法的流程图如图9.8所示。

3.混沌同步加密算法抗破译能力分析

首先从理论上分析所提出算法的抗破译能力,然后通过仿真实验具体验证加密算法的可靠性。具体做法如下。

(1)由于混沌系统具有对初值和系统参数的敏感性,因此,如果不知道系统所用的参数,即使攻击者推测出系统所使用的混沌方程,也不可能正确解密。

(2)为了克服系统对初值敏感性的过渡过程,采用二级混沌系统,舍弃前1000次的迭代结果,这样经处理后的序列x_0'随机性将得到改善。Logistic映射舍弃1000个点的结果如图9.9所示。

混沌运动从时域上看表现为一种非周期的运动,也可以说是一种伪随机运动。若μ取3.5699和4,取初值$x_0=0.3$,迭代1500点,在加密过程中舍弃了前1000个迭代值,使序列的随机性能得到改善,这就有效地抵御了窃密攻击。并且混沌运动在时域上表现出非周期运动的状态,此状态与随机运动非常类似,所以混沌运动被看成一种伪随机运动。Logistic映射混沌实值序列如图9.10所示。

(3)由于加密以后的信号是在公共信道中传输的,所以如果攻击者借助一定的手段,就可以观测到此信号,如果攻击者要解密此信号获得原始信息,那么第一步一定要知道混沌序列是如何生成的。而本章的混沌同步加密算法中的模运算掩盖了Logistic混沌映射的大量原始信息,以这种方式来提高了系统的抗破译能力,仅从观测到的加密信号是很难重构出所采用的混沌系统的。

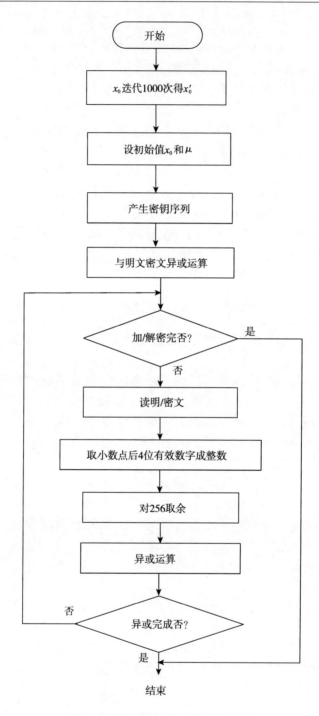

图9.8　混沌同步加/解密算法流程图

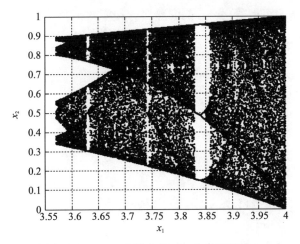

图9.9　Logistic映射舍弃1000个点的结果

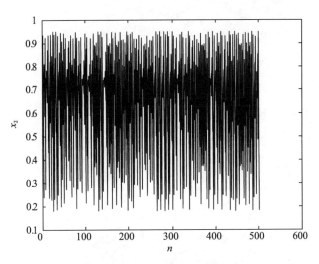

图9.10　Logistic映射混沌实值序列

（4）密码分析者如果想获取用户的敏感信息,最主要的问题就是推断出混沌加密系统的初值x_0或参数μ。如果把这两个值取浮点数,Logistic映射$x_{i+1}=\mu x_i(1-x_i)$, $x \in [0,1]$,整数部分为零,如果计算机的浮点数有效值位数为16位,二者加起来共有30位为不确定的,这样组合的可能性为10^{30}。与DES算法相比,DES的密钥空间是56位,其密钥组合为2^{56},对它们取以10为底的对数,可见,30 >56lg2,即用Logistic映射产生的混沌同步加密算法的抗穷举能力比DES算法更有效。

（5）在实现过程中,难免有误差的存在,因此,算法只可以说是在一定精度范围内的近似模拟。

从上述分析中可以看出,Logistic混沌方程所产生的混沌同步加密序列可看作是在计算精度一定的条件下的一种最优加密序列,如果攻击者只分析观测到的混沌同步加密序列,不知道混沌同步加密算法的参数等设置,是不可能找出Logistic混沌映射方程关系的,因而攻击者是很难破译该混沌同步加密算法的,这就确保了身份认证过程中用户敏感信息的安全性。

9.3.4　实验结果与分析

以初值x_0作为密钥,设初值x_0=0.3,μ=3.8,在MATLAB 7.8.0环境下进行仿真实验。用户名为"wangshangyinhang123",密码为"hunduntongbu456"。实验选取了复杂的口令,增强了口令的保密性,当登陆系统时,加/解密的结果如图9.11和图9.12所示。

图9.11　x_0=0.3时混沌序列加密结果　　　　图9.12　x_0=0.3时混沌序列解密结果

从图9.11、图9.12中可以看出,采用混沌序列可以对信息进行加密,而发送端和接收端采用相同的密钥,即二者拥有相同的传输协议,在密钥相同时可以同步恢复出原始信息,这就对在网络环境下传输的数据进行了保密工作,保证了用户的信息安全。

对密钥进行微小的变动,取初值x_0=0.3001,当键入"hunduntongbu456"字样时,加/解密的结果如图9.13和图9.14所示。

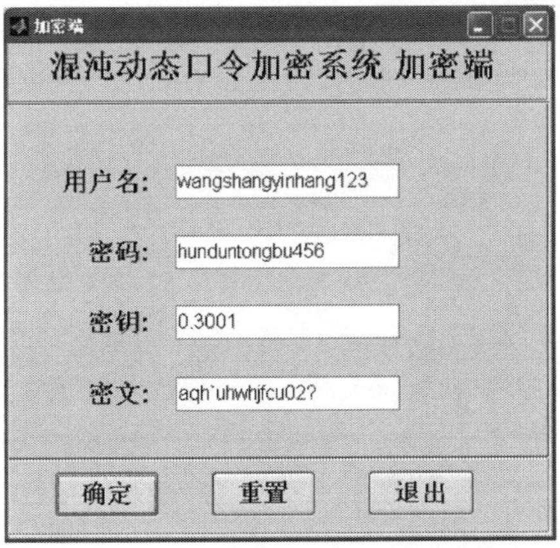

图9.13　$x_0=0.3001$混沌序列加密结果 　　图9.14　$x_0=0.3001$混沌序列解密结果

从图9.13和图9.14中可以看出,所提出的算法具有对初值的极端敏感特性。密钥精度只改变了10^{-4},加密后的数据与原来完全不同。

另外,对于初值$x_0=0.3$,如果解密密钥$x_0=0.30001$,得到的错误解密结果如图9.15所示,可见解密密钥有微小的改变也是不能同步解密的。

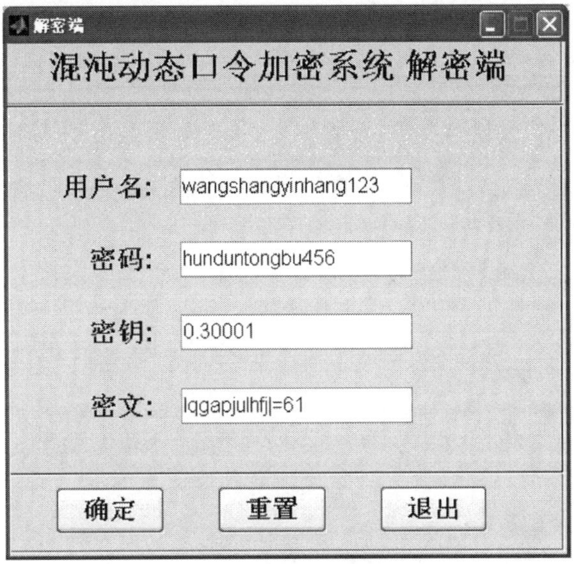

图9.15　错误解密结果

从实验的结果可以看出,只要密钥有微小的改变,加解密后的结果就与原来的结果截然不同,从而说明了混沌序列对初值的敏感性。所以当接收方或者破译方不知道初值时,是很难得出原始信息的。经验证,此加密方法密钥精度达到了

10^{-6},由此可知,所设计系统保证了用户在网上银行身份认证过程中的信息安全,使用户在网络中传输的数据的安全性得到了保证。

9.4　基于超混沌同步加密的网上银行
动态口令身份认证技术研究

随着对混沌同步加密技术的深入研究,人们发现,低维离散混沌系统的形式简单,混沌序列生成的速度较快,加/解密效率也很高,但由于有限精度效应和短周期等问题的存在,其密钥空间不够理想。同时,随着基于混沌的相空间重构技术的发展,破译低维混沌同步加密系统已成为可能。因此,要研究出更加安全可靠的方法来保护用户的敏感信息,保证用户的财产安全。

超混沌系统是指存在两个或两个以上正的李指数的系统,它比低维混沌信号的随机性更强,方程更加复杂,更难以破译,保密性更好。目前,大多数基于超混沌同步加密技术的研究尚处于理论研究阶段。这里只对超混沌同步加密技术进行介绍,并且基于前面叙述的算法,构建出更加安全可靠的同步加密方案。

9.4.1　超混沌加密系统研究

1.混沌系统与超混沌系统的异同点

混沌与超混沌系统的异同点如下。

(1)相同点。混沌与超混沌系统都可用于保密通信领域,它们最重要的共同点是它们的轨迹对初始条件具有极端敏感性。

(2)不同点。混沌系统具有一个正的李指数,超混沌系统具有至少两个正的李指数。超混沌系统比混沌系统随机性更强,保密性更高,更难破译。

2.超混沌序列的生成方法

数字超混沌序列的生成在系统中是非常重要的,其生成方法如下。

(1)实数值序列。它是由超混沌映射的轨迹点所形成的序列。对于n维超混沌系统,有$\{H_k, k=0,1,2,\cdots,n\}$。

(2)位序列。把实数值改写成浮点数形式,有效位数为$L=1$bit,然后对有效位进行二进制量化。L的选取是有限制的,若L取值太大,就会增大计算量;若取值太小,计算的精度不能得到保证,序列会很快地退化成为非混沌状态。

(3)二值序列。由实数值序列产生,通过定义一个阈值th来得到

$$\text{sign}(x_k) = \begin{cases} 1 & (\text{th} < x_k < 1) \\ 0 & (0 < x_k < \text{th}) \end{cases} \tag{9.5}$$

这里需要注意的是,所生成的二值序列必须要通过序列的随机性检验方可应用。

（4）整数值序列。是把实数值序列按照某种规则转化为整数值。

3.解决有限精度问题采用的方法

对于超混沌序列来说,如果应用数字方法实现,计算机有限精度的问题就要考虑进去,实际产生的超混沌序列所能达到的状态数是十分有限的,因为它们通常趋于周期性,或收敛于稳定态,这样的超混沌序列不能满足安全保密序列的要求。

解决这一问题的方法如下。

（1）优化初值。为了保证加密算法的安全性,在应用中能出现"一次一密",需要在大量的分析实验基础上,积累一定量的数据找出最优的初值,使超混沌序列能出现周期性的概率最小。

（2）优化数字化过程。通过迭代运算把浮点数变换为定点数,这种方法在国内已有许多类似的研究。

（3）加入微小扰动。主要有定时加扰和定幅加扰等,在序列上加上一个微小的扰动,有些研究已经提到加入 m 序列扰动这种方法来实现,并产生了很好的效果。

9.4.2　典型的超混沌系统模型

（1）Chen电路的超混沌映射为

$$\begin{cases} \dfrac{\mathrm{d}x}{\mathrm{d}t} = a*(y-x) \\ \dfrac{\mathrm{d}y}{\mathrm{d}t} = (c-a)*x - x*z + c*y \\ \dfrac{\mathrm{d}z}{\mathrm{d}t} = x*y - b*z \end{cases} \tag{9.6}$$

式中,参数取 a=35, b=3, c=28,此系统出现超混沌状态,其吸引子如图9.16所示。

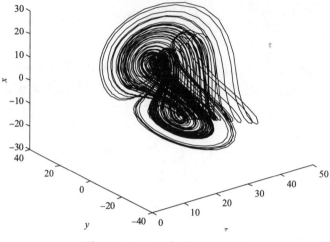

图9.16　Chen电路超混沌吸引子

（2）二维超混沌映射

$$\begin{cases} x_{n+1} = ay_n + by_n^2 \\ y_{n+1} = cx_n + dy_n \end{cases} \tag{9.7}$$

式中，参数取a=1.55，b=−1.3，c=−1.1，d=0.1。经计算，李指数λ_1=0.238，λ_2=0.166，其吸引子如图9.17所示。

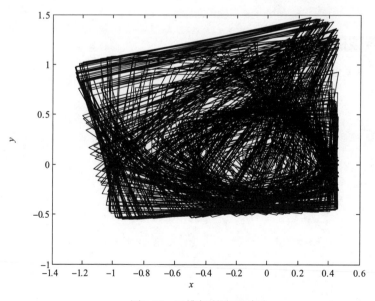

图9.17　二维超混沌吸引子

由于Chen电路是连续系统,不适合产生序列密码,所以本章将重点研究所提出的二维超混沌系统的性质。

9.4.3　二维超混沌系统研究

1.二维超混沌映射的性质

由上小节分析计算可知,所给二维超混沌映射系统是具有超混沌特性的二维离散系统。因此,在本小节将应用此超混沌序列设计抗破译能力更强的网上银行动态口令身份认证算法。首先,对二维超混沌映射的性质进行分析。

1)超混沌系统对初值敏感性

系统随时间的演化过程如图9.18和图9.19所示,图中分别用圈、叉符号来表示两组不同初值的演化轨迹。从图中可见,在以开始的时候,圈、叉差不多完全重合,但是经过短短一段时间的演化后,圈、叉就完全分开了,这表现出混沌系统对初值的极端敏感性。

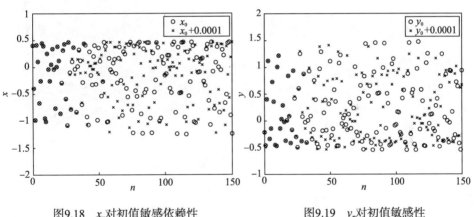

图9.18　x_n对初值敏感依赖性　　　　　　　图9.19　y_n对初值敏感性

2)超混沌系统遍历性

此超混沌系统的变量可以在一定范围内按照一定的规律遍历所有的状态,这就是超混沌系统的遍历性。取初值$x_0=0.3456$, $y_0=0.2345$,迭代1000次的结果如图9.20所示。

3)超混沌系统的实值序列

对于上面给出的超混沌序列,取初值$x_0=0.233$, $y_0=0.372$来产生超混沌实值序列, x_n, y_n的时域波形图如图9.21和图9.22所示。在用前述方法对信息进行加密的过程中,这里仍然需要去掉系统迭代的前1000次的值,来克服系统对初值的敏感过渡过程,以此来产生性能更加完善的加密系统。

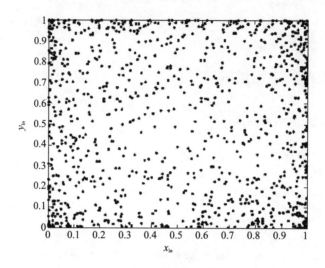

图9.20 超混沌系统遍历性

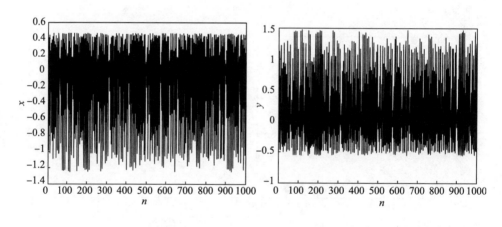

图9.21 x_n的时域波形图   图9.22 y_n的时域波形图

2.随机性检验

随机性检验是一项非常重要的内容,本小节关于密钥序列的随机性检验将从序列的频数检验、序列检验、扑克检验和游程检验4个方面着手,全面分析改进算法生成的密钥序列的随机性。在此也对单一型Logistic序列密码算法所生成的密钥序列进行检验,以此来达到分析和对比的目的。关于序列随机性的分析,将通过在MATLAB 7.8.0平台下用模拟实验的方式进行,各项检验测量结果的平均值如表9.3所示。

表9.3　随机性检验结果

检验方法	对应5%显著水平检验值	传统单一算法检验值	提出方法检验值
频数检验	3.84	0.707	1.112
序列检验	5.99	1.357	3.234
扑克检验	279.2	243.751	255.761
游程检验	1.96	1.007	1.224

1)频数检验

频数检验是各种检验中最为明显的一种,保证序列中0,1的数量大致相同。如果序列中0的个数是m_0,1的个数是m_1,序列长度是m($m=m_0+m_1$)。计算检验统计量为

$$x^2 = \frac{(m_0 - m_1)^2}{m} \tag{9.8}$$

将计算值和X_1^2(0.05)=3.841相比,其中,X_1中的1代表一位,3.841是m_0和m_1的显著性差异为0.05时检验统计量的平均值,如小于此值就通过检验。

2)序列检验

序列检验是判定$n=1$bit的子序列中是否有近似相等的00,01,10,11出现次数。设m_{00}表示00的数量,m_{01}表示01的数量,m_{10}表示10的数量,m_{11}表示11的数量。检验统计量为

$$x^2 = \frac{4}{m-1}\sum_{i=0}^{1}\sum_{j=0}^{1}(m_{ij})^2 - \frac{2}{n}\sum_{i=0}^{1}(m_{ij})^2 + 1 \tag{9.9}$$

将计算值和X^2检验X_2^2(0.05)=5.99相比,其中,X_2中的2代表两位,若小于就通过检验。

3)游程检验

序列中,设r_{0i},r_{1i}分别为长度为i的沟和块的个数,r_0,r_1分别是沟和块的总个数,连0的游程称作沟,连1的游程称作块。则游程检验的要求为$r_0 \approx r_1$,r_{0i},r_{01},r_{1i},r_{11}都接近首项为1、公比是1/2的等比数列。

4)扑克检验

扑克检验是测试不同组合是否有均匀的出现次数,把序列分成大小为n(一般取$n \geq 3$)的分组,则可能出现2^n种排序的方式。设计中以字节为单位来进行加密,因此设$n=8$,各种组合的频数为$f_0,f_1,\cdots,f_{255}$。计算检验统计量为

$$x^2 = \frac{2^n}{F}\sum_{i=0}^{2^{n-1}}(f_i)^2 - F \quad \left(F = \sum_{i=0}^{2^{n-1}}f_i\right) \tag{9.10}$$

若检验结果小于X_{255}^2（0.05）=279.2,就通过检验。其中,X_{255}中的255代表频数的最大下标。

从以上的检测结果发现,通过对所提出的算法的随机性检验,所提出序列的安全性能达到了要求,可以把此作为加密序列。

9.4.4　基于超混沌同步加密的网上银行动态口令身份认证技术设计

采用二维超混沌系统来产生伪随机序列。由于超混沌系统具有多个系统变量,因此其伪随机序列码产生更接近于实际过程。下面将具体分析此问题。

1.超混沌同步加密系统设计原则

超混沌系统可作为加/解密的序列,因为其对初值和参数更加敏感,0和1的分布均匀。由于所设计系统对超混沌信号进行了迭代处理,扰乱了明文空间,因此,攻击者试图推断密钥流是很难的,这就保证了超混沌同步加密算法的安全性能。采用前面提出的算法,首先用了一个Logistic混沌函数,迭代1000次使得密钥更加随机,将迭代1000次之后的x值作为新的超混沌系统的初值,超混沌系统的y值取一个固定的值0.166。相应地在解密时也采用相同的算法。

2.性能分析

1)抵御针对混沌的分析破译方法

破译难度取决于密钥的长度和加密算法的好坏。假设密码分析者事先知道所使用的密码体制,即攻击者了解加密方所使用的密码系统,但这只能得到加密后的密文。攻击者只有知道加密密钥才能破解用户的信息。采用超混沌系统的目的,就是利用超混沌系统对初始状态、系统参数的敏感依赖性以及混沌信号有超长周期、类随机性和相空间复杂分布等特征,经过加密,完全掩盖真实信息,最大限度抵御攻击者破解,确保信息安全。因此用统计分析方法,或用相空间重构等方法估计混沌系统的参数是无效的。超混沌序列短期可计算,但长期不可预测,这无疑增加了破译的难度。

2)抗穷举法破译算法

选取超混沌系统的初值作为密钥,小数点后的位数越高,用穷举法攻击耗时越长,抗破译能力越好,在此取小数点后4位有效数字来表示混沌系统对参数的敏感性。通过计算机仿真表明,本章所设计的方法满足现代密码学的基本要求,经验证,密钥精度达到了10^{-16},明显优于前面所述的混沌同步加密算法,提高了系统的抗破译能力。

3.实验结果

针对所提出的算法,用二维超混沌系统实现网上银行动态口令身份认证系统。以初值x_0作为密钥,设u=3.8,x_0=0.3,a=0.2,b=0.3,c=−1.6,d=0.5,在MATLAB 7.8.0环境下进行仿真实验。用户名为"wangshangyinhang123",密码"hunduntongbu456",当登陆系统时,加/解密的结果如图9.23和图9.24所示。

图9.23　x_0=0.3时超混沌序列加密结果

图9.24　x_0=0.3时超混沌序列解密结果

从这两个图中可以看出,当加密端和解密端采用相同的密钥时,是可以同步解密的。

只对加密密钥进行微小的改变时,当x_0=0.3000000001时,加解密结果会产生很大的不同,这说明超混沌系统对初值的敏感依赖性。x_0=0.3000000001时加/解密结果如图9.25和图9.26所示。

图9.25　x_0=0.3000000001时超混沌序列
加密结果

图9.26　x_0=0.3000000001时超混沌序列
解密结果

　　另外,对于初值x_0=0.3,如果解密密钥x_0=0.3000000000000001,得到的错误解密结果如图9.27所示,可见解密密钥有微小的改变也是不能同步解密的。

图9.27　错误解密结果

　　经验证,当解密密钥精度改变了10^{-16},此时系统对初值的敏感依赖性消失,是不能够正确解密的。通过与混沌序列加密比较分析,超混沌序列对初值敏感性更强,比采用Logistic序列加密效果更好,密钥精度可以达到10^{-16}。

第10章　掺铒光纤弱信号混沌检测系统

10.1　混沌与信号检测

10.1.1　混沌与弱信号检测

混沌运动作为非线性系统特有的一种运动状态,经常出现于某些耗散系统、哈密顿(Hamiton)保守系统和非线性离散映射系统中。混沌的运动状态脱离了经典力学中确定性运动的三种状态:静止、周期运动和准周期运动。其运动状态主要表现为局限于有限区域内并且轨道永远不再重复的一种类随机运动。

混沌系统具有很多特性,如有界性、遍历性、分维性等,而对于弱信号检测领域,通常是利用混沌系统的随机性实现弱信号的测量,随机性是指在某个条件下,系统的运动状态无法确定,随时间推移系统产生随机性的运动结果。通常,当系统所受外界干扰源较多,干扰程度较大时,会产生这种随机性运动。对于一个可以确定运动方程的系统,在不受外界因素干扰的情况下,根据经典力学的理论,其运动状态应该是可以确定和预测的。但是,混沌运动的类随机性打破了这个推论,其对初值的敏感性使系统的某个变量受到微小扰动时,运动轨迹会随时间产生指数式偏移,那么将微小信号的某个待测值作为微扰量加入系统,通过观测运动轨迹的偏离情况就能实现弱信号物理量的测量。

混沌系统的另一个特点是统计特性,如李指数和连续功率谱等。李指数是混沌系统运动轨迹随时间分离的平均速度,李指数的数目与系统的维数是相同的,每个李指数表征系统在此维的轨迹分离速度。当李指数都小于零时,系统的运动状态对应于周期运动或不动点,当李指数等于零时,系统运动对应于分岔点,只有存在正的李指数时,系统才会出现混沌运动现象,因此李指数是一个判定系统状态的重要标准。在弱信号检测中,可利用混沌系统对噪声所特有的免疫力达到精确判定弱信号存在与否的目的,只有弱信号的加入才可促使系统产生相变,因此通过混沌系统的一系列状态特征来判断系统状态就显得尤为重要了。李指数就是其中一个经常用于判定系统混沌态的特征量,这在许多混沌弱信号检测当中都有应用。

10.1.2　基于混沌振子的弱信号检测原理

　　信号检测是信号处理当中的一个重要分支,它的检测水平是衡量一个国家电子科学和信号处理水平的一个重要标准,是信号处理的尖端领域,在通信、机械、电子、计算机、生物医学等领域都有广泛的应用。而当被检测微弱信号处于复杂环境下(如强噪声中),如何成功实现所需微弱信号的检测是信号检测当中的一个重要内容。微弱信号的检测方法主要有时域处理方法和频域处理方法两个大类。频域处理方法主要是根据噪声所具有的统计特性,在频域对频谱或功率谱进行分析的基础上,采取特定频率的噪声抑制手段,比如去除高斯色噪声一般都采用高阶累积量方法,如当前的MUSIC和ESPRIT等高阶累积量方法,其信噪比下限可以达到-10 dB的水平,而且具有很高的谱分辨率。针对相互独立的色噪声,可以采用互谱估计方法,其信噪比工作下限可以达到-30 dB,而现在出现的对两种噪声都有较好的抑制作用的互高阶谱估计方法可使信噪比达到-10 dB。但是,这些方法同时存在着噪声抑制的局限性问题。时域处理方法不需要事先对噪声的类型和分布进行假设,优点是简单、快速、易于用硬件实现。但是,目前对时域处理方法的研究主要还是20世纪60年代所提出的锁频放大器和Boxcar积分器,其检测的弱信号下限难以突破10 nV。因此现在急需一种新的成熟的检测技术,可以在更低的信噪比下工作。

　　将混沌理论用于微弱信号检测基于以下两点:①混沌系统的最重要特点就在于系统的演化对初始条件是十分敏感的,因此在长期观测下,系统的将来行为是不可预测的。②混沌系统对自然界中的噪声具有较强的免疫力,利用这个特点就可以去除掉背景环境的噪声,将微弱周期信号提取出来。通过混沌系统检测信号可以达到以往传统检测手段所无法达到的低信噪比和高精度要求,目前混沌弱信号检测领域的研究主要集中于以下两方面。

　　(1)背景噪声为混沌的情况。现在已有很多文献证明自然界很多背景信号为混沌噪声,如海杂波、心电图杂波等,因此现在有很多科研工作者开始致力于研究混沌背景下的信号检测问题,也发表了很多相关文章,比较常用的有神经网络法、最小象空间体积法等,都成功地实现了混沌背景信号下的信号盲分离,提取出了有用的谐波信号。1992年,Birx使用Duffing方程构造的系统对谐波信号进行检测,这是最早的将混沌理论用于混沌背景噪声检测的试验。1994年,Haykin成功使用匹配跟踪(matching pursuits, MP)方法将微弱小信号从具有混沌特性的背景信号中提取出来。1997年,Short利用了混沌信号的短期可预测性,成功地实现了混沌通信系统中小信号的提取,上述学者的众多研究均取得了丰硕成果。

　　(2)背景噪声为类高斯白噪声或非高斯分布噪声信号,一般都是通过构造一个混沌系统来实现微弱信号的检测。其主要基于混沌理论构造的系统具有一系列特性,如对噪声具有较好的免疫力,普通的加性噪声,如常用的随机高斯白噪声,或色噪声在作为参数扰动加入混沌振子系统中,并不会对系统的状态产生质的影响,也就是不会改变系统当前所处的状态,但是对于待测信号,如谐波信号作为参数扰动加入系统当中,哪怕是非常微弱的信号都会对系统的状态产生影响,这样就达到了对周期弱信号的检测与判断的目的。

这里研究的主要方向是背景噪声为高斯白噪声下的微弱正弦信号的检测。在自然界中,可以把众多噪声的复合当做高斯白噪声来处理,同时,通常在通信当中都是采用正弦信号作为载波,然后调制传输,因此对于正弦信号的检测是非常重要的一个检测指标,微弱正弦信号的检测一直在信号检测中处于一个非常重要的地位。正弦信号被人们所重视是起源于19世纪末的傅里叶级数和傅里叶变换理论,正弦信号也成为信号处理中的一个重要方面,信号的傅里叶变换特性使正弦信号检测理论和方法的研究不仅具有重要的理论意义,而且在通信、物理学和医学等领域有极其广泛的应用。

具体来说,通常所使用的混沌振子用于微弱信号检测的基本理论依据是利用混沌的控制理论。混沌控制理论是一种与传统的控制理论完全不同的新型控制理论,现在的混沌控制理论主要是通过对系统加入一个时间连续函数小信号作为微扰信号来实现对系统的控制,通常这个时间连续信号使用一个周期小信号作为扰动源,对系统的混沌性进行抑制,实现系统的原李指数由正值变为负值,传统的控制目的都是为了将系统脱离混沌状态,趋于稳定。而在此所要研究的弱信号检测实现原理是将待测小信号作为系统某个参数的一个扰动信号加入系统当中,由于系统对参数的极端敏感性,当加入特定的周期信号,无论信号多么微弱,都会导致系统的周期解发生变化,体现在相轨迹上就是系统的相态发生变化。而将普通的噪声信号加入系统,即使噪声相对信号非常强烈,但是对系统的周期解并无影响,系统的状态也无变化,这样就实现了在强噪声背景下微弱弱信号的检测。现有的研究主要从系统状态的变化来判断信号的出现与否,因为此种方法比较简便,通过计算机对相轨迹的计算就可以分辨出系统的相态变化,为了增强判别的准确性,作者希望能够将系统状态的变化最大化,这样可以增强判别的准确度,通过实验仿真可以发现,一个混沌系统处于混沌态和大尺度周期态时,系统的相轨迹图存在很大差别,所以很多学者都将检测系统的混沌态和大尺度周期态作为系统的二态,通过两个状态之间的转化来实现弱信号的判别与检测。很多关键的检测技术也是基于这两个状态的各自特点和相互关系,这也是本章研究中的一个要点。

10.1.3　达芬振子构成的弱信号检测系统

这里研究的内容主要集中于建立一个能够检测微弱正弦信号的混沌系统。首先,一个系统想要实现对特定信号的检测,必须使其对某种特定信号具有很强的敏感性,对于混沌理论的研究现在已经经历了几十年,众多学者发现并构造出许多混沌系统,通常采用数学方程对这些系统进行描述的,如洛伦茨方程、Fandpul方程、达芬(Duffing)方程等。在这些混沌动力学方程之中作者选择达芬方程作为微弱信号检测系统的构造模型,达芬方程起源于对软弹簧振子弱阻尼运动的动力学描述,而且现如今对它的研究也比较充分。使该系统处于某个特定的状态,加入微弱正弦信号到系统当中,通过对系统状态的变化判断来实现强噪声中微弱正弦信号的检测工作。

达芬方程的数学表达式为

$$\frac{\mathrm{d}^2 x}{\mathrm{d}t^2} + k\frac{\mathrm{d}x}{\mathrm{d}t} + \alpha x + \beta x^3 = 0 \qquad (10.1)$$

式中,k为阻尼比,$\alpha x + \beta x^3$为系统的非线性恢复力。在引入周期外力作用后,达芬方程变为

$$\frac{\mathrm{d}^2 x}{\mathrm{d}t^2} + k\frac{\mathrm{d}x}{\mathrm{d}t} + \alpha x + \beta x^3 = \gamma\cos(\omega t) \qquad (10.2)$$

式中,γ和ω分别是外加周期摄动力的幅度和频率,α和β分别为系统实数因子。

通过大量仿真试验可以发现上述的达芬方程构成的系统能够产生混沌现象。随着外置周期策动力幅值γ的变化,系统会经历同宿轨道、分叉、混沌轨迹、临界周期轨迹和大尺度周期等各个状态。检测初始通过对内置周期策动力幅值的设定将系统的状态控制在某个状态的临界点上,那么待测信号的加入与否就与系统的状态变化与否联系到了一起。如果加入特定频率的待测信号会激发系统产生相变,那么相变就是待测信号出现的判据。大量实验已证明,普通噪声的加入不会对系统的相变产生影响,并且一些学者也发现,并不只是正弦波,当外加周期策动力为方波时系统也可实现微弱信号的检测能力。并且为了提高系统的检测能力和灵敏度,有学者提出了对非线性项进行适当改进的系统方程,即

$$\frac{\mathrm{d}^2 x}{\mathrm{d}t^2} + k\frac{\mathrm{d}x}{\mathrm{d}t} - x^3 + x^5 = \gamma\cos(\omega t) \qquad (10.3)$$

式中,k为阻尼比,$-x^3 + x^5$为非线性恢复力项,$\gamma\cos(\omega t)$为内置信号。

两种检测模型的检测原理是一样的,在这里还是采用第一种模型来进行讨论。

10.2　光纤弱信号检测理论与方法

10.2.1　互相关检测法

相关性是有用信号与各种自然噪声之间一个很重要的区别,因此利用信号在时间上具有相关性这一特性,可以将深埋在噪声当中的周期信号提取出来,这就是相关检测法。相关检测法一直是微弱信号检测的基础,相比于传统窄带滤波器必须知道待测信号的中心频率,相关检测法不需要知道信号的先验知识,因此对于未知频率的待测信号使用相关检测法会得到非常好的效果。从这个意义上说,相关检测器就相当于一个频率可以任意调整的滤波器,从而实现任意频率信号的杂波过滤。信号的相关性可以通过相关函数来求解,它代表了一种线形相关度量,是一个随机过程在两个不同时间处的相关性的一个重要统计参量。互相关检测系统原理框图如图 10.1 所示。

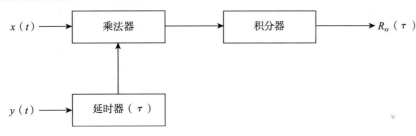

图10.1　互相关检测系统原理框图

图 10.1 中,$x(t)=s(t)+n(t)$ 为被检测的信号和混入的噪声之和,是系统的输入信号,$y(t)$ 为系统的参考信号,则互相关输出为

$$R_{xy}(\tau) = \lim_{t \to \infty} \frac{1}{2T} \int_{-T}^{T} x(t)y(t-\tau)\mathrm{d}t = R_{sy}(\tau) + R_{ny}(\tau) \qquad (10.4)$$

式中,$R_{sy}(\tau)$ 为参考信号 $y(t)$ 与信号 $x(t)$ 的互相关函数,$R_{sy}(\tau)$ 为被检测信号与参考信号 $y(t)$ 的互相关函数,$R_{ny}(\tau)$ 为噪声与参考信号的互相关函数,τ 为参考信号 $y(t)$ 相对于信号 $x(t)$ 的时延,T 为检测信号的周期。若参考信号 $y(t)$ 与信号 $x(t)$ 有某种相关性,而 $y(t)$ 与噪声 $n(t)$ 没有相关性,且噪声的平均值为零,那么

$$R_{xy}(\tau) = R_{sy}(\tau) \qquad (10.5)$$

$R_{sy}(\tau)$ 中包含了信号 $x(t)$ 所携带的信号,保留了待测信号的频率信息,但是失去了相位信息。理论上只要测量时间 T 足够长,则肯定有 $R_{ny}(\tau) = 0$,因为短时间序列

会减弱信号的相关性,但因实际选取T只能是有限时间段内的,故输出端仍会存在一些噪声,同时互相关检测方法要求有一个与被测信号相关的同频率参考信号,应用互相关方法进行测量也只能测量频率波形已知的信号,这些都大大限制了互相关方法的应用。如图10.2是一待检混有噪声的周期信号,将待检信号与参考信号作互相关运算后,得到互相关函数并实现去噪。

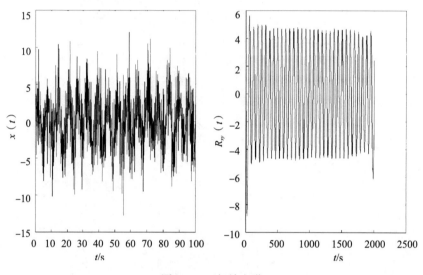

图10.2　互相关去噪

由图10.2可以发现所求的互相关函数, 由于积分时间不可能无限长, 所以处理后的信号仍含有一定的噪声,这给检测周期信号带来一定困难,但是信号的波形已经相对处理前有了很大改进,因此很多信号处理与检测都采用了互相关处理技术。同理,自相关检测技术也是一样的,只不过在自相关检测中参考信号变成了原输入信号,经过延时之后与自己进行相关运算,同样可以达到去除大部分噪声的效果。

10.2.2　基于小波变换的弱信号检测法

作为信号处理领域中经常遇到的问题——弱信号检测,具体工程应用中,往往存在着有用信号较弱,而背景噪声较强的情况,大多数时候信噪比是负值。因此传统的基于傅里叶变换的信号处理方法,只能用于信号和噪声频带重叠部分非常小或者两者完全分开的情况下,通过滤波的方法将噪声去掉,而在实际中,信号谱和噪声谱有可能是重叠的,显然用传统的滤波方法不能有效去除噪声,而会把一些有用信号滤除掉,损失一部分原信号。而且近代使用的经典信号分析方法——傅里叶变换法——侧重于对信号进行整体性分析,无法分析信号的局部特征,另一个主要缺点是傅里叶变换只能分析确定的平稳信号,对非平稳信号就无能为力了。虽然后来提出了加窗傅里叶变换,使信号的局部化分析有了一些改进,但还存在着比较明显的缺点,其时频域的局部化是有限度的,无法同时实现时域与频域的局部化分析。

近代出现的小波变换是一种新的变换分析方法,通过变换能够充分突出信号一些细节方面的特征。利用小波变换良好的时频特性,可以提取信号的波形信息,因此可以在低信噪比情况下检测信号。但是通常是将小波变换结合其他检测方法组成一个联合检测系统,这样会取得比较好的效果。

1.小波变换原理

设 $\psi(t) \in L^2(R)$[①],当其傅里叶变换 $\hat{\psi}(t)$ 满足条件 $C_\psi = \int_R \frac{|\hat{\psi}(t)|^2}{|\omega|} \mathrm{d}\omega < \infty$ 时, $\psi(t)$ 为小波母函数。将小波母函数 $\psi(t)$ 进行伸缩和平移后得

$$\psi_{a,b}(t) = \frac{1}{\sqrt{|a|}} \psi\left(\frac{t-b}{a}\right) \qquad (a, b \in R;\ a \neq 0) \tag{10.6}$$

式(10.6)称为一个小波序列。式中,a 为尺度因子,b 为平移因子。对于任意函数 $f(t)$ 的小波变换为

$$W_f(a,b) = \frac{1}{\sqrt{a}} \int_R f(t) * \psi\left(\frac{t-b}{a}\right) \mathrm{d}t \tag{10.7}$$

其逆变换为

$$f(t) = \frac{1}{C_\psi} \int_{-\infty}^{+\infty} \frac{\mathrm{d}a}{a^2} \int_{-\infty}^{+\infty} W_f(a,b) * \frac{1}{\sqrt{|a|}} \psi\left(\frac{t-b}{a}\right) \mathrm{d}t \tag{10.8}$$

小波变换将信号分解成各种小波的组合,通过调整尺度因子,可得到不同时频宽度的小波以对信号进行任意指定点处的任意精细结构的分析。

2.基于小波变换的弱信号检测

小波变换在信号处理当中的原理相当于用一系列窄带滤波器对信号进行滤波,这些滤波器的带宽相近,增加尺度的同时,滤波器的中心频率向低频移动,其通带宽度也随之增加,因此应用小波变换,可以从噪声信号中提取有用信号。当

---

① L^2(R)表示平方可积的函数空间,即能量有限的信号空间。

今信号分析中小波变换占据了非常重要的位置,由于小波变换是一种多分辨率的变换分析工具,当需要分析信号的高频区域时,频率分辨率会较低,但同时时间分辨率较高,反之,当分析信号的低频区域时,时间分辨会较低,频率分辨率会较高。因此,通过调整小波的尺度和时移因子,小波变换系数能较好地反映信号的局部特征,从而能在低信噪比情况下检测到信号。

还有许多学者提出将小波变换与神经网络结合起来进行弱信号检测。自适应神经计算系统是通过模拟神经元工作机理,具有自适应学习能力的一种智能型算法,它以神经元联结机制为基础,可以处理很多普通方法处理不了的模糊不确定信息。它能够进行联想记忆或者从部分信息中获得全部信息,其强大的自适应性、自组织性和鲁棒性都是其他方法所不能比拟的。利用神经网络构造的信息处理系统在处理信息之前需要对信息进行学习和训练,通过对很多已知信息的学习来达到系统的自适应,主要手段是通过输出误差信号调节来达到自适应学习的目的,使其输出逼近期望响应。

10.2.3 随机共振弱信号检测

随机共振的研究是最近几十年才发展起来的,但是自然界中人们对于其表现早就有了认识。在实际应用中对随机共振现象的利用主要是通过增加与信号耦合在一起的噪声来增强信号传输能力,提高信号的可检测性能。常规的随机共振系统如图10.3所示。

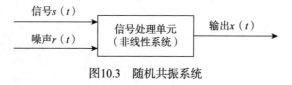

信号s(t)
噪声r(t)
信号处理单元
(非线性系统)
输出x(t)

图10.3 随机共振系统

随机共振的原理是:当随信号一起输入到系统的噪声强度从小到大逐渐增加时,输出端的信号信噪比非但不降低,反而大幅度增加,但是在增加过程中存在着某一最佳输入噪声强度,使系统的输出信噪比达到峰值,此时输入信号、噪声和系统的非线性三者之间达到最佳的匹配关系,在其他情况下信噪比都会有所降低。

随机振动的提出源于力学中的共振现象,力学中称这种在非线性随机系统中出现的协作现象为"随机共振"。但是,随机共振理论跟传统力学上的共振的含义是不一样的,共振在这里的准确含义是表征随机共振系统中三个主要部分之间的匹配关系。随机共振之所以能达到改善系统信噪比的目的,是因为它通过控制噪声强度使得系统的输出信噪比能达到最大。目前对于随机共振现象用于弱信号检测的研究正被大量展开,具体系统参数设计、系统在不同输入信噪比、参数条件下的表现在这里不再详细论述。

10.2.4　光纤弱信号检测

1.信号检测中的光纤传感器相关技术

当前科技与社会发展速度日益加快,无论是科学研究还是日常应用都需要对大量的信息加以处理,因此信息的采集、传输和处理在现今社会中的重要性是不言而喻的。传感器在信号检测领域也占有越来越重要的地位,其快速、准确获得信息的特点也为业界所公认。在与通信、计算机技术相结合之后,出现了许多交叉性学科与相关技术,构成了一个完整的信息处理系统包括检测、传输与处理等环节。本章中的检测系统前端就是采用光纤传感器进行设计的,光纤传感器相比于传统传感器具有灵敏度高、抗干扰性强、便于组成全光网络等优点,因此现在大量应用于信号检测领域,光纤传感器一般分为功能性和非功能性两类,在检测时,利用光纤对外界物理量的感知性来达到检测效能,如表面应力、温度、气体浓度和电磁变化等,与之对应的就是压力传感器、温度传感器、浓度传感器和信号传感器。

在弱信号检测领域,由于待测信号湮没于强噪声中,因此使用普通的传感器存在灵敏度低、容易丢失待测信号的缺点,另外,检测过程中会产生较多噪声,对于弱信号的检测是十分不利的,因此在本章中采用光纤传感器就是基于此方面的考虑。

2.掺铒光纤放大器

20世纪90年代以来,随着社会信息化发展的速度越来越快,传统的通信方式和通信网络已经不能满足人们对于爆炸式信息的快速获取,同时互联网的快速发展和数字通信、多媒体业务的大量需求也对传统的通信网络提出了更高的要求。光纤通信网正好适应了这种需求,并快速发展起来。与此同时,光通信技术的快速发展催生了光放大技术,作为光纤通信发展史上一项具有划时代意义的技术,其对光通信具有非常大的促进作用,也被认为是光通信系统中的一项关键技术。自从1987年掺铒光纤放大器(erbium-doped fiber amplifier, EDFA)的首次研制成功开始,每一次革新都会带给光通信一次技术性的革命,仅仅数年之后,市场上就出现了各种成熟的掺铒光纤放大器,由于具有较宽的通信带宽,它很快代替了市场上原有的电中继器。

目前技术已经成熟的光放大器主要有掺铒光纤放大器与光纤拉曼放大器(fiber Raman amplifier, FRA),在此主要介绍EDFA的相关技术。其组成部分一般有掺铒光纤、波分复用器、泵浦光源和隔离器等,工作原理为:当没有泵浦光激励时,光纤中的铒离子处于基态,当使用泵浦光射入光纤中,铒离子得到能量后向高能级跃迁,之后其由于特性,铒离子将长时间处于亚稳态。当泵浦能量足够时,大量粒子将出现反转,此时如果有光信号通过光纤,亚稳态粒子在跃迁回基态过程中将产生和入射光相同的光子,这样就实现了传输中光信号的放大。

掺铒光纤放大器在弱信号检测系统中的应用是非常重要的,尤其对于系统前端的传感器距离检测主系统较远或在传感器网络中,由于被测信号本身十分微弱,如果采用传统的电传输方式,一方面在光传感器前端需要进行光电转换,远距离传输的功率损失和光电转换过程中的噪声叠加对于弱信号检测系统都会造成很大影响;另一方面掺铒光纤放大器本身具有高增益、大带宽,可以同时实现多个信号同时检测,非常适合与现今光通信的波分复用技术相结合,另外,其较低的噪声系数使原本已经十分微弱的弱信号所受叠加噪声影响趋于最小化。现今对掺铒光纤的增益控制技术也有较大的突破,可以做到增益稳定控制,这样在检测主系统中的一些放大功能可以放入光纤放大器中实现。

10.3　混沌状态判别方法研究

由于微弱信号混沌检测的主要依据是混沌系统状态的变化,因此检测的主要问题就集中于判断系统是否产生了状态的变化,混沌系统状态的判别问题成为了当前微弱信号混沌检测中的一个重要内容。从混沌理论的定义上看,其概念是非常抽象的,从其定义上找到一个准确、实时性好的判断方法还是不现实的。因此,可以从混沌系统所具有的一些特性入手,如其对初始条件的敏感性、长期不可预测性、分岔和遍历性,众多学者在涉足混沌理论时,对于已知系统是否出于混沌态这个关键问题都进行了大量的研究,也提出了很多可行的方法。然而到目前为止,并没有出现一个通用的方法,现有方法都存在着一些不利于工程实现的问题。由于混沌系统运动状态的高度复杂性,以往的普通解析方法是很难准确判别系统状态的。但是随着现代计算机技术和数字信号处理技术的高速发展,很多学者提出可采用数值方法,经过大量实验论证,此方法是一种行之有效的分析方法。在当今混沌研究领域,存在两种主要的混沌判别方法:一种是依靠计算机对混沌系统运动轨迹进行仿真,通过肉眼对相图进行直观判断,简称为直观法;另一种是计算混沌系统的特征数值,建立混沌系统不同状态与对应特征数值之间的关系进行判断,简称为数值法。

10.3.1　基于相图的直观法

所谓直观方法,就是仅通过对混沌系统运动的时域或频域特征曲线的观察,直观地确定系统是否存在混沌。此类方法主要是基于理论上对混沌的认识,通过实验的手段来观察混沌现象,故相对简单、直观,不需复杂的计算。这类方法包括时间历程法、相轨迹图法、频闪采样法、庞加莱截面法和功率谱法。直观方法比较常用,但是判断的准确性不高,实时性也不是太好,只适用于仿真或实验,因此在这里不做详细论述。

10.3.2 数值法

数值法也可以称为定量法,就是通过计算混沌的某个特征值或特征量,根据得到的特征量的数值判别系统是否处于混沌状态。这些混沌的特征量常用的有分数维、Kolmogorov熵(简称K熵)、梅利尼科夫(Melnikov)特性指数和李雅普诺夫特性指数,对于这三种特征量,都有一套对应的判别方法,下面就对这三种定量方法进行分析与研究。

1.李雅普诺夫特性指数法

混沌系统的一个显著特点就是长期不可预测性,对于初始条件的细微变化其结果都表现出不可预知性,这也是混沌系统类随机性的内在表现。正是混沌系统对初始状态的敏感依赖性,使其在很多应用领域发挥着巨大作用。前面曾经提到关于李指数及其混沌的判据。李指数正是用来定量地表征这种轨道(或迭代过程中的定点)的分离速率的一个物理量,表明一个系统的最大李指数存在正值,这就是混沌系统判断的一个必要条件。在很多实际应用领域,李指数是一个重要的混沌系统判别标准,如工业控制、海洋分析和心电分析等都是作为一个混沌系统重要的特征量。

在一维映射$X_n = f(X_n-1)$中,假设有两个非常接近的初始点X_0和$X_0+\delta$,其中δ为一个极小值,经过n次迭代以后,两点之间的偏差δ_n为

$$\delta_n = \left| f^n(x_0 + \delta) - f^n(x_0) \right| = \frac{\mathrm{d}f^n(x_0)}{x_0} = \mathrm{e}^{\lambda n}\delta \qquad (10.9)$$

式中,的λ就是李指数,因此可以将λ表示为

$$\lambda = \frac{1}{n}\ln\left| \frac{\mathrm{d}f^n(x_0)}{\mathrm{d}x_0} \right| = \frac{1}{n}\ln\left| \frac{\mathrm{d}f(x_0)}{\mathrm{d}x} \times \frac{\mathrm{d}f(x_1)}{\mathrm{d}x} \times \frac{\mathrm{d}f(x_2)}{\mathrm{d}x} \times \frac{\mathrm{d}f(x_3)}{\mathrm{d}x} \times \cdots \times \frac{\mathrm{d}f(x_{n-1})}{\mathrm{d}x} \right|$$
$$(10.10)$$

因此

$$\lambda = \frac{1}{n}\ln\left| \prod_{i=0}^{i=n-1} f'(x_i) \right| = \frac{1}{n}\sum_{i=0}^{i=n-1} \ln\left| f'(x_i) \right| \qquad (10.11)$$

只有当系统处于混沌状态时,才会出现$\lambda>0$。

同理,在二维映射中

$x_{n+1}=f_1(x_n, y_n)$，$y_{n+1}=f_2(x_n, y_n)$，设δ_x，δ_y为初始值偏差,则有

$$
\begin{pmatrix} \delta_{x(n)} \\ \delta_{y(n)} \end{pmatrix} = J_{n-1} \begin{pmatrix} \delta_{x(n-1)} \\ \delta_{x(n-1)} \end{pmatrix} = J_{n-1}J_{n-2} \begin{pmatrix} \delta_{x(n-2)} \\ \delta_{x(n-2)} \end{pmatrix}
$$
$$
= J_{n-1}J_{n-2} \cdots J_0 \begin{pmatrix} \delta_{x(0)} \\ \delta_{x(0)} \end{pmatrix}
$$

（10.12）

式中,J为对应二维映射的雅可比矩阵

$$
J = \begin{pmatrix} \dfrac{\partial f_1}{\partial x_n} & \dfrac{\partial f_1}{\partial y_n} \\ \dfrac{\partial f_2}{\partial x_n} & \dfrac{\partial f_2}{\partial y_n} \end{pmatrix}
$$

因此当$J_0=J_{n-1}J_{n-2}\cdots J_0$的特征值为$\delta_1$和$\delta_2$,则有

$$
\lambda_1 = \frac{1}{n}\ln|\delta_1|, \quad \lambda_2 = \frac{1}{n}\ln|\delta_2|
$$

（10.13）

其中,λ_1和λ_2为二维映射系统的两个李指数。

同样,在n维系统中有

$$
x_i = f_i(x_1, x_2, x_3, \cdots, x_n) \quad (i=1,2,3,\cdots,n)
$$

（10.14）

设系统在零时刻有两初始点,在n维系统中两初始点随时间运动会形成两条运动轨迹,设$\delta(t)$为时刻t时两运动轨迹之间的距离,由此可知

$$
\delta(t)=J\delta(0)
$$

式中,$\delta(0)$为两点的初始距离。$\delta(t)$也可表示为

$$
\delta(t)=e^{\lambda t}\delta(0)=J\delta(0)
$$

（10.15）

因此

$$
\lambda = \frac{1}{t}\ln\frac{\delta(t)}{\delta(0)}
$$

（10.16）

式中,λ与$\delta(t)$都是n维矢量,系统的维数决定了系统的李指数个数,每一维对应着一个李指数。通常所说的李指数谱就是将这些李指数按大小顺序排列。由于正

的李指数为混沌系统的标志,所以李指数也是区分不同吸引子的一个重要标志。对于一个系统,如果出现了正的李指数,那么系统是混沌的,同理,负的李指数对应于周期运动系统,那么当李指数为零时就对应于混沌系统与周期系统的临界点上。基于这个原因,很多学者将李指数作为判定系统是处于混沌态还是周期态的重要依据。

李指数作为系统混沌性的重要判别标准,如何准确求解系统的李指数就成为共同关注的问题。目前对于李指数的求解基本可以分为两种情况:第一种情况是当一个动力学系统方程已知,通过已知的系统运动方程来达到求解李指数的目的;另外一种情况是系统的动力学系统运动方程未知,那么对于李指数的求解要麻烦一些,此时只能通过观测数据来进行求解李指数的工作。第一种情况,无论系统是连续还是离散的,其李指数求解工作的方法也可以分为两种:①基于系统基本解矩阵的QR值分解;②基于系统基本解矩阵的奇异值分解。第二种情况由于求解过程的实时性较差,计算结果相对不是很稳定而逐渐被人们所淡忘。当前绝大多数对已知动力系统的李指数的计算方法都是基于QR分解法的。Benettin等最先创立了Gram-Schmidt(GS)标准正交化过程来求解系统的李指数。Eckmann和Ruelle首次将Householder变换用于QR分解。但是目前求取已知方程的系统的李指数的大部分算法为了保持矩阵正交性,导致算法过程比较复杂,实时性差,不利于具体工程中的实际应用。

另外,对时间序列信号的混沌性分析也是非线性科学领域的一个重要研究热点,由于李指数随着信号的时间域下是一个不变量,因此对于一个未知系统进行分析时,可以通过分析其时间序列信号的李指数来达到分析系统的目的,实现其状态判断。当前计算时间序列的李指数的方法大致可以分为两类:第一类是"直接法",也被叫做称为"轨道跟踪法",顾名思义就是利用对系统运动轨迹的观测跟踪求解李指数,此方法通常被用于信号无噪声环境下的分析,第二类是"雅可比法",利用系统的雅可比矩阵实现李指数的求解,此种算法主要被用于时间序列含有噪声的情况。Wolf等首先提出了轨道跟踪法,其主要原理为:通过一个时间序列 $\{y(t)\}$ 和一个瞬时时间 t_1,来寻找下一个瞬时时间 t_2,使得 $y(t_1)$ 与 $y(t_2)$ 之间的距离足够小。然后,求一个时间量 $j \geqslant 1$,计算 $|y(t_{1+j})-y(t_{2+j})|$ 的增加量,使两条轨迹发散到预先设定值。然后再将 $y(t_1)$ 与 $y(t_2)$ 作为另一个起始记录点,重复上述步骤。通过计算不同时间段的平均发散率,求出此系统的最大李指数。第二种求取时间序列李指数的方法为"雅可比"法。该方法最关键的步骤就是如何正确估计雅可比矩阵。要求能够在不同的数据点处准确估计计出雅可比矩阵,那么就能利用这些雅可比矩阵来估计系统的李指数。同时期还有Rosenstein提出的一种相对计算量比较小的小数据量算法。小数据量算法致力于计算系统最大的李指数,因为只要存在最大李指数大于零就可以判断系统为混沌系统或处于混沌态。小数据量算法

具有计算量少、数据可靠、对于实时性要求高的工程应用具有非常明显的优点。

2.梅利尼科夫特性指数法

梅利尼科夫特性指数方法是混沌系统分析中的重要解析方法之一,其特点是必须事先知道混沌系统的动力学方程,通过寻找奇怪吸引子达到对系统是否为混沌系统的判断。整个算法的关键是寻找横截同宿点和马蹄变换。通常可以将混沌系统看作一个二维离散动力系统,对于二维系统横截同宿点和马蹄变换是同时存在的,据此可以实现系统是否存在混沌性的判定。在哈密顿系统中,若存在一个不动点,且此点的稳定流形与不稳定流形的横截交点都存在,那么将会产生马蹄映射,据此就可以判定系统为混沌系统。但是梅利尼科夫特性指数方法存在一个很大的缺点:计算方法较复杂,并且计算结果存在着较大误差。同时期还有一种Shilnikov方法,其实现原理基本与梅利尼科夫特性指数方法一样,但是Shilnikov方法致力于判定系统中是否存在鞍焦型同宿轨道,相对横截同宿点的判断来说这个会更加复杂,因此Shilnikov方法的应用相对梅利尼科夫特性指数方法来说比较少。梅利尼科夫特性指数方法在已知系统动力学方程的情况下,经过大量的计算都可以达到正确判断,且现在计算机计算速率很快,其计算量大的缺点已经不是人们所考虑的主要问题了,因此现在使用梅利尼科夫特性指数方法来分析混沌系统也是一种可行的方法。

需要说明的是,在梅利尼科夫特性指数方法中引入了一个重要的定理,即横截同宿定理:如果二维映射D具有不动点0,且它的稳定流形与不稳定流形横截相交于点p,则D是混沌的。

在近几年来出现了一种在高维情况下的推广方法,即指数两分法。但是,这种方法目前只是存在于理论研究阶段,还没有在实际的信号分析处理工作中得到实际应用。

3.其他方法

对于混沌系统的研究早期还有很多种方法,比较典型的有分数维法和K熵。

维数是几何学和空间理论的一个基本概念,源自于经典的欧几里得空间(简称欧氏空间)。在欧氏空间中,对一个物体进行描述所需要的维数被称为经典维数或欧氏维数,以前所有的维数都是正值。这里的分数维(fractal dimension)突破了欧氏空间中维数必须为整数的限制,提出分数维就是为了更好地对混沌系统中的奇怪吸引子进行描述。因为混沌系统相空间中的奇怪吸引子就是分数维数的,因此是否存在分数维就成为判定系统是否是混沌系统的一个重要判别标准。比较常用的分数维有容量维、信息维和关联维三种。

混沌系统的另一个重要特性指标就是Kolmogorov熵,由于混沌运动轨迹具有局部不稳定性,因此即使初始位置很相近的两条相邻的轨道会随时间以指数速度分离。那么当两个初始点非常接近,较短时间里通过测量是无法区分这两条轨迹的,当两条轨迹分离足够大时,就可以对其进行分离、描述,有学者因此提出平均信息量这个概念,混沌运动同时产生信息,信息量的多少取决于可以区分的不同轨道的数目,在混沌运动中此数目是随着时间成正比增长的,因此可以表示为$N \propto e^{Kt}$,其中K为常数,用于表示信息产生的速率,也可以用熵或测度熵来表征。而通常所说的测度熵是由Kolmogorov在1958年定义的。Kolmogorov熵的定义式为

$$K = \lim_{\tau \to 0} \lim_{\varepsilon \to 0} \lim_{m \to \infty} \frac{1}{m\tau} \sum_{i_1,i_2 \cdots i_m}^{n} p(i_1,i_2,\cdots,i_m) \ln p(i_1,i_2,\cdots,i_m) \quad (10.17)$$

在对系统是否表现为混沌性的判别中,Kolmogorov熵是非常重要的一个度量值。具体来说,对于规则有序系统,$K=0$;对于随机系统,$K=\infty$;而对于混沌系统,$0 < K < \infty$,K值越大,说明系统的混沌特性越明显,混沌程度越大。

10.3.3 基于过零周期的混沌周期状态阈值判据

根据已有各种混沌阈值判别方法的分析,在此设计一种新的混沌阈值判别方法,此方法可以实现高精度的阈值确定,并且算法简单、实时性好。

在经典的用于谐波信号检测的达芬方程构造的混沌检测系统中,有

$$\ddot{x} + k\dot{x} + \alpha x + \beta x^3 = \gamma \cos(\omega t) \quad (10.18)$$

式中,k为阻尼比,$\alpha x + \beta x^3$为非线性恢复力,$\gamma \cos(\omega t)$为系统内置周期策动力。通过对内置周期策动力幅值γ的调节,可以使系统处于大尺度周期状态,可以证明$\omega = 2\pi/T_0$,其中ω为待测信号的频率,T_0为系统在大尺度周期条件下运行一周期的时间,当达芬方程用于微弱信号检测时,加入的同频率微弱信号也可以改变策动力的幅值,使系统进入大尺度周期状态,通过检测大尺度周期状态的周期就可以实现待测信号的频率检测。有文献提出一种定向过零技术以检测它的周期,其原理为,在系统的相图中,可通过统计一定时间内轨迹定向穿过零点的次数来计算它的周期。那么定时过零周期数在系统处于其他的状态时会有什么表现,它是否随着混沌系统的状态变化而具有某种规律性,在此将利用这点设计一个混沌系统的混沌阈值判定方法。

令$x_1=x$,$x_2=\dot{x}$,图10.4为系统处于大尺度周期状态下的相图。

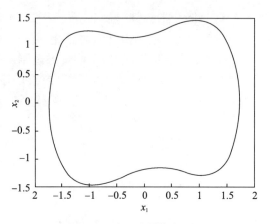

图10.4　大尺度周期相图

在图10.4中,系统以包围(-1,0)与(1,0)点做大尺度周期运动,通过大量仿真可以发现其定时过零次数是一个定值,已有学者证明混沌系统做大尺度周期运动时其运动频率与外置周期策动力频率是一致的,所以仿真结果与之是对应成立的。

但是如果将周期策动力的幅值逐渐减小,当其幅值小于系统混沌态与周期态阈值时,系统由大尺度周期态转变为混沌态,相应的定时过零次数会发生变化,通过大量仿真可以看到其定时过零次数是减小的,其变化点就在系统阈值处,因此在这里可以采用定时过零的基本原理来分析系统整个时间段的运行状态,会发现其具有一定的规律性,这里还是使用经典达芬方程加以仿真。

设式(10.1)中的参数为$k = 0.5$,$\alpha=-1$,$\beta=1$,$\omega=1$,γ为变化的内置策动力幅值,则式(10.1)变为

$$\ddot{x} + 0.5\dot{x} - x + x^3 = \gamma\cos(t) \qquad (10.19)$$

通过改变γ的值,计算系统相轨迹单位时间内通过零点次数,次数记为N,γ取定步长递增,单位时间为记为T,则相轨迹过零次数N随系统策动力幅值γ的不同而变化,二者关系曲线如图10.5所示。

由图10.5可知,当γ增加到1.1附近时,N值开始恒定为759,前面已经说明混沌系统处于周期运动时其运动频率是一定的,那么就可以推测系统开始进入大尺度周期状态,因此也就可以估计到系统在$\omega = 1$时阈值在0.82~0.83,通过细化阈值的取值步长可以提高阈值估计精度。

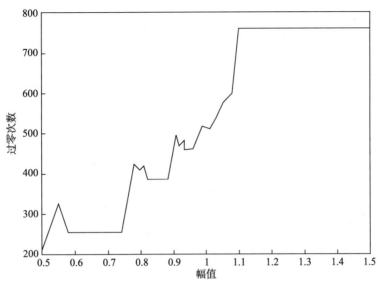

图10.5　过零次数与幅值的关系曲线

同理可知,达芬振子弱信号检测系统的周期策动力处于其他频率时,当γ增大到一定值时,N不再变化,而是保持恒定的一个值,这都说明此时系统已经进入大尺度周期状态,因此可以预测当 N开始恒定时的γ值就处于系统阈值点附近,通过这种方法可以快速简便地估计出系统的阈值点。表10.1所示为不同策动力频率下计算的单位时间内系统相轨迹的过零点次数和策动力幅值,每一个策动力幅值γ对应有一个单位时间过零点数 N 。

表10.1　不同频率下过零次数和策动力幅值

γ(ω =1.0)	N	γ(ω =1.6)	N	γ(ω =1.9)	N	γ(ω =2.3)	N	γ(ω =2.8)	N	γ(ω =3.0)	N
0.21	0	1.51	488	2.51	715	4.02	1231	4.54	0	6.04	795
0.22	0	1.52	488	2.52	710	4.04	1253	4.58	0	6.08	825
0.23	0	1.53	492	2.53	729	4.06	1271	4.62	2	6.12	849
0.24	0	1.54	492	2.54	741	4.08	1281	4.66	2	6.16	873
0.25	0	1.55	490	2.55	707	4.1	1291	4.7	2	6.2	899
0.26	0	1.56	493	2.56	738	4.12	1305	4.74	2	6.24	929
0.27	0	1.57	516	2.57	720	4.14	1321	4.78	54	6.28	951
0.28	0	1.58	521	2.58	747	4.16	1337	4.82	212	6.32	975

$\gamma\,(\omega=1.0)$	N	$\gamma\,(\omega=1.6)$	N	$\gamma\,(\omega=1.9)$	N	$\gamma\,(\omega=2.3)$	N	$\gamma\,(\omega=2.8)$	N	$\gamma\,(\omega=3.0)$	N
0.29	0	1.59	568	2.59	715	4.18	1349	4.86	320	6.36	991
0.3	0	1.6	548	2.6	774	4.2	1361	4.9	392	6.4	1017
0.31	0	1.61	582	2.61	749	4.22	1375	4.94	458	6.44	1045
0.32	0	1.62	560	2.62	765	4.24	1389	4.98	516	6.48	1069
0.33	0	1.63	583	2.63	853	4.26	1407	5.02	558	6.52	1089
0.34	0	1.64	599	2.64	820	4.28	1423	5.06	606	6.56	1113
0.35	0	1.65	608	2.65	805	4.3	1435	5.1	644	6.6	1135
0.36	0	1.66	606	2.66	829	4.32	1441	5.14	686	6.64	1153
0.37	74	1.67	586	2.67	808	4.34	1463	5.18	718	6.68	1175
0.38	104	1.68	610	2.68	835	4.36	1463	5.22	758	6.72	1195
0.39	178	1.69	590	2.69	847	4.38	1463	5.26	786	6.76	1221
0.4	160	1.7	581	2.7	837	4.4	1463	5.3	814	6.8	1237
0.41	142	1.71	600	2.71	885	4.42	1463	5.34	848	6.84	1261
0.42	160	1.72	608	2.72	872	4.44	1463	5.38	880	6.88	1277
0.43	192	1.73	590	2.73	886	4.46	1463	5.42	908	6.92	1297
0.44	146	1.74	594	2.74	875	4.48	1463	5.46	936	6.96	1323
0.45	127	1.75	612	2.75	929	4.5	1453	5.5	960	7	1339
0.46	127	1.76	626	2.76	905	4.52	1455	5.54	988	7.04	1359
0.47	127	1.77	596	2.77	967	4.54	1459	5.58	1016	7.08	1379
0.48	203	1.78	622	2.78	1013	4.56	1463	5.62	1040	7.12	1403
0.49	220	1.79	634	2.79	954	4.58	1463	5.66	1062	7.16	1421
0.5	169	1.8	654	2.8	924	4.6	1463	5.7	1090	7.2	1439
0.51	192	1.81	665	2.81	999	4.62	1463	5.74	1110	7.24	1459
0.52	174	1.82	658	2.82	1005	4.64	1463	5.78	1134	7.28	1475
0.53	233	1.83	658	2.83	1019	4.66	1463	5.82	1156	7.32	1505

γ (ω =1.0)	N	γ (ω =1.6)	N	γ (ω =1.9)	N	γ (ω =2.3)	N	γ (ω =2.8)	N	γ (ω =3.0)	N
0.54	236	1.84	645	2.84	1057	4.68	1463	5.86	1186	7.36	1537
0.55	215	1.85	668	2.85	1087	4.7	1463	5.9	1206	7.4	1557
0.56	212	1.86	690	2.86	1051	4.72	1463	5.94	1236	7.44	1583
0.57	212	1.87	719	2.87	1171	4.74	1463	5.98	1251	7.48	1603
0.58	214	1.88	720	2.88	1143	4.76	1463	6.02	1273	7.52	1621
0.59	213	1.89	721	2.89	1135	4.78	1463	6.06	1299	7.56	1669
0.6	276	1.9	700	2.9	1207	4.8	1463	6.1	1323	7.6	1663
0.61	284	1.91	709	2.91	1209	4.82	1463	6.14	1341	7.64	1725
0.62	280	1.92	746	2.92	1209	4.84	1457	6.18	1367	7.68	1813
0.63	285	1.93	724	2.93	1209	4.86	1459	6.22	1391	7.72	1757
0.64	300	1.94	739	2.94	1209	4.88	1459	6.26	1405	7.76	1759
0.65	304	1.95	776	2.95	1209	4.9	1459	6.3	1433	7.8	1865
0.66	312	1.96	742	2.96	1197	4.92	1459	6.34	1443	7.84	1881
0.67	318	1.97	752	2.97	1199	4.94	1455	6.38	1469	7.88	1881
0.68	338	1.98	786	2.98	1197	4.96	1409	6.42	1489	7.92	1901
0.69	383	1.99	788	2.99	1199	4.98	1196	6.46	1515	7.96	1903
0.7	368	2	774	3	1205	5	1198	6.5	1543	8	1895
0.71	344	2.01	970	3.01	1197	5.02	1208	6.54	1577	8.04	1903
0.72	372	2.02	858	3.02	1205	5.04	1210	6.58	1595	8.08	1905
0.73	382	2.03	984	3.03	1187	5.06	1218	6.62	1637	8.12	1897
0.74	419	2.04	998	3.04	1203	5.08	1228	6.66	1670	8.16	1907
0.75	426	2.05	988	3.05	1203	5.1	1238	6.7	1754	8.2	1903
0.76	422	2.06	1014	3.06	1209	5.12	1244	6.74	1780	8.24	1869
0.77	440	2.07	1008	3.07	1207	5.14	1256	6.78	1780	8.28	1901
0.78	442	2.08	1012	3.08	1203	5.16	1268	6.82	1778	8.32	1903

$\gamma(\omega=1.0)$	N	$\gamma(\omega=1.6)$	N	$\gamma(\omega=1.9)$	N	$\gamma(\omega=2.3)$	N	$\gamma(\omega=2.8)$	N	$\gamma(\omega=3.0)$	N
0.79	470	2.09	1008	3.09	1209	5.18	1463	6.86	1782	8.36	1903
0.8	490	2.1	1010	3.1	1209	5.2	1463	6.9	1780	8.4	773
0.81	502	2.11	1016	3.11	1209	5.22	1463	6.94	1778	8.44	807
0.82	540	2.12	994	3.12	1209	5.24	1463	6.98	1756	8.48	849
0.83	634	2.13	1014	3.13	1209	5.26	1463	7.02	1772	8.52	887
0.84	634	2.14	1014	3.14	1209	5.28	1463	7.06	1776	8.56	907
0.85	634	2.15	1012	3.15	1209	5.3	1463	7.1	1776	8.6	939
0.86	634	2.16	1008	3.16	1209	5.32	1463	7.14	1772	8.64	963
0.87	634	2.17	1008	3.17	1209	5.34	1463	7.18	1766	8.68	987
0.88	634	2.18	1000	3.18	1209	5.36	1463	7.22	1760	8.72	1007
0.89	634	2.19	1014	3.19	1209	5.38	1463	7.26	1772	8.76	1031
0.9	634	2.2	1014	3.2	1209	5.4	1463	7.3	1386	8.8	1043
0.91	634	2.21	1010	3.21	1209	5.42	1463	7.34	1184	8.84	1053
0.92	634	2.22	1012	3.22	1209	5.44	1463	7.38	1004	8.88	1069
0.93	634	2.23	1006	3.23	1209	5.46	1463	7.42	1034	8.92	1089
0.94	636	2.24	1012	3.24	1209	5.48	1463	7.46	1046	8.96	1105
0.95	634	2.25	1012	3.25	1209	5.5	1463	7.5	1068	9	1127
0.96	634	2.26	1012	3.26	1209	5.52	1463	7.54	1082	9.04	1149
0.97	634	2.27	1014	3.27	1209	5.54	1463	7.58	1098	9.08	1167
0.98	634	2.28	1008	3.28	1209	5.56	1463	7.62	1108	9.12	1177
0.99	634	2.29	1018	3.29	1209	5.58	1463	7.66	1126	9.16	1197
1	636	2.3	1018	3.3	1209	5.6	1463	7.7	1140	9.2	1209
1.01	634	2.31	1016	3.31	1209	5.62	1463	7.74	1148	9.24	1229

续表

$\gamma(\omega =1.0)$	N	$\gamma(\omega =1.6)$	N	$\gamma(\omega =1.9)$	N	$\gamma(\omega =2.3)$	N	$\gamma(\omega =2.8)$	N	$\gamma(\omega =3.0)$	N
1.02	634	2.32	1016	3.32	1209	5.64	1463	7.78	1174	9.28	1251
1.03	636	2.33	1018	3.33	1209	5.66	1463	7.82	1192	9.32	1263
1.04	634	2.34	1018	3.34	1209	5.68	1463	7.86	1216	9.36	1277
1.05	636	2.35	1018	3.35	1209	5.7	1463	7.9	1234	9.4	1297
1.06	636	2.36	1018	3.36	1209	5.72	1463	7.94	1246	9.44	1321
1.07	636	2.37	1018	3.37	1209	5.74	1463	7.98	1268	9.48	1323
1.08	636	2.38	1018	3.38	1209	5.76	1463	8.02	1288	9.52	1347
1.09	636	2.39	1018	3.39	1209	5.78	1463	8.06	1306	9.56	1907
1.1	636	2.4	1018	3.4	1209	5.8	1463	8.1	1326	9.6	1907
1.11	636	2.41	1018	3.41	1209	5.82	1463	8.14	1780	9.64	1907
1.12	636	2.42	1018	3.42	1209	5.84	1463	8.18	1782	9.68	1907
1.13	636	2.43	1018	3.43	1209	5.86	1463	8.22	1782	9.72	1909
1.14	636	2.44	1018	3.44	1209	5.88	1463	8.26	1782	9.76	1909
1.15	636	2.45	1018	3.45	1209	5.9	1463	8.3	1782	9.8	1909
1.16	636	2.46	1018	3.46	1209	5.92	1463	8.34	1782	9.84	1909
1.17	636	2.47	1018	3.47	1209	5.94	1463	8.38	1782	9.88	1909
1.18	636	2.48	1018	3.48	1209	5.96	1463	8.42	1782	9.92	1909
1.19	636	2.49	1018	3.49	1209	5.98	1463	8.46	1782	9.96	1909
2.2	636	2.5	1018	3.5	1209	6	1463	8.5	1782	10	1909

表10.1给出了6个频率值下的过零次数N,分别为$\omega=$ 1.0,1.2,1.9,2.3,2.8, 3.0,每一列为随着系统策动力幅值的增大而对应的过零次数N。选取$\omega=$ 1.0对应的N进行具体分析,过零次数与幅值关系,如图10.6所示。

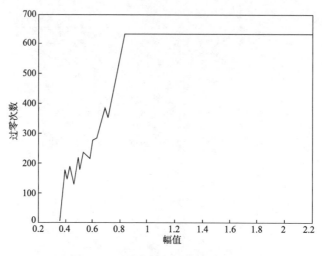

图10.6　过零次数与幅值关系（ω=1）

　　由图10.6可以看出系统混沌态与大尺度周期态阈值在0.83左右,因为当策动力幅值达到0.83时,单位时间内系统相轨迹过零点次数开始稳定在634,说明系统开始进入大尺度周期态,那么阈值肯定为0.82~0.83,通过仿真可以看到达芬振子弱信号检测系统在策动力频率ω= 1时,混沌态与大尺度周期态阈值为0.8249,系统相图如图10.7所示。

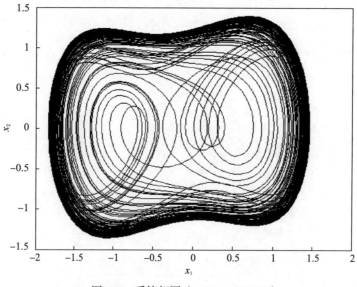

图10.7　系统相图（ω=1，γ=0.825）

　　通过观察系统相图可以证明混沌态与大尺度周期态阈值与通过过零法估计

的数值相符。通过系统策动力处于不同频率时系统一定时间过零周期数,很容易看出,系统由混沌态向大尺度周期态转变的阈值区域,通过相图仿真可以证明系统阈值确实在这些区域。

　　在实际检测弱信号中,阈值的精确度会直接影响到弱信号检测系统的灵敏度和弱信号检测精度,在使用过零周期阈值检测法的过程中,当周期策动力信号幅值接近阈值附近时,由于系统的状态变化存在一个混沌大周期过渡带,在此过渡带中,系统的混沌态和大周期态会随着幅值的单调变化而交替出现,这就为阈值的判定增加了难度,这里仍取频率为1,将策动力幅值步长细化到0.00001,为了便于观察,幅值取值范围缩小为0.82481~0.8258,图10.8所示为定时过零周期曲线。

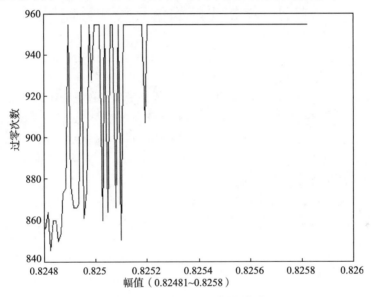

图10.8　细化定时过零周期曲线

　　在图10.8中可以看出,过零周期数的峰值为955,对应的右侧为大周期态运动,左侧小于955对应的为混沌态运动,曲线中间有一段区域处于振动状态。曲线第一次达到955,也就是第一次峰值来临时对应的策动力幅值为0.8249,通过大量相图分析表明此时系统处于大尺度周期状态。随后曲线开始上下震荡,通过大量相图仿真可以发现曲线峰值对应的幅值,对应系统的周期运动状态,其他值对应系统的混沌状态。但是,当曲线到达幅值为0.8298~0.8250时,出现一段峰值保持期,通过大量仿真证明,此时系统状态开始向大周期转换,并且会一直维持在大尺度周期运动状态下,此时才是检测系统所需要的精确阈值,也就是0.8298。

　　通过此方法细化步长可以得到更加精确的阈值,但是需要的系统开销也会更大。这里提出一种多级阈值锁定法,当系统的阈值范围无法获知的前提下,在定时过零周期阈值判定法中先固定步长点数,首次锁定采用大步长进行曲线绘制,通过计算机判定阈值取值范围。判定规则为:曲线的过零次数达到峰值并且连续出现或区域稳定时,选取此范围作为首次阈值锁定范围。由于步长较大,因此此时的阈值判定精确度较差,然后根据此锁定范围结合固定步长点数得出下一次步长值,再次进行过零周期曲线绘制、阈值范围锁定,这样可以通过多次阈值锁定增加精确度,理论上精确度可以达到无限小,通过大量试验可以证明此方法的有效性。在实际测量中就可以根据被测信号的幅值大小和精度要求来设定阈值锁定的级数,这样可以兼顾实时性与精确度的要求。

10.4　掺铒光纤弱信号检测系统

10.4.1　光纤传感器

传感器是对特定物理量进行检测、传输的物理器件。现如今科学技术迅猛发展,人类社会已步入信息时代,信息的采集、传输和处理已经成为现代社会必不可少的一个重要组成部分。因此同时作为信号检测领域的一个重要硬件实现,传感器的相关技术成为信号检测领域的一个重要推进力量,它在测量系统中占有非常重要的地位。如何获得及时、准确的信息,关系到工程测量和工业系统控制的成败。

传统工程应用中传感器发展经历了三个主要阶段:结构型传感器、物性型传感器和智能型传感器。结构型传感器通过其结构部分变化或由于其结构部分变化而引起的某种场的变化情况来反映被测量的大小和变化程度。物性型传感器则是利用构成传感器的某种材料本身的物理特性(在被测量的作用下会产生一些变化),将被测量转换为电信号或其他信号输出。智能型传感器是一种把传感器与微处理器有机地结合在一起的高度集成化的新型传感器,它与结构型与物性型传感器相比,能短时间内获取大量信息,并且对于所获得的信息还兼具处理的功能,从而使信息的质量大为提高。目前传感器有向网络化方向发展的趋势,远距离组网、检测、传输成为目前传感器技术的主要发展方向。

随着大容量光信息网络的发展,光网络中的一个重要组成部分——光纤传感器以其抗电磁干扰、轻巧、灵敏度高等方面的优势,逐渐成为现今传感器领域的新宠。目前对于光纤传感器的理论研究除了一些关键技术外已经趋于成熟,广大研究机构的主要精力集中于其工程实用技术的开发。当前业界的两大热点传感器类型为光纤光栅型传感器和分布式光纤传感器,对这两类传感器的研究成果也经常见诸报端。

在本章检测系统中采用光纤传感器正是利用了其具有传统传感器所不具备的独特优点,即抗电磁干扰性强。由于本章系统专为恶劣环境下的弱信号检测之用,因此检测环境非常复杂,充斥着各种电磁干扰,普通传感器在此强电磁干扰环境下通常都无法正常工作,更不用说稳定地实现强噪声与弱信号的复合信号的检测与传输。另外,其高灵敏度也是一个重要的原因。虽然本章所采用的是光电混合系统,但是随着信息化社会的发展,全光网络将是最终发展方向,因此光传感器代替传统传感器将是未来社会的趋势。

10.4.2 掺铒光纤

掺铒光纤作为当今一种广泛应用的光传输介质,已经为人们所广知和使用,相对于传统光纤,其具有一系列独特的优点。顾名思义,掺铒光纤就是将铒离子掺入普通光纤当中制成的一种新型光纤,当前比较成熟的技术有Er^{3+}、Nd^{3+}、Pr^{3+}、Tm^{3+}和Yb^{3+}等,之所以使用各种掺杂光纤作为传输介质是因为通过构造各种形式的正反馈形成激光震荡便于传输,比较常用的就是构造一个掺铒光纤激光器。早在1961年就有美国的光学公司开始进行光纤激光器领域的研究,但是并未取得明显的进展,直到20世纪80年代才出现了使用气相沉积法制成的低损耗的掺铒光纤,从此业界开始对掺杂稀土元素的光纤展开广泛研究。掺铒光纤在1550 nm波长附近具有较高的增益,正对于光纤低损耗第三通信窗口,因此其应用价值越来越大。在此使用掺铒光纤与光传感器构造弱信号检测系统全光前端,可以实施弱信号的灵敏、精确检测,实现远距离传输,为后续的弱信号检测提取的成功提供硬件支持。

10.4.3 弱信号检测部分设计

弱信号检测部分设计是整个设计中的关键部分。待测弱信号经光传感器采集和掺铒光纤传输后,进入弱信号检测部分实现信号参数的检测和提取。弱信号检测系统如图10.9所示。

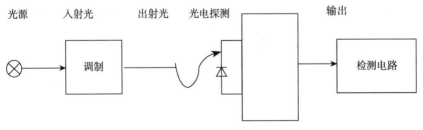

图10.9 弱信号检测系统

1.未知信号频率检测

频率是信号的一个重要参量,本小节首先对未知信号的频率进行检测提取,继而检测未知信号的其他参量。下面作者首先分析现有的基于混沌的系统的未知信号频率检测方法，即间歇混沌周期检测法，然后提出一种改进算法。

1）间歇混沌周期检测法

考虑式（10.1）的达芬方程，该方程中将周期策动力γ看成是变量，当γ逐渐增大时，系统的运动行为由周期震荡转变成混沌运动，当γ增大到混沌与周期态阈值时，系统将进入大尺度周期态，周期策动力将对系统的运动占据主导地位，在这里直接把待测周期信号作为周期策动力$\gamma\cos(\omega t)$加入到系统中，通过调节γ一定可以使系统进入大尺度周期态，此时系统将呈现出一种周期性的运动，其运动周期等于外加策动力$\gamma\cos(\omega t)$的周期。因此，可利用$\omega=2\pi/T_0$求得未知信号的频率，其中ω为外加信号的频率，T_0为系统轨迹运行一周期的时间。现取$\omega=\pi$，策动力幅值$\gamma=0.830$，能够使系统进入大尺度周期态。则方程式变为

$$\ddot{x}+0.5k\dot{x}-x+x^3=y\cos(\omega t) \qquad (10.20)$$

由于系统在开始后会有一段时间处于暂态过程，因此选择一段时间后即系统完全进入大尺度周期态后开始计时，令$x_1=x$，$x_2=\dot{x}$，其系统相图如图10.10所示。

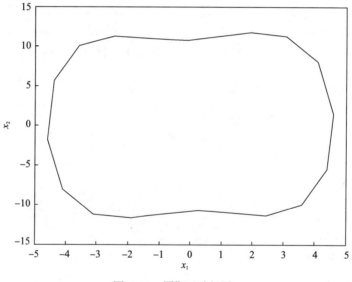

图10.10　周期运动相图

通过对系统大尺度周期的计算，可以测得系统在时间为400的情况下周期数为200，那么系统大尺度周期运动的频率为0.5，转化为角频率即为π，与系统方程中的设定是一致的。可以看出，当系统的策动力幅值超过阈值时，系统相轨迹的运动频率与策动力的频率是一致的，但是实际测量待测信号的频率与内置周期策动力的频率往往具有一定的频差，因此目前基于达芬振子的混沌弱信号检测系统的研究，大

都着眼于频率在内置周期策动力频率附近的弱信号的频率检测,即

$$\ddot{x} + k\dot{x} - x^3 + x^5 = \gamma\cos(\omega t) \tag{10.21}$$

式中, $\gamma\cos(\omega t)$是内置周期策动力, ω是其固定频率,通过改变幅值γ使系统处于混沌与大尺度周期临界态,当加入与其频率相同的弱信号时,周期策动力幅值发生改变,系统相态由混沌态转变为大尺度周期态,由此来判定是否有与内置周期策动力同频的信号加入系统。但是在实际应用中,往往待测信号的频率是未知的。有研究表明,当待测信号的频率与内置周期策动力频率相近时,也会产生系统的相态变化,这就为未知信号的频率检测提供了一种可行的解决手段。因此,式(10.21)变为

$$\ddot{x}(t) + k\dot{x}(t) - x(t) + x^3(t) = \gamma\cos(t) \tag{10.22}$$

式中, $x(t)$为状态变量, $\gamma\cos(t)$为周期驱动力, k为阻尼比, $-x(t)+x^3(t)$为非线性恢复力。为了利用达芬方程进行测试,将模型1改进为模型2。即达芬方程的驱动力$F(t)$由ω_1与ω_2两个不同频率的力合成

$$\ddot{x}(t) + k\dot{x}(t) - x(t) + x^3(t) = b\cos(t) + a\cos(1+\Delta\omega)t \tag{10.23}$$

式中, $b < \gamma_d$; γ_d为系统从混沌态转变到大尺度周期态的临界值; $\Delta\omega = \omega_2 - \omega_1$,为待测信号与内置周期驱动力的频差。

由此可以得到驱动力的表达式为

$$
\begin{aligned}
A(t) &= b\cos(t) + a\cos\left[(1+\Delta\omega)t\right] \\
&= b\cos(t) + a\cos(t)\cos(\Delta\omega t) - a\sin(t)\sin(\Delta\omega t) \\
&= \left[b + a\cos(\Delta\omega t)\right]\cos(t) - a\sin(\Delta\omega t)\sin(t) \\
&= F(t)\cos\left[t + \theta(t)\right]
\end{aligned} \tag{10.24}
$$

式中

$$
\begin{aligned}
F(t) &= \sqrt{b^2 + 2ba\cos(\Delta\omega t) + a^2} \\
\theta(t) &= -\arctan\frac{a\sin(\Delta\omega t)}{b + a\cos(\Delta\omega t)}
\end{aligned} \tag{10.25}
$$

由式(10.25)可以看出,当$\Delta\omega \neq 0$时, $F(t)$将周期性地大于或小于γ_d,其周期为$T_{\Delta 1} = 2\pi/\Delta\omega$。

当$F(t) < \gamma_d$并在$\gamma_d - a$的范围内时,系统处于混沌运动状态,当$F(t) > \gamma_d$并在$\gamma_d + a$的范围内时,系统转变到大周期运动状态。于是系统状态就随着时间在混沌态与周期态之间运动,即所说的间歇混沌现象——时而呈现混沌状态,时而呈现

大周期运动状态。输出信号$A(t)$的间歇混沌运动时序图如图10.11所示。

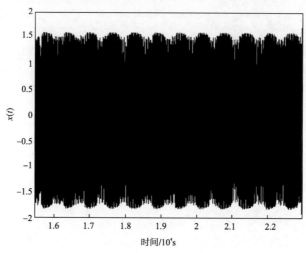

图10.11　间歇混沌时序图

　　但是在实际测量中还要考虑到信号的相位问题,实际测量的系统方程可以表示为

$$\ddot{x}(t) + k\dot{x}(t) - x(t) + x(t)^3 = b\cos(\omega_0 t + \theta) + s(t) \qquad (10.26)$$

式中,$b\cos(\omega_0 t + \theta)$为内置周期策动力信号,$s(t)$为待测信号,其表达式为

$$s(t) = a\cos(\omega_i t + \varphi_i) + n(t)$$

式中,$n(t)$为零均值高斯白噪声,ω_i和φ_i为待测信号的频率和相位。则式(10.26)可表示为

$$
\begin{aligned}
\ddot{x}(t) + k\dot{x}(t) - x(t) + x(t)^3 &= b\cos(\omega_0 t + \theta) + a\cos(\omega_1 t + \varphi_1) + N(t) \\
&= b\cos(\omega_0 t + \theta) + a\cos\left[(1 + \Delta\omega)\omega_0 t + \varphi_1\right] \\
&\quad + N(t) \\
&= F(t)\cos\left[(\omega_0 t + y(t)) + N(t)\right]
\end{aligned}
\qquad (10.27)
$$

式中

$$F(t) = \sqrt{b^2 + a^2 + 2ab\cos(\Delta\omega\Delta\omega_0 t + \varphi_1 - \theta)} \qquad (10.28)$$

$$\gamma(t) = \arctan\frac{b\sin(\theta) + a\sin(\Delta\omega\Delta\omega_0 t + \varphi_1)}{b\cos(\theta) + a\cos(\Delta\omega\Delta\omega_0 t + \varphi_1)} \qquad (10.29)$$

由于$a \leqslant b$，$\gamma(t) \approx \theta$。在微小频差$\Delta\omega$存在的情况下，总周期策动力的幅值$F(t)$周期性地在$b-a$与$b+a$之间变化。当$F(t)$变化到$F(t) > \gamma_d$时，系统进入周期运动；当$F(t) < \gamma_d$时，系统又重新回到混沌状态，从而出现间歇混沌现象。系统周期等于$F(t)$的变化周期；$T = 2\pi/(|\Delta\omega|*\omega_0)$。因而只要测得系统间歇混沌运动的周期，就可以求得$\omega_1$的估计值$\omega_1 = \omega_0 \pm 2\pi/T$，式中的"±"是由$\omega_0$和$\omega_1$的相对大小决定。

在此由于信号相位差的存在，使最终策动力的相位是一个与时间有关的函数，虽然可以近似等于θ，但前提是被测信号的幅值相对系统内置周期策动力幅值来说是一个微小量，当待测信号幅值增加时，必然会对测量的精度以及相图的判断产生影响，所以希望能都将相位θ、φ消除。

设相位$\theta = $pi/6，将$\Delta\omega \cdot \omega_0 t + \varphi$归一化式（10.29）得到

$$\gamma(t) = \arctan \frac{b \sin(\text{pi}/6) + a \sin(t)}{b \cos(\text{pi}/6) + a \cos(t)} \tag{10.30}$$

式中，b为实际检测中混沌大周期状态临界值。取$b=0.826$，$a=0.001$。则式（10.30）变为

$$\gamma(t) = \arctan \frac{0.826 \sin(\text{pi}/6) + 0.001 \sin(t)}{0.826 \cos(\text{pi}/6) + 0.001 \cos(t)} \tag{10.31}$$

当时间取范围为1~100s,观察总策动力角度随时间变化情况如图10.12所示。

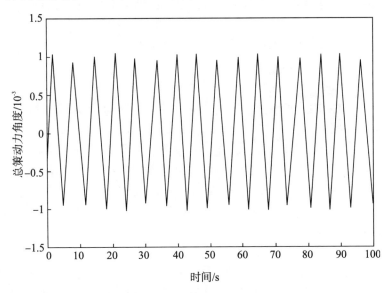

图10.12 角度浮动范围

在图10.12中 x 轴为时间，y 轴为总策动力角度与pi/6的差值，可以看出浮动范围在0.001之间，相比较来说小至可以忽略。当外加待测信号幅值增大到0.5时，同样观察总策动力角度可得大幅值下角度浮动范围如图10.13所示。

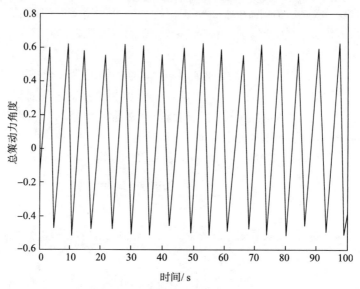

图10.13　大幅值下角度浮动范围

由图10.13可以明显看到角度浮动有所增大，因此可以推测当待测信号幅值较大时，总策动力角度也会浮动较大，这样输入信号将不再是一个标准的余弦周期信号，会对相图产生一定影响。但在实际的相图观察中发现间歇混沌现象并没有因为此相位角浮动而产生影响，由此可以看出只要信号是周期性的，对于间歇混沌现象的表现是影响不大的，在下节将要提出的改进间歇大尺度周期测量法的良好表现也可以对此进行证明。

有资料提出采用一种改进的定向过零检测法，相对间歇混沌检测周期法更加精确，消除了肉眼判断混沌与大周期态的误差，定向过零法的原理是将待测信号 $\gamma \cos(\omega t)$ 作为周期策动力加入系统中，通过调节幅值 γ 使系统进入大尺度周期状态。由于待测信号一般是未知频率的弱信号，所以需要经过放大器的放大才能使 $\gamma > \gamma_d$，而此时系统的动力学行为是周期运动，可以证明其运动周期与系统策动力的周期相等，因此通过测量系统运动一个周期的时间就可以测量出周期策动力的频率，也就是待测信号的频率。

2）间歇大尺度周期检测法

在间歇混沌周期检测法中对于标准参考信号与被测信号频率的要求是 $\Delta\omega = (\omega_i - \omega_0)/\omega_0 \leqslant 0.03$，当频率差满足这个条件时，会出现有规律的间歇混沌现象，当差频大于此范围时,将会出现无规律间歇混沌现象,无规律间歇混沌时序图如图10.14所示。

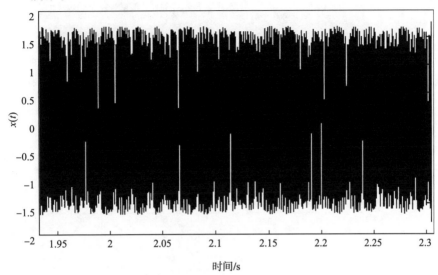

图10.14　无规律间歇混沌时序图

由图10.14中可以看到出现的混沌间歇图形是无规律的,因此无法计算周期,按照表达式分析,理论上是可以形成间歇混沌图形的,究其原因为

$$\ddot{x}(t) + k\dot{x}(t) - x(t) + x^3(t) = b\cos(t) + a\cos\big[(1+\Delta\omega)t\big]$$

中总的策动力为系统原周期策动力与待测信号之和,其幅值为

$$c(t) = \sqrt{b^2 + 2ba\cos(\Delta\omega t) + a^2}$$

在微小频差 $\Delta\omega$ 存在的情况下,总周期策动力的幅值 $c(t)$ 周期性地在 $b-a$ 与 $b+a$ 之间变化。当 $F(t)$ 变化到 $F(t) > \gamma_d$ 时,系统进入周期运动;当 $F(t) < \gamma_d$ 时,系统又重新回到混沌状态,从而出现间歇混沌现象,其周期等于 $F(t)$ 的变化周期。现假设 $b = 0.826$,从前面的基于过零周期的混沌周期阈值研究原理下仿真中可以看出,当 $\omega=1$ 时,混沌与大尺度周期阈值出现在0.825附近。对 $\omega=1$, $a=0.002$ 的具体检测过程进行描述。图10.15所示为有规律的间歇混沌时序图。

在图10.15中,相轨迹的间歇混沌周期为 $T=600$,根据 $\omega=2\pi/T$,估算出待测信号与标准周期信号频率差为0.01,从而实现待测信号的检测。

当系统的周期策动力幅值处于 $b+a$ 时,系统方程为

$$\ddot{x}(t) + 0.5\dot{x}(t) - x(t) + x^3(t) = (0.825+0.002)\cos t \qquad (10.32)$$

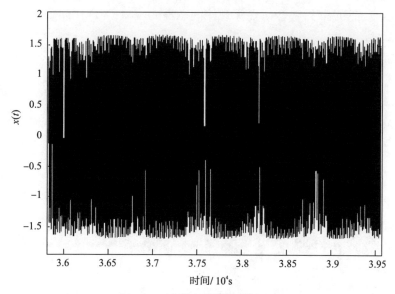

图10.15　规律间歇混沌时序图

根据以往仿真经验,周期策动力幅值大于混沌周期态临界阈值,系统应该进入周期态,在仿真时,为了使相图更加直观,选取时间点改从10~100,此时系统的状态趋于稳定。令$x_1=x(t)$,$x_2=x(t)$,得到大策动力下系统相图如图10.16所示。

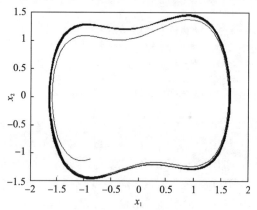

图10.16　大策动力幅值系统相图

当系统策动力阈值为$b-a$时,系统方程为

$$\ddot{x}(t) + 0.5\dot{x}(t) - x(t) + x^3(t) = (0.825 - 0.002)\cos t \qquad (10.33)$$

根据经验系统应该处于混沌状态,通过仿真,可以得到小策动力幅值下系统相图如图10.17所示。

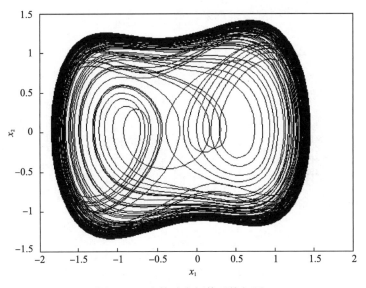

图10.17 小策动力幅值系统相图

从图10.17可以看出,当系统处于两个阈值极点时的相图分别为大尺度周期态和混沌态,系统会在两个不同的状态之间以频率$\omega*\omega$作有规律周期变换,选择混沌态与周期态的变换作为频率临界点检测的设定是因为两种状态的变化最为明显,在相图中便于观察,但是在待测信号频率与内置信号频率频差增大时,相图出现不规律变换,无法观测出变换周期,如当$\Delta\omega=0.04$,大频差间歇时序图如图10.18所示。

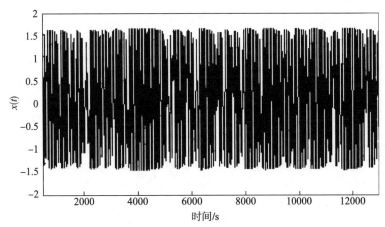

图10.18 大频差间歇混沌时序图

由图10.18中可以大致看到混沌态与周期态交替出现,但是并无法观察出其交替周期,这样就无法实现信号周期的测量,为了探究其原因,将图10.18进行放大,得到的放大时序图如图10.19所示。

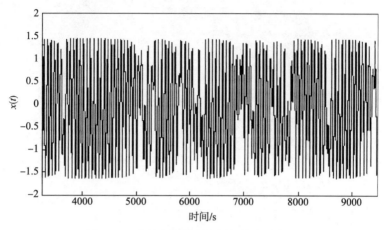

图10.19　大差频间歇混沌局部放大时序图

　　由图10.19可以看到其轨迹包括不规则类似周期运动与混沌运动,而实际检测中希望系统轨迹呈现标准的混沌运动与大尺度周期运动相结合,这样才能凸显出混沌态与大尺度周期态之间的运动分界,实现间歇混沌周期频率的检测。当待测信号幅值一定时,待测信号与标准周期信号的差频越小,则间歇混沌的周期越大。假设可以观测到周期混沌态间歇出现,那么相应地在一个周期中的混沌态时间也会增加,这样更多的混沌态运动包含到检测周期内,增强了分辨的可能性。通过仿真可以看到:当$\omega = 1$,$a = 0.825$,$b = 0.002$时及$\Delta\omega \leqslant 0.03$时都可以观察到系统的间歇混沌现象。正如上一小节所述,基于间歇混沌产生机理可以采用间隔频率为0.03的达芬振子组实现信号未知频率的检测,但是此系统最大的缺点是,当未知信号的频率变化幅度较大时,这种方法对于工程中的实现是很复杂和烦琐的,这里考虑如何在同一振子中实现较大频率范围的检测。

　　通过仿真与分析,当未知信号频率与内置周期力频率差值增大时会增加系统相图中混沌态与大尺度周期态的辨别难度,原因是频差增大,相应相图中的周期减小,当系统轨迹运行到混沌态时系统混沌特征不明显,无法识别,那么就可以加大系统处于混沌态时的混沌运动特征来加强与大尺度周期状态的识别能力,而通过对混沌系统地认识,当混沌系统从混沌态向周期态变化时,混沌特征是随周期策动力幅值增加而减少的,将式(10.33)中的被测信号幅值由0.002增加为0.02时,检测时序,得到的大频差大幅值策动力间歇混沌时序如图10.20所示。

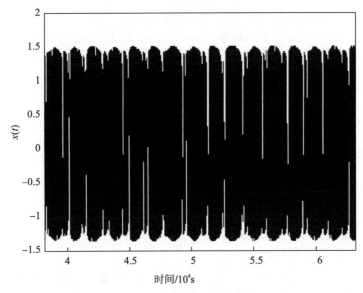

图10.20 大频差大幅值策动力间歇混沌时序图

由图10.20可以很明显看出,系统呈现混沌与大尺度周期有规律变换过程。系统在大尺度周期态与其他状态之间转换,通过对变换周期的计算可得出被测信号与参考信号的频率差,从而计算出被测信号的频率。混沌振子检测系统方程为

$$\ddot{x}(t) + 0.5\dot{x}(t) - x(t) + x^3(t) = \gamma\cos(t) + a_i\cos(\omega_i t) \qquad (10.34)$$

式中,a_i为被测信号幅值,ω_i为被测信号频率,标准参考信号频率归一化为1。通过仿真,能够出现规律间歇周期现象的ω_i的最大频率可以达到1.2,相应被测信号幅值必须达到一定值,对于被噪声掩盖的微弱信号而言,必须使用放大器将其幅值进行放大,以达到额定幅值,由于系统对噪声具有一定的免疫力,所以放大的噪声对系统影响不大,所以由于差频的扩大,只需不多的振子就可实现大范围的频率检测。但是同时也会增加对被检测信号幅值的要求,被测信号的幅值和频率范围是两个不能兼顾的量,因此在实际测量中需要根据具体测量信号的幅值找到一个平衡点,或者通过一个放大器进行幅值放大,但是此时放大噪声对系统的影响也要考虑。

2.未知信号幅值检测

1)未知信号预处理
对于微弱信号的检测,传统方法有互相关检测法,通过信号的自相关与噪声

的不相关特性达到降低信噪比的目的,但是这种方法的前提是未知信号的频率已知,在这里采用自相关理论对初始待测信号进行预处理。在大多数情况下,如雷达信号检测中,由于多径效应和多普勒效应的存在,被测信号的相位都会产生偏移,一般都可以认为信号的随机相位是在$(-\pi,\pi)$之间服从均匀分布的,假设进入检测系统中的信号的相角为θ,则检测系统变为

$$\ddot{x}(t) + 0.5\dot{x}(t) - x(t) + x^3(t) = \gamma\cos(t) + f*\cos(t+\theta) \tag{10.35}$$

则系统总的驱动力为

$$f(t,\theta) = \lambda\cos(t) + f_0\cos(t+\theta) = f(\theta)\cos\left[t + \varphi(\theta)\right] \tag{10.36}$$

$$f(t,\theta) = \sqrt{f_0^2 + 2f_0\lambda\cos\theta + \lambda^2}, \quad \varphi(\theta) = \frac{f_0\sin\theta}{\lambda + f_0\cos\theta} \tag{10.37}$$

可以看到总的策动力与待测信号幅值与相角有关,当待测信号相角在$(-\pi,\pi)$变化时会严重影响到信号幅值测量的精度,必须设法消除,在这里采用自相关技术对待测信号进行预处理,达到消除变化相角对信号幅值检测的影响。

设待检测信号$x(t)=s(t)+n(t)$,则其自相关输出为

$$R_{xx}(\tau) = \frac{1}{T}\int_0^T x(t)*x(t-\tau)\mathrm{d}t = \frac{1}{T}\int_0^T \left[s(t)+n(t)\right]*\left[s(t-\tau)+n(t-\tau)\right]\mathrm{d}t \tag{10.38}$$
$$= R_{ss}(\tau) + R_{sn}(\tau) + R_{ns}(\tau) + R_{nn}(\tau)$$

式中,$R_{ss}(\tau)$、$R_{nn}(\tau)$分别为信号和噪声的自相关函数,$R_{sn}(\tau)$、$R_{ns}(\tau)$为信号与噪声之间的互相关函数。由于信号与噪声互不相关,并且可以认为噪声的均值为零,则根据相关函数的性质,由$R_{sn}(\tau) = R_{ns}(\tau) = 0$,则有

$$R_{xx}(\tau) = R_{ss}(\tau) + R_{nn}(\tau) \tag{10.39}$$

因为噪声随着τ的增加相关性越来越小,当信号的采样时间T趋于无穷大时,噪声的自相关输出接近于零,但是实际采样中T不可能无穷大,只是接近于零的随机量,在检测系统中体现为剩余的噪声。设被检测信号为$s(t) = \cos(t+\text{pi}/6)$,则实际输入预处理系统的信号为$x(t) = s(t)+n(t)$,$n(t)$为高斯白噪声。如图10.21所示。

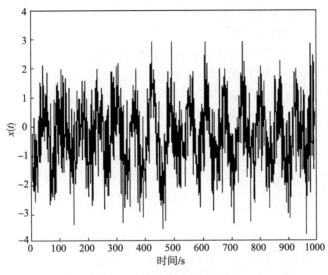

图10.21　含高斯白噪声信号

　　经过自相关系统处理之后的信号如图10.22所示。可以看出,经过自相关处理之后,消除了输入信号的相位信息,在有些涉及相位的检测中,这是非常不利的一个方面,但在这里正好利用信号自相关的这个特性,达到去除随机相位的目的。同时可以看到,原本被噪声严重影响的信号经过自相关处理之后,信噪比得到了很大提高,信号波形已经明显可见了,因此通过对被测信号的预处理就可以达到去除随机相位的效果,同时对未知信号检测系统的信噪比有了一定提高。

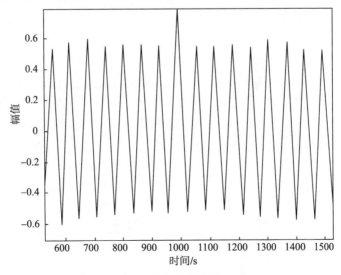

图10.22　自相关处理后信号

2)定时过零曲线幅值检测法

对于未知信号的幅值检测问题,已有很多学者对此展开研究,基本方法也可以分为两类。一类是基于相图观测,通过将系统内置策动力设定为混沌态与周期态临界点,当待测信号进入系统时,系统由混沌态跃变为大尺度周期态,然后调节内置周期策动力幅值,当系统回到混沌状态时,内置周期策动力幅值的改变值也就是待测信号的幅值。这种检测方法有两个主要缺点:第一,系统从混沌态跃迁到大尺度周期态的状态受到多方面因素影响,容易产生误判,而想要提高判决精确度则实时性方面很难满足,这种情况下对于具体工程中的应用是非常不利的。第二,在调节内置周期策动力幅值方面,在不知道被测信号幅值的情况下,步长的设定也是一个问题,步长设置过大会导致精确严重降低,步长设置太小会导致实时性变差。

第二类是通过建立周期策动力幅值与混沌检测系统特征值的关系,进而达到检测待测信号幅值的目的,在这其中比较具有代表性的是路鹏和李月提出的通过待测微弱信号的幅值与混沌动力系统特征指数之间的关系计算出待测信号幅值的计算式。其选取的是弗洛凯(Floquet)指数作为系统的特征指数,利用插值方法求取推广弗洛凯指数与系统周期策动力幅值的关系式,然后实现对被测信号幅值的估计。

这两类方法各自都有其优缺点。第一类方法直观、简单,但是精确度差,并且易受外界很多因素干扰,如人眼的判断、噪声的影响等。第二类相对结果精确,但是计算复杂度高,实时性不是太好,并不利于工程当中的应用。在此,结合第9章中的基于过零周期的混沌大周期阈值判定法,设计了一种新的检测方法:定时过零曲线幅值检测法,此方法兼具有精确度高和算法简单的优点。其原理是先将检测系统的内置周期策动力的幅值设定在混沌大周期态的临界点上,在此通过前面的定时过零阈值判决方法将内置策动力幅值临界值设定在0.8249上,系统正处于混沌态,即将向周期态越变,记录其定时过零周期数,然后将待测信号加入内置周期策动力中,如果待测信号中包含余弦信号,那么系统将由混沌态向周期态跃变,并一直处于周期态,然后逐渐减小内置周期策动力幅值,随着幅值的逐渐减小开始全程记录系统的定时过零周期数,当系统的定时过零周期数减小至未加待测信号时的数值时,停止动作,记录内置周期策动力幅值的减小值,这个值就是待测信号的幅值。

通过大量试验仿真表明,如果混沌与大周期态阈值可以实现精确判断,那么可以检测的弱信号的幅值也可以达到更小,通过前面定时过零混沌大周期阈值判据研究就可以做到阈值快速精确判定,在具体工程当中可以根据实际情况采取不同的检测精度。

3）未知信号幅值检测的改进算法

前面提出的位置信号幅值算法在实际检测中需要通过设定信号的步长逐渐减小系统的内置周期策动力幅值，这就带来一个问题：当待测信号的幅值不同时，相应的步长如果一样的话，那么如何确定步长将是一个问题，如果步长设置大一些，那么对于大幅值待测信号是有利的，可以减少检测的时间，但是对于幅值较小的小信号而言，无疑会降低检测的精确度，如果步长设置过小的话，对于大信号来说是很费时的，对于一些实时性要求较高的场合是低效的。在此设计另外一个检测算法，可以消除步长的设置问题。

本节通过计算定时系统周期数估计来达到检测信号幅值估计的目的。前面已提到通过定时周期数的计算达到系统混沌态与大尺度周期态的判别。通过对幅值与周期数的分析发现，在系统处于大尺度周期态之前有一段单调递增区间，随着策动力幅值的增大，系统的过零周期数单调递增。过零次数随幅值的变化曲线如图10.23所示。

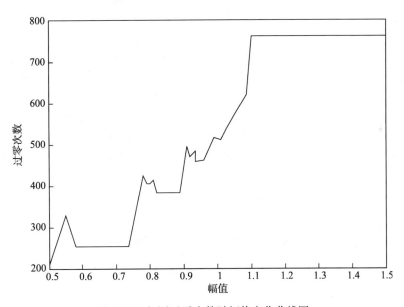

图10.23　相图过零次数随幅值变化曲线图

可以看出在幅值大于1.1之后出现了一段单调递增区间，那么就可以将此区间作为待测信号的检测区间，通过拟合待测信号幅值与过零周期数之间的函数关系来达到估计待测信号幅值的目的，通过仿真发现最后的检测效果还是比较好的，对于结果的误差主要来源于两点：① 曲线的估计误差；② 当待测信号连同强噪声注入系统时，噪声的存在会使实际曲线相比较原始拟合曲线产生一些偏移。

第11章　无线超短波语音数字化集群混沌加密系统

11.1　集群加密系统理论

11.1.1　集群通信系统讨论

集群通信系统是多个用户可以共用同一信道并且具有很强的调度指挥功能的移动通信系统。集群系统根据调制和解调方式的不同,可分为模拟集群通信系统和数字集群通信系统。

1.模拟集群通信

模拟通信是最早出现的,它通过模拟形式下的话音信道进行通信。最初整个系统没有任何数字的处理技术。随着科学技术的不断发展和网络的不断普及,通信系统的反应速度不断提高,各种操作方式更加系统化,很多模拟集群通信系统的供应商开始采用数字信令。这样用户可以更加方便、快捷地运用系统,同时系统的功能变得更加强大。现在的模拟集群系统中的信令是数字形式的,但是不能因为其中采用了部分数字技术,就说成是数字系统。模拟系统往往是在无线接口处采用模拟调制进行通信的系统。

模拟集群系统具有3个以上的信道,最多不能超过28个信道。模拟集群系统也是目前国内部分部门仍然使用的系统,它具有一定的优势,但是随着数字技术的不断发展,模拟集群系统向数字集群系统转变是必然的趋势。

2.数字集群通信

随着信息时代的不断发展,数字化也被引入到人们生活中的很多领域,典型的就是照相机的数字化。数字通信系统有着很久的发展历史,寻呼通信系统就是一个例子,尽管这个系统的结构本身非常简单,也不能大容量地传输数据,但是这个系统是一种比较经典的数据通信系统。进入21世纪以后,新兴的通信技术日新月异,以GSM（Global System for Mobile Communications）、GPRS（General Packet Radio Service）和CDMA（Code Division Multiple Access）为代表的数字通信系统迅速占领市场,并得到了广泛应用。由于这些数字通信技术的发展,集群通信系统也追随着新技术的脚步跨入了新的数字时代。

数字集群通信的重点是数字信号的传输,因此如果对模拟的语音信号进行传输,首先要做的是把语音信号数字化。为了在系统的终端得到原始的语音信号,还需要对数字信号进行数字模拟转换。

数字集群通信不仅提高了频谱的利用率、改善了话音质量、扩大了容量,而且信令的控制能力也进一步加强,系统的升级也变得更加灵活。不仅如此,数字化的各个优点,如传输速率快、抗干扰能力强、覆盖范围大、增加了纠错检错能力和保密能力高且易于加密等优点在集群系统中也体现得淋漓尽致。

11.1.2　集群通信特点分析

集群通信系统是一种部门或用户专用的高级无线调度系统,它所具有的指挥调度和应急的特点决定了它的应用范围,军队、机场、公安和铁路等部门,只要涉及相关应用需求,基本上无法脱离对集群系统的依赖。集群通信系统主要有以下几个特点。

(1)频率共用。将各个部门各个单位原本分配到的少量的频率集中起来统一进行管理,供各用户使用,提高了系统的频率利用率。

(2)设施共用。由于频率的共用,各个部门分别建立的各个控制中心和很多基站等设施就可以集中管理。

(3)覆盖区共享。将各个基站的相邻的网络连接起来,就可以形成更大的覆盖区。

(4)通信业务共享。除了进行正常的业务外,还可以有组织地发布一些大家共同关心的信息等。

(5)共同分担费用。各个单位或部门共同建网,可以减少投资,如机房、天线塔和电源等设施可以共用,同时也方便统一管理,节省资源。

(6)服务改善。由于共同建网,信道能够支持的用户总数得到很大的提高,改善了服务质量,又因为可以统一管理,提高了信道的动态分配能力,很好地避免了信道阻塞,提高了服务等级。

(7)拥有调度指挥功能。可实现单独呼叫、组织呼叫、选择性的呼叫、私底下通信和无线广播等多种调度功能。多级同时呼叫时,互不干扰。

(8)兼容有线通信。可与有线的电话网络进行互连,实现有线、无线的互通。

(9)管理控制功能灵活。可以实现动态重组、无线呼叫和多个级别用户的优先等功能。

(10)用户台自动登记、系统的扩容及其向下兼容等。

总之,集群通信系统是一个专用高级移动调度、指挥通信系统,它具有很强的动态性,是更经济实惠的组网手段。它可以完成多部门组合在一套系统之下,达到资源共享、费用分担、高效又廉价的通信,并且各部门还可以保持独立运行。

11.1.3　加密算法分析

一个高效保密的网络通信不仅要防止其他用户的窃听,也要能对付其他信号的干扰。加密技术除了应用于公安、政府、军队和水电等敏感部门之外,也被应用到金融、物流等诸多行业。为了防止信息的泄漏,各领域普遍使用合适的加密算法来保护行业信息,进而保障自己的利益不被侵害。

数据加密通信就是把原始的信号(如语音信号)通过加密系统变换成与原始信号完全不同的信号,通过信道发送出去,在接收端通过相应的解密过程还原成原始信号。加密密钥要和原始信号同步,在接收端才能解密出原始信号。保密通信系统模型如图11.1所示。

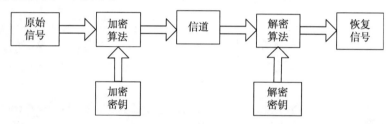

图11.1　保密通信系统模型

数据加密作为通信安全中最基本的一项技术,它的加密过程非常复杂,通常情况下需要借用加密算法来实现。这种技术通常可以分为两类:存储加密技术和传输加密技术。在集群加密系统中对传输的过程进行加密是比较重要的研究内容。传输加密通常以对传输节点进行加密、对传输链路进行加密和端到端加密的方式呈现出来。

在传输数据被传输出去之前对它加密,然后对每一个节点处发出来的数据解密,最后使用下一个需要传输的链路密钥对数据进行再加密、再传输,在数据传送到下一个节点时对数据解密,重复进行,直至传输到目的地为止,这种加密方式就叫做对数据的链路加密。其实,所谓的链路加密也就是对节点时刻进行加密和解密,所以在数据传输的过程中,得到的数据全是与原来数据截然不同的密文,而在数据传输的每一个网络节点的时刻,数据是容易识别的明文,所以在这些地方数据最容易被攻击,出现差错。

对节点进行加密的过程与链路加密有很多相同之处,但也有许多不同的地方,这些不同体现在对节点时刻的加密上。具体是,后者在节点时刻多加了一个保证数据安全的加密的装置,这样即使密文到达该节点处也是先进入了这个加密装置,数据在这个装置里面进行先解密再加密,然后传送出去,这样明文就不会有"裸露"的机会,所以就有效地保护了明文,提高了传输过程的安全性。

端到端的加密是指在一个端点处采用加密算法对明文信息进行加密,将加密后的信息通过有线或者无线信道传输出去,到达另一端后被接收并解密的过程。在数字集群通信系统中,端到端加密没有固定的形式,各个用户可以很方便地在自己的终端设备中加入加密单元,进行加密。数据在发送端被加密,信息在传输中都是以密文形式存在,直至到达接收端被解密出明文信息,即使节点处有损坏,信息也不会泄漏,很好地保护了信息的安全性。端到端加密与其他两种加密方式相比,只需要在发送端、接受端设置密码设备,在中间各节点处不需要加密设备。另外,信息由报头与报文两部分构成,报头需要选择路由,报文用来传送信息。链路加密方式和端到端加密方式不同,链路加密需要对信息的报头和报文都进行加密,而端到端只需要对报文进行加密,报头不用加密,从而避免了传输中的同步问题,因此端到端加密显得更灵活、更自然。

随着人们对加密技术的不断研究,加密算法一般可以分为三大类:分组加密方式、公开密钥的加密方式和序列密码进行的加密方式。分组加密方式存在一定的时延和误码扩散,一般只应用于数据重发或者是在信道中用来传输质量比较好的场合。公开密钥加密方式的计算量过大,目前还很难满足实时通信的要求。序列密码加密方式具有无误码扩散现象和低时延等优点,从而被人们广泛应用到数字语音加密通信中。现有的加密算法很多,比较常用的是数据加密DES算法和RSA算法,但更加安全可靠的加密当属混沌加密算法。

1.DES算法

DES算法采用56位密钥进行加密,每次加密过程对64位的传输数据分别进行16轮的编码,通过移位和替换,使输出数据完全不同于原始数据。

DES算法的每个分组是64位,明文和密钥都是64位,包括8位的奇偶校验和56位的有效密钥长度。

将输入的64位明文按位进行置换,输出的数据分为L_0、R_0两个部分,其中每部分含有32位,输出的L_0、R_0的置换函数如表11.1所示。

表11.1　置换函数

L_0				R_0			
58	50	42	34	26	18	10	2
60	52	44	36	28	20	12	4
62	54	46	38	30	22	14	6
64	56	48	40	32	24	16	8
57	49	41	33	25	17	9	1
59	51	43	35	27	19	11	3
61	53	45	37	29	21	13	5
63	55	47	39	31	23	15	7

将输入的64位密钥的最后一列校验位去掉,即第8、16、24、32、40、48、56和64位去掉。然后按照密钥的置换函数对有效的56位进行置换,密钥置换函数如表11.2所示。

表11.2　密钥置换函数表

C_0	57	49	41	33	25	17	9
	1	58	50	42	34	26	18
	10	2	59	51	43	35	27
	19	11	3	60	52	44	36
D_0	63	55	47	39	31	23	15
	7	62	54	46	38	30	22
	14	6	61	53	45	37	29
	21	13	5	28	20	12	4

将密钥置换函数得到的数据记为$C[i][28]$和$D[i][28]$,将$C[i][28]$、$D[i][28]$对前一个数$C[i][28]$、$D[i][28]$作循环左移位操作,移位次数与位数的对应关系如表11.3所示。将移位的两部分合成56位,然后变换成48位子密钥,重复16次,得到16个子密钥,其变换函数如表11.4所示。将得到的两部分结果进行异或运算,最终得到64位密文数据。

表11.3　移位次数与位数的对应关系

第i次	1	2	3	4	5	6	7	8	9	10	11	12	13	14	15	16
位数	1	1	2	2	2	2	2	2	1	2	2	2	2	2	2	1

表11.4　变换函数表

14	17	11	24	1	5	3	28	15	6	21	10
23	19	12	4	26	3	16	7	27	20	13	2
41	52	31	37	47	55	30	40	51	45	33	48
44	49	39	56	34	53	46	42	50	36	29	32

DES算法是由美国国家标准学会发布的数据加密标准,其应用范围主要是民用加密。DES加密采用传统的区组密码加密方式,该算法是对称的,既可以用于加密又可以用于解密,解密过程即是相同密钥下的逆过程。

2.RSA算法

RSA算法是常用的非对称加密算法,属于分组加密。RSA算法中加密、解密过程产生两个密钥,即私钥和公钥。

1)密钥的产生

首先,选择两个不同的大素数p、q,求出两素数乘积n、两素数减1的乘积$\varphi(n)$,即

$$n = p\,q \tag{11.1}$$

$$\varphi(n) = (p-1)(q-1) \tag{11.2}$$

然后,选择一个整数e,使得$1 < e < \varphi(n)$,求出私钥d,使得

$$e \times d = 1\mathrm{mod}[\varphi(n)] \tag{11.3}$$

式中,d是e在模$\varphi(n)$下的逆元,e与$\varphi(n)$互为素数,由模运算可知,d一定存在。最后,取$\{e,n\}$为公钥,$\{d,n\}$为私钥。

2)加、解密过程

首先,将明文比特串数据进行分组,使每个分组的十进制数据小于n,即分组得到的二进制数据长度小于$\log_2 n$。每个明文数据分组为m,其加密运算为

$$c = m^e \mathrm{mod}\ n \tag{11.4}$$

解密运算为

$$m = c^d \mathrm{mod}\ n \tag{11.5}$$

式中,c为加密得到的信息,m为解密的信息(明文分组)。由RSA的加/解密过程可知,该算法的安全性完全取决于大数据的分解,但是在理论上该算法并没有证明出其安全性。

3.混沌加密算法

混沌是指一种确定的非线性系统中出现的貌似无规则、类似随机的现象。著名数学家Kloeden通过对混沌现象的分析研究,在Li-Yorke定理的基础上给出了一阶系统中混沌的定义。

设$f(x)$为区间I到它本身的连续映射,如果$f(x)$满足以下条件:

(1)$f(x)$在它的每个周期点处的周期无上界。

(2)存在不可数集合$S \subseteq I$,使得①任何元素$x,y \in S$,当$x \neq y$时,满足

$$\limsup_{n \to \infty} |f^n(x) - f^n(y)| > 0 \tag{11.6}$$

和

$$\lim_{n\to\infty} \inf \left| f(x) - f(y) \right| = 0 \tag{11.7}$$

②任意元素$x \in S$和任何周期点y_p，当$x \neq y_p$时，满足

$$\lim_{n\to\infty} \sup \left| f^n(x) - f^n(y_p) \right| > 0 \tag{11.8}$$

则称$f(x)$所表示的系统就为混沌系统。系统中两个初始点处引出的两条轨迹方程时而靠近时而远离，无数次的重复出现，因此，从长期规律来看，系统是无规则的、随机的过程。混沌加密的方法很多，蔡氏电路是典型的混沌电路。蔡氏电路利用电阻R、电感L、电容C和非线性电阻N_R构成回路来产生混沌现象，蔡氏电路如图11.2所示。

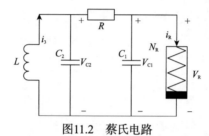

图11.2　蔡氏电路

图11.2中，电容C_1和C_2、电感L为能量存储元件，电阻R是一个有源电阻。变量x、y和z分别是在电容C_1、C_2上的电压值和电感L上的电流值。由电磁学定律可知，混沌动力学方程为

$$\begin{cases} x = a(y - k_1 x - k_2 x^3) \\ y = x - y - xz \\ z = -by \end{cases} \tag{11.9}$$

当参数取值为$a=10$，$b=14.87$，$k_1=0.65$，$k_2=1.27$时，蔡氏系统由于周期加倍，进入混沌状态。蔡氏系统的空间向量的混沌吸引子如图11.3所示。

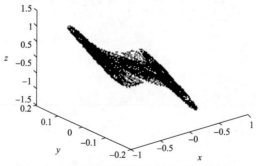

图11.3　蔡氏系统的空间向量的混沌吸引子

　　图11.4所示为蔡氏系统的混沌吸引子在平面上的投影。在图11.4中显示出混沌三维空间的相图,混沌的运动轨迹始终在这个吸引子区域内,验证了混沌系统的稳定性,其中图11.4(a)、图11.4(b)和图11.4(c)是相空间分别在x-y、x-z和y-z平面的投影。虽然是同一个相空间,但是在各个平面的投影却不相同,显示出混沌状态的相空间的差异。

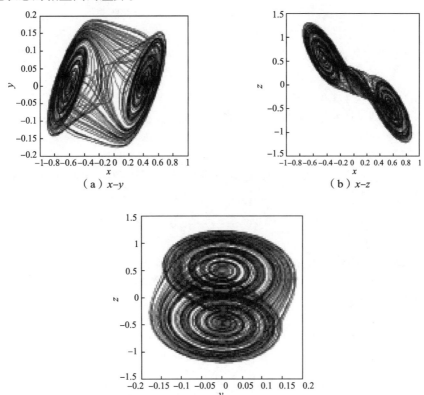

（a）x-y　　　　　　　　　　　　　　（b）x-z

图11.4　蔡氏系统的混沌吸引子在平面上的投影

4.DES算法、RSA算法和混沌加密算法分析

　　二十多年来,DES算法被世界公认为是比较好的加密方法。它为民用领域(如金融、贸易等部门)提供过安全可靠的通信。但是DES算法的密钥特别短,使得加密后的信号容易被破译,而且DES用来加密的算法是完全公开的。无论多少个用户或部门使用DES算法,加密结构完全相同,其具有的保密性完全依赖密钥,一旦密钥在信道中传输被截获,其加密就无意义,不适合用户在网络环境中单独使用。

　　RSA算法不仅可以对传输的数据信息进行加密,还可以作为数字签名。一般情况下，RSA算法生成两个密钥(私钥和公钥)，私钥直接有用户保存，公钥则是对外公开，密钥一般采用1024位，算法易于操作和理解。如果传输中遇到非法者的截取，他会根据公钥获得c、n、e三个参数，根据n进行分解运算，是对RSA算法最明显的攻击方法，要想防止被破译，选取的两个素数p、q必须足够大。

由RSA算法的加解密过程可知，该算法的安全性完全取决于大数据的分解，但是在理论上该算法并没有证明出其安全性。参数n一般选取1024，如果选取太小安全性达不到，由式(11.1)~式(11.5)可知，加解密的计算量为n^3是相当大的运算，因此说明RSA算法的加密和解密的速度是相当慢，并不适合用于实时通信。

DES算法安全级别比较低，RSA算法的安全性在理论上并没有证明出，且RSA加密方法运算速度相当慢，不适合用于实时通信。而数字集群通信系统是安全性要求特别高的指挥调度系统，因此DES和RSA两种加密算法在本系统中并不能达到很好的加密效果，比较容易被破译。现有的加密算法正在向混沌密码算法发展。

由混沌的状态方程和轨迹方程显而易见，混沌现象是长期不可预测的，特别适合用于保密通信。混沌除了拥有随机性外，它还有其他若干特性：

(1)对于参数和初值的高度敏感性，混沌轨迹的变化规律常常依赖于对系统初始值和参数的设定。当混沌系统的初始值有微小变化时，混沌的运动都会产生很大的差别，生成所谓的"蝴蝶效应"。当给定的两个初始值相差很小时，在混沌映射的作用，两点的轨迹都会分开，而且在每个点附近都能找到离它们最近的点和最远的点。因此在加密时，混沌的初始值就可以当成密钥，密钥的微小变化都会使得密文有着雪崩的变化，从而达到信息加密的效果。

(2)混沌的有界性，混沌的类随机性决定了系统内部是不稳定的、不可预测的。因此加密的信息被外来人员破译基本上是不可能的。混沌的内随机并不表示整个系统是不稳定的、不可控制的。从整个系统来看，混沌还是有界的，它的轨迹方程始终落在某个确定的区域内，通常这个区域叫做混沌吸引区域。在这个吸引区域内部，混沌轨迹是随机的，前一个时刻的值无法用来估计下个时刻的值，但是混沌怎么变换，它都不会离开这个吸引区域，因此，从整体来看，混沌系统是稳定的系统。

(3)混沌的混叠性，对于任何一个系统来说，只要满足

$$\lim_{n \to \infty} \frac{\mu\left[\varphi^{-n}(A) \cap B\right]}{\mu(B)} = \frac{\mu(A)}{\mu(X)} \quad (11.10)$$

就称该系统是混叠的系统。这里假设$\mu(X)=1$。

以Logstic混沌映射为例，混沌经过n(n可以根据需要取任意的值)轮的迭代运算，X值以倍周期的性质增加，使得A和B有一定的交集。如果把这种性质应用

到密码学中,就能完全保证明文信息可以完全扩散到密文信息中去,达到很好的隐藏效果。

(4)混沌的遍历性,映射(X, φ)的勒贝格(Lebesgue)测度μ值是不变的,当且仅当μ满足

$$\forall A \in \sigma(X), \quad \mu(A) = \mu\left[\varphi^{-1}(A)\right] \tag{11.11}$$

时,称这个映射(X, φ)的动态过程是各态历经的。各态历经性表示系统的状态空间不能只是单纯地被划分为几个简单的子空间,也就是说,不论从状态空间的哪一点出发,它的轨迹都不会被局限在某个小区域范围内。混沌的这一特性应用于加密时,即使已经获得密文信息,要想得到相应的明文信息,必须把状态空间X所遍历的各个值全部计算出来,由概率学可以得知,这种计算几乎是不可能的。

混沌除了以上性质外,它还具有分维性、伸长折叠性、非周期定常态特性和统计特性。混沌自身的性质决定了它,特别适合用于系统加密。

11.2　集群系统混沌密码叠加方法研究

现有的集群通信系统语音加密算法很多,但是这些算法的最大缺陷就是随机性差,算法加密后,系统的安全性得不到严格保证。在此将前面提到的混沌加密算法用于集群系统的密码叠加。

11.2.1　混沌加密系统分析

混沌加密可分为分组加密和序列加密。分组加密是加密系统提供加密函数进行加密;序列加密是指混沌系统通过迭代运算产生混沌序列进行加密。混沌保密通信作为传统的保密通信之一通常有三种方式:基于模拟调试的混沌通信方式、基于数字调制的混沌通信和直接对序列进行扩频的方式。模拟通信主要是通过非线性电路系统来实现通信,在系统中电路的设计要求精度较高,同步实现较难。混沌数字通信通常对电路里面需要的电子器件没有特别高的要求,这样的方式有利于硬件电路和软件程序的有效实现;而且数据在传输的过程中会有比较小的丢失,系统的通用性也变得更强。目前常用的混沌加密方式有混沌参数调制、混沌掩盖和混沌键控方式。混沌掩盖可以用于模拟信号也可以用于数字信号,混沌参数调制和混沌键控方式通常用于数字信号的传输。混沌掩盖技术通常是相加或相乘,运算相对较简单,容易受到攻击。混沌参数调制对时变信号不容易处理,不利于语音信号的加密。

针对数字集群通信系统进行加密,采用混沌序列在扩频通信的基础上实行相关延迟键控改进的方法进行加密处理。混沌加密的过程可以由以下几个步骤完

成：首先，选定Logistic映射对应的初始值和特定参数；然后，把这些初始值和特定参数按照一定的映射函数进行运算以产生混沌伪随机序列；最后，将这个混沌伪随机序列和将要传输的语音信号一起进行扩频。混沌映射加密流程如图11.5所示。解密过程就是将映射的初始值和参数代入求出系统方程，然后保留当前的数值进行迭代，求出下一次迭代的信息，最后生成二进制序列，解出明文信息，混沌映射解密流程如图11.6所示。

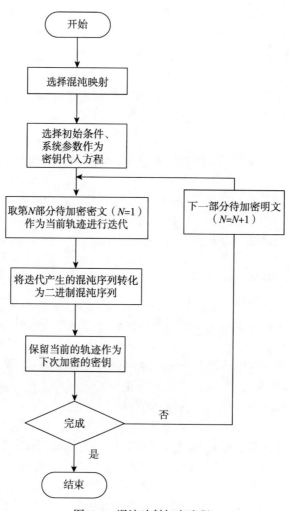

图11.5　混沌映射加密流程

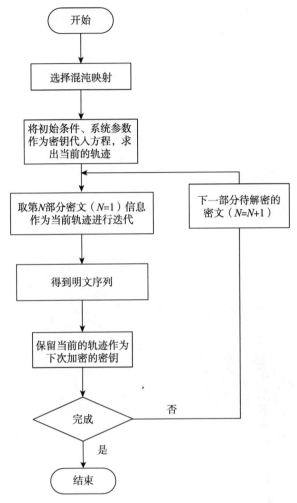

图11.6　混沌映射解密流程

11.2.2　利用Logistic映射产生混沌序列

Logistic方程是离散的动力学系统。选择特定的初始值,它可以产生混沌序列,并且存在简单的非线性差分方程数学模型。因此,它满足加密系统要求。

1.Logistic映射数学特性

由前可知,Logistic模型为

$$x_{n+1} = f(x_n) = \mu x_n (1 - x_n)$$

描述的是随着时间n的变化,变量x的变化规律。其中$x_n \in (0,1]$,表示第n年的数量值比上最大值。分岔参数μ决定信息量的增长或减少。

为了直观地表示出不同μ值的情况,在MATLAB 7.8.0环境下,选取经$x_0=0.6$和前100个数值进行仿真,Logistic映射中分岔参数μ对x值的影响如图11.7所示。

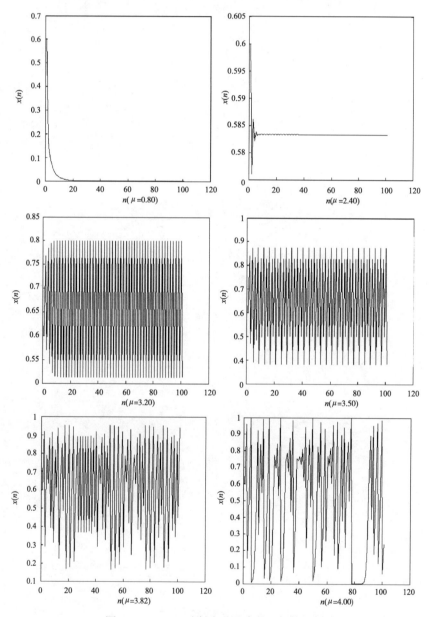

图11.7　Logistic映射中分岔参数μ对x值的影响

图11.7通过分析可以得知，$x_n \in (0,1)$，分岔参数μ满足条件：当μ值很小时，迭代结果趋于一定值，当μ逐渐增大，迭代过程以倍周期分岔增长，Logistic映射的倍周期分岔值见表11.5。当$1 \leqslant \mu < 3$时，周期为1；当$\mu=3$时，周期分岔变为2；当$\mu=3.449489$时，进行二次分岔，周期变为4；当$\mu=3.544090$时，周期为8；当$3.5699456 < \mu \leqslant 4$时，Logistic映射处于混沌状态，无周期性。Logistic映射分岔如图11.8所示。

表11.5　Logistic映射的倍周期分岔值

周期2^n	分岔值μ
2^1	3.000000
2^2	3.449489
2^3	3.544090
2^4	3.564407
2^5	3.568759
2^6	3.569692
2^7	3.569891
2^8	3.569934
2^∞	3.569946

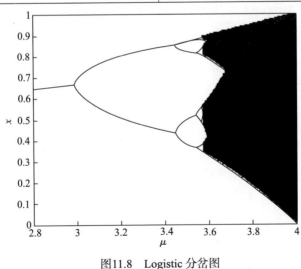

图11.8　Logistic 分岔图

使用MATLAB软件编写相应程序，生成Logistic混沌序列。根据Logistic混沌映射的迭代表达式，取混沌序列长度$N=2000$，$\mu=3.8$，初值$x_0=0.634$进行迭代运算，然后把这个过程进行重复操作,直到迭代运算完成为止,则产生出混沌序列值,混沌部分序列值如表11.6所示,可以看出,这些数据无规律、无周期性,并且序列本身的差值也非常小,这样的结果充分说明了混沌序列的随机特性。

表11.6　混沌部分序列值

0.6870	0.8171	0.5680	0.9324	0.2395	0.6920	0.8099
0.5852	0.9224	0.2719	0.7522	0.7083	0.7852	0.6410
0.8744	0.4172	0.9240	0.2670	0.7436	0.7244	0.7586
0.6959	0.8042	0.5983	0.9133	0.3010	0.7996	0.6090
0.9049	0.3271	0.8363	0.5201	0.9485	0.1858	…

2.Logistic映射的性能分析

已知Logistic映射为$x_{n+1}=\mu x_n(1-x_n)$,其中$x_n\in(0,1)$,可以推倒出其概率密度、均值和相关性的表达式。

（1）概率密度函数

$$\rho(x)=\begin{cases}\dfrac{1}{\pi\sqrt{x(1-x)}} & (0<x<1)\\ 0 & 其他\end{cases} \qquad (11.12)$$

（2）均值

$$\overline{x}=\lim_{N\to\infty}\frac{1}{N}\sum_{i=0}^{N-1}x_i=\int_0^1 x\rho(x)\mathrm{d}x=\int_{-1}^1\frac{x}{\pi\sqrt{x(1-x)}}\mathrm{d}x=0.5 \qquad (11.13)$$

（3）自相关函数

$$\mathrm{r}(\tau)=\lim_{N\to\infty}\frac{1}{N}\sum_{i=0}^{N-1}(x_1-\overline{x})(x_{i+1}-\overline{x})$$

$$=\int_0^1 xf^\tau(x)\rho(x)\mathrm{d}x-\overline{x}^2$$

$$= \begin{cases} 0.125 & (\tau=0) \\ 0 & \text{其他} \end{cases} \qquad (11.14)$$

式中，$f'(x) = \underbrace{f(f\cdots f(x))}_{\tau}$。

（4）互相关函数

$$r_{1,2}(\tau) = \lim_{N\to\infty} \frac{1}{N} \sum_{i=0}^{N-1} (x_{1,i} - \overline{x})(x_{2,i+\tau} - \overline{x})$$

$$= \int_0^1 \int_0^1 x_1 f^{\tau}(x_2) \rho(x_1) \rho(x_2) \, \mathrm{d}x_1 \, \mathrm{d}x_2 - \overline{x}^2$$

$$= 0 \qquad (11.15)$$

式中，$f^{\tau}(x) = \underbrace{f(f\cdots f(x))}_{\tau}$。

从式（11.12）~式（11.15）可以看出，混沌序列具有很好的类随机性，可以作为伪噪声加入到明文信息中。混沌序列又有对初值的高度敏感性，互不相关，并且数目众多。更重要的是，混沌序列具有长期不可预测、保密性能好等优点，因此混沌序列特别适合用于加密系统。

11.2.3　二值化方法产生混沌伪随机序列

伪随机序列类似于白噪声，被广泛应用于扩频通信和密码学中。传统的 m、Gold等伪随机序列由于其序列数目有限、复杂度低等缺点，已经不能满足集群通信的需要，因此，本节引入混沌序列来产生伪随机序列。混沌伪随机序列生成过程如图11.9所示。给离散的混沌系统一个初始值，通过迭代运算生成的混沌序列，混沌序列本身也是随机序列，然而数字集群系统需要对模拟的语音进行数字处理后才能进行编码和发射，因此需要将生成的混沌序列进行二值化，获得混沌伪随机序列。

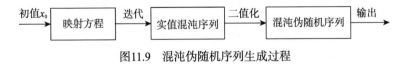

图11.9　混沌伪随机序列生成过程

1.传统的门槛函数法

将量化间隔$I = [a, b]$划分成为$a = t_0 < t_1 < \cdots < t_{2N} = b$,划分间隔应满足

$$t_r + t_{2N-r} = a + b \qquad (11.16)$$

其中,$r = 0, 1, 2, \cdots, 2N$,门限值$T = \{t_r\}_{r=0}^{2N}$,从而得到的二进制序列为

$$G_T(x) = \sum_{r=1}^{2N-1} (-1)^{r-1} \eta t_r(x) \qquad (11.17)$$

显然,满足对称性,即

$$f(a+b-x) = f(x) \qquad (x \in [a, b]) \qquad (11.18)$$

由于Logistic映射的均值$\bar{x} = 0.5$,所以选取门槛值为0.5,将大于0.5的值数字化为1,小于0.5的值数字化为0,转换表达式为

$$G_{0.5}(x) = \begin{cases} 1 & (x \geqslant 0.5) \\ 0 & (x < 0.5) \end{cases} \qquad (11.19)$$

从而将混沌序列转化成为二进制伪随机序列$\left\{ G_{0.5}\left[f(x_i) \right] \right\}$。

2.改进型二值化方法

传统的门槛函数法得到的混沌实值序列具有良好的伪随机特性,但是在实际的数字通信中,计算精度是有限的。由于混沌本身对初始值的高度敏感性,选择混沌序列进行加密,简单地选取门槛值,让计算精度大大减少,这是对加密不利的,为了提高精度,提出以下改进。

假设集群通信系统中所需的序列长度为M,用户数(地址码数)为N($M > N$),量化选取中间的L位。假设给定Logistic映射函数一个特定的值,然后对其进行多次迭代操作,再将每一个迭代点处的值进行多位的量化处理,就可以得到一组序列长度比较长的以二进制的方式呈现的随机序列。这样,便可以根据系统不同的需要,选择出N个具有扩频性能较好的不同的M序列。具体过程如下。

(1)序列长度M和地址码数N共同决定了扩频序列的总的长度为$M \times N$,由序列总长度和量化位数L,计算出Logistic映射总共迭代的次数$M \times N/L$。

(2)选取一个初始值x_0且$x_0 \in (0, 1]$,由Logistic混沌$\mu = 4$时的满映射方程$x_{n+1} = 4x_n(1-x_n)$得出混沌序列$\{x_0, x_1, x_2, x_3, \cdots, x_n, \cdots\}$。

(3)将每个混沌实值迭代点x_n写成二进制形式为

$$x_n = 0.b_1(x_n) b_2(x_n) \cdots b_i(x_n) \cdots b_m(x_n) \qquad (b_i(x_n) \in \{0, 1\}) \qquad (11.20)$$

式中，$b_i(x_n)$ 满足

$$b_i(x_n)=G_{0.5}\left[2^{i-1}\lfloor x_n\rfloor-\left(2^{i-1}\lfloor x_n\rfloor\right)\right] \qquad (11.21)$$

式中，$\lfloor x\rfloor$ 表示向下取整，$G_{0.5}(x)=\begin{cases}1 & (x\geqslant 0.5)\\ 0 & (x<0.5)\end{cases}$。

（4）得到新的数列 $\{x_n\}$ 为

$$x_0=0.b_1(x_0)b_2(x_0)\cdots b_i(x_0)\cdots b_m(x_0)$$

$$x_1=0.b_1(x_1)b_2(x_1)\cdots b_i(x_1)\cdots b_m(x_1)$$

$$x_2=0.b_1(x_2)b_2(x_2)\cdots b_i(x_2)\cdots b_m(x_2)$$

$$\cdots\cdots$$

$$x_n=0.b_1(x_n)b_2(x_n)\cdots b_i(x_n)\cdots b_m(x_n) \qquad (11.22)$$

针对每个迭代点 x_n，从第 i 位开始算起，选取中间的 L 位 $b_i(x_n)b_{i+1}(x_n)b_{i+2}(x_n)$ $b_{i+3}(x_n)\cdots b_{i+L-1}(x_n)$，构成了所需的混沌二值伪随机序列 $\{b_i(x_n)\}$。从所有点获得的二值序列中，截取 N 个长度为 M 的二值伪随机序列，分别分配给 N 个用户来作为地址码进行扩频通信。

3.改进的混沌伪随机序列性能分析

根据通信的要求，本节通过序列的相关性、平衡性和随机性来说明新产生的序列的性能。

1）相关性

通信系统需要生成的序列具有尖锐的自相关性。由于 Logistic 混沌映射产生出的实数值序列取值比较连续，不利于数字通信。门槛函数生成的二进制形式序列，对于一次迭代不利于安全通信。

在 Logistic 满映射（μ=4）的情况下，取初始值 x_0 为 0.2000、0.2001，序列长度为 2048，二值序列产生的混沌自相关函数如图11.10所示。从图中可以看出，二值化方法产生的混沌序列的自相关值的图形接近 δ（单位脉冲函数值）函数，满足系统的要求。

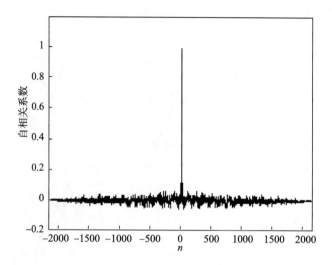

图11.10　二值化方法产生的混沌序列的归一化自相关函数

2）平衡性

二元Bemoulli随机序列平衡分布如表11.7所示。二元Bemoulli随机序列平衡性是指长度为N时,0和1的个数差值分布,即理想状态中,均值为0,方差值为$S^2=N$,说明序列完全平衡。

表11.7　二元Bernoulli随机序列平衡分布

差值	N	$N-2$	$N-4$	$\cdots$	$4-N$	$2-N$	$-N$
概率	$\left(\dfrac{1}{2}\right)^N$	$C_N^1\left(\dfrac{1}{2}\right)^N$	$C_N^2\left(\dfrac{1}{2}\right)^N$	$\cdots$	$C_N^{N-2}\left(\dfrac{1}{2}\right)^N$	$C_N^{N-1}\left(\dfrac{1}{2}\right)^N$	$\left(\dfrac{1}{2}\right)^N$

完全平衡性是指"0"和"1"出现的个数是相等的,概率都为1/2。假设A代表"0"出现的个数,B代表"1"出现的个数。由序列得到平衡度E的表达式为

$$E = \frac{|A-B|}{N} \tag{11.23}$$

取二值化序列长度为N=2048,迭代得到的A和B的值可以推导出E值,二值化序列平衡度如表11.8所示,混沌序列的平衡性如图11.11所示。在此要求二值序列的E < 0.02,由表可以看出二值化后的序列产的平衡性稳定在0.01附近,满足系统要求。

表11.8　二值化序列平衡度

N	A	B	E
2048	1028	1020	0.0039

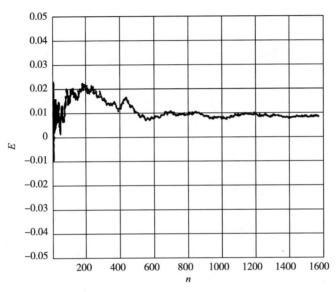

图11.11　混沌序列的平衡性

3）随机性

通信的加密效果主要取决于所使用序列的随机性,一个序列的随机性越好,说明加密效果越好,系统越安全。为了验证混沌二值序列的随机性能,测试采用FIPS PUB 140-2标准。在标准中要对20000 bit长的序列进行4项测试。

（1）单位测试。测试1的个数,记作X,若$9725 < X < 10275$,表明通过测试,否则不通过。

（2）扑克测试。把比特流平均分成4部分连续值,对每种可能的次数分别进行统计,统计值记为$f(i)$,则有

$$X = \left(\frac{16}{5000}\right) \times \left(\sum_{i=0}^{15}\left[f(i)\right]^2\right) - 5000 \tag{11.24}$$

如果$2.16 < X < 46.17$,则通过测试。

（3）游程测试。游程是指最多连续的0或1序列。如果所有的1或0游程都满足游程测试,则通过测试,游程测试规范如表11.9所示。表11.9中,5+表示游程长度大于或等于5的计数的和。

表11.9 游程测试规范

游程长度	1	2	3	4	5+
要求范围	2315~2685	1114~1386	527~723	240~384	103~209

（4）长游程测试。连续的0或1的长度超过25位就是长游程。如果没有长游程，则通过测试。

根据混沌序列对初始值的高度敏感性，选取不同的6组数据进行测试分析，6组混沌序列的FIPS PUB 140-2测试结果如表11.10所示，结果显示各项指标均通过。

表11.10 6组混沌序列的FIPS PUB 140-2测试结果

初始值	单位测试	扑克测试	游程测试	长游程测试
$x_0=0.1020$	10068	22.3567	$R_1=2256$，$R_2=1245$，$R_3=568$，$R_4=267$，$R_5+=120$	无
$x_0=0.1220$	10206	31.2416	$R_1=2543$，$R_2=1268$，$R_3=608$，$R_4=269$，$R_5+=143$	无
$x_0=0.2010$	9956	18.5689	$R_1=2601$，$R_2=1300$，$R_3=586$，$R_4=298$，$R_5+=186$	无
$x_0=0.2280$	9870	10.2243	$R_1=2431$，$R_2=1289$，$R_3=535$，$R_4=351$，$R_5+=178$	无
$x_0=0.3040$	10002	28.3423	$R_1=2399$，$R_2=1303$，$R_3=634$，$R_4=245$，$R_5+=265$	无
$x_0=0.3280$	9868	10.1405	$R_1=2567$，$R_2=1275$，$R_3=593$，$R_4=281$，$R_5+=179$	无

11.2.4 语音混沌密码叠加方法研究

1.语音数字化

语音是连接人与人之间的桥梁，人们之间的交流就是通过语音实现的。可以说语音是人们最快捷和最通用的通信方式，也是最重要的通信方式。随着科技的发展，语音通信的安全性和可靠性越来越受到人们的关注。现如今通信技术日新月异，随着数字技术的不断突破，语音也正在逐渐向数字化的方向发展。对语音信号的数字化一般分为三个步骤，即为对信号的抽样、对抽样信号的量化和对量化信号的编码。

1)对信号的抽样

对信号的抽样是用很窄的矩形脉冲按照一定的周期性读取模拟信号的瞬时值,将时间上连续的模拟信号变为时间上离散的模拟信号。设原始信号为$x(t)$,则抽样脉冲序列$c(t)$为

$$c\left(t\right) = \sum_{n=-\infty}^{\infty} p\left(t - nT_\mathrm{s}\right) \tag{11.25}$$

式中,$p(t)$是任意形状的脉冲。已抽样信号$x_s(t)$满足

$$x_\mathrm{s}\left(t\right) = x\left(t\right) \cdot c\left(t\right) \tag{11.26}$$

已知语音信号的频率为300~3400 Hz,由抽样定理可以知道,语音信号的抽样频率$f_s \geqslant 2 \times 3400 = 6800$ Hz。由ITU-T规定语音信号抽样频率统一为8000Hz。抽样得到的信号仍为模拟信号,不能直接进行数字系统的传输,需要进一步的量化。

2)对抽样信号的量化

对抽样信号的量化就是将抽样得到的样值序列在幅度上进行离散化,量化通常可以分为均匀量化和非均匀量化两种。量化是把抽样序列$\{x(nT_\mathrm{s})\}$划分为若干个区间,第k个区间可以表示为(x_k, x_{k+1}),当输入信号的幅度落在(x_k, x_{k+1})区间时,输出量化电平y_k,量化间隔$\Delta_k = x_{k+1} - x_k$。均匀量化是指量化间隔相等的量化,非均匀量化是指量化间隔不相等的量化。

语音信号幅度的概率密度可近似表示为

$$p_x\left(x\right) = \frac{1}{\sqrt{2}\sigma_x} \mathrm{e}^{-\sqrt{2}|x|/\sigma_x} \tag{11.27}$$

式中,σ_x是信号x的均方根值。

在均匀量化中,将量化间隔用n位码表示就得到线性PCM编码信号。为了衡量量化的质量,用信噪比SNR(信号的平均功率S与量化噪声的平均功率N_q的比值)表示。无论量化范围怎么确定,总有极小一部分信号幅度超出量化范围而造成过载。

当$D = \dfrac{\sigma_x}{V} < 0.2$($V$量化的最大幅值)时,过载噪声很小,此时的$[\mathrm{SNR}]_{\mathrm{dB}}$可以近似表示为

$$[\mathrm{SNR}]_{\mathrm{dB}} \approx -10\lg\left(\frac{1}{3D^2 L^2}\right)$$

$$\approx 4.77 + 20\lg D + 6.02n \qquad (11.28)$$

当信号的有效值很大时,过载噪声很大,这时的$[\text{SNR}]_{\text{dB}}$可近似表示为

$$[\text{SNR}]_{\text{dB}} \approx -10\lg e^{\frac{-\sqrt{2}}{D}} \approx \frac{6.1}{D} \qquad (11.29)$$

语音信号线性PCM编码时的信噪比变化特性如图11.12所示。

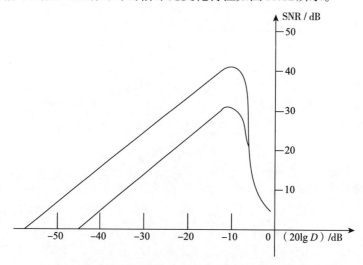

图11.12　语音信号线性PCM编码时的信噪比变化特性

均匀量化可以满足传统的模拟语音通信,但是它却不能满足数字通信的信噪比要求。因此非均匀量化被应用到数字语音通信中,非均匀量化就是在均匀量化之前进行一次非线性变化。

在非均匀量化中有两种压缩特性:A律和μ律对数压缩特性。本节采用的是A律13折线特性进行压缩。压缩的正负方向上共有16段区间,除去第1段和第2段,其他各段斜率以1/2递减,其相应的信噪比改善值逐段下降6 dB,折线线段斜率和信噪比如表11.11所示。

表11.11　折线线段斜率和信噪比

折线段编号	1	2	3	4	5	6	7	8
斜率$f'''(x)$	16	16	8	4	2	1	1/2	1/2
SNR改善/dB	24	24	18	12	6	0	-6	-12

3）对量化信号的编码

对量化信号的编码就是将量化后得到的信号的电平值转化成相应的二进制码组的过程,相应的逆过程是解码。A律PCM码的量化电平数$L=256$,8位编码为$M_1M_2M_3M_4M_5M_6M_7M_8$。其中,M_1为极性码,1代表正,0代表负;$M_2M_3M_4$为段落码,取值分别代表8个不同的段落;$M_5M_6M_7M_8$代表16个量化电平值。

语音信号的数字化过程如图11.13所示。图11.13（a）表示的是原始的模拟语音信号;图11.13（b)是采样得到的PAM信号,其采样间隔为125 μs;图11.13（c）是得到的PCM码,8位二进制形式的码字。

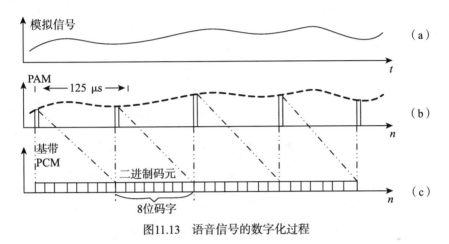

图11.13　语音信号的数字化过程

2.混沌多址相关延迟键控语音加密研究

混沌掩盖技术可以对模拟信号和数字信号进行加密,但是其加密方式比较单一,只是对有用信号的加减运算,比较容易受到攻击。混沌键控方式只可以对数字信号进行加密,其加密过程是单键的选择性传输。本节设计的是针对数字集群通信系统的语音加密,传输的是数字信号,并且是多用户的系统。为了有效地利用资源,允许多个用户共享同一带宽,本节提出一种基于多址技术的混沌延迟键控方式。

只有发送"−1"时,发射信号是由两个混沌信号叠加而成,发送信号为"+1"时,仅仅发送一个混沌信号。这样可以减少信号内部的干扰,还可以降低平均比特能量和噪声功率谱密度之比。混沌相关延迟键控加密机和解密机的结构分别如图11.14和图11.15所示。

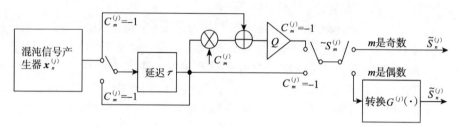

图11.14 混沌相关延迟键控加密机的结构

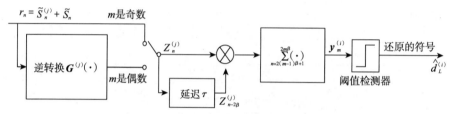

图11.15 混沌相关延迟键控解密机的结构

以第j个用户为例,若上个比特发送的符号是"+1",当前比特发送的为"+1",系统把上个比特的发射信号叠加到混沌输出端,经过一个延时得到$S_n^{(j)}$;若当前比特为"−1",混沌信号直接经过一个延时得到$S_n^{(j)}$。若上个比特发送的信号为"−1",当前也为"−1",混沌信号经过一个延时后乘以−1和它本身叠加后乘以Q得到$S_n^{(j)}$;当前为"+1"时,上个输出进行延迟后乘以−1和混沌信号进行叠加乘以Q得到$S_n^{(j)}$。

$$S_n^{(j)} = \begin{cases} \boldsymbol{S}_{n-\tau}^{(j)} & \left(C_m^{(j)} = \text{"+1" 且}= C_{m-1}^{(j)} \text{"+1"}\right) \\ \boldsymbol{X}_{n-\tau}^{(j)} & \left(C_m^{(j)} = \text{"+1" 且}= C_{m-1}^{(j)} \text{"−1"}\right) \\ \boldsymbol{Q}\left(-s_{n-\tau}^{(j)} + x_n^{(j)}\right) & \left(C_m^{(j)} = \text{"−1" 且}= C_{m-1}^{(j)} \text{"+1"}\right) \\ \boldsymbol{Q}\left(-x_{n-\tau}^{(j)} + x_n^{(j)}\right) & \left(C_m^{(j)} = \text{"−1" 且}= C_{m-1}^{(j)} \text{"−1"}\right) \end{cases} \qquad (11.30)$$

式中,$C_m^{(j)}$表示第j个用户的发送的第m个符号,τ为扩频因子,$n=(m-1)\tau+1,(m-1)\tau+2,\cdots,mt$,第$m$个比特间隔,有

$$\boldsymbol{S}_m^{(j)} = \left[\boldsymbol{S}_{(m-1)\tau+1}^{(j)}, \quad \boldsymbol{S}_{(m-1)\tau+2}^{(j)}, \quad \cdots \quad \boldsymbol{S}_{(m\tau)}^{(j)}\right] \qquad (11.31)$$

同时,经过转化模块$F^{(j)}(\cdot)$(一个简单的置换函数),输出为

$$\tilde{\boldsymbol{S}}_m^{(j)} = \left[\boldsymbol{S}_{(m-1)\tau+1}^{(j)}, \quad \boldsymbol{S}_{(m-1)\tau+2}^{(j)}, \quad \cdots \quad \boldsymbol{S}_{(m\tau)}^{(j)} \right] \qquad (11.32)$$

发射信号可以表示为

$$\tilde{\boldsymbol{S}}^{(j)} = \begin{cases} \boldsymbol{S}_m^{(j)} & (m\text{为奇数}) \\ \hat{\boldsymbol{S}}_m^{(j)} & (m\text{为偶数}) \end{cases} \qquad (11.33)$$

将所有的用户发射的信号加在一起,就得到系统发射的信号

$$\tilde{\boldsymbol{S}}_m = \sum_{i=1}^{N} \tilde{\boldsymbol{s}}_m^{(j)} \qquad (11.34)$$

在接收端,要想恢复出原始信号,需要将收到的信号进行同步还原。系统中,采用自同步法进行同步,由于二进制码元序列中没有离散的码元速率频谱分量,故需要在接收时进行非线性变换,才能使其频谱中含有离散的码元速率频谱分量,并从中提取码元定时信息。在解密端采用延迟相乘法作非线性变换,延迟相乘后码元波形的后一半永远是正值,而前一半则当输入状态有改变时为负值。这样变换后的码元序列的频谱中就产生了码元速率的分量,选择相应的延迟时间使其等于码元持续时间的一半,这时得到最强的码元速率分量。接收信号可表示为

$$\boldsymbol{r}_m = \tilde{\boldsymbol{S}}_m + \boldsymbol{\xi}_m \qquad (11.35)$$

式中, $\boldsymbol{\xi}_m = \left[\xi_{(m-1)\tau+1}, \xi_{(m-1)\tau+2}, \cdots, \xi_{m\tau} \right]$ 为第 m 个符号间隔的噪声矩阵,当 m 为偶数时,接收到的信号经过一次逆变换 $\tilde{\boldsymbol{G}}^{(i)}(\cdot) = \left[\tilde{\boldsymbol{G}}^{(i)}(\cdot) \right]^{-1}$ 后输入到第 i 个用户的相关器中;当 m 是奇数时,信号直接输入到相关器中。传输比特量结束时,根据相关器输出的正负号来判断发送符号是"+1"还是"–1"。

在高斯近似下,当 m 为偶数时,相关器输出 $\boldsymbol{y}_m^{(i)}$ 为

$$\boldsymbol{y}_m^{(i)} = \left\{ \boldsymbol{S}_m^{(i)} + \sum_{j=1, j\neq i}^{N} \tilde{\boldsymbol{F}}^{(i)} \left[\tilde{\boldsymbol{F}}^{(i)} \left(\boldsymbol{S}_m^{(i)} \right) \right] + \tilde{\boldsymbol{F}}^{(i)} \boldsymbol{\xi}_m \right\} \left(\boldsymbol{S}_{m-1}^{(i)} + \sum_{j=1, j\neq i}^{N} \boldsymbol{S}_{m-1}^{(i)} + \boldsymbol{\xi}_{l-1} \right)^{\mathrm{T}}$$

$$= \underbrace{\boldsymbol{S}_m^{(i)} \left(\boldsymbol{S}_{m-1}^{(i)} \right)^{\mathrm{T}}}_{\substack{\text{原始信号和第} i \\ \text{用户内部干扰}}} + \underbrace{\boldsymbol{S}_m^{(i)} \left(\sum_{j=1, j\neq i}^{N} \boldsymbol{S}_{m-1}^{(i)} \right)^{\mathrm{T}} + \left\{ \sum_{j=1, j\neq i}^{N} \tilde{\boldsymbol{F}}^{(i)} \left[F^{(i)} \left(\boldsymbol{S}_m^{(i)} \right) \right] \right\} \left(\boldsymbol{S}_{m-1}^{(i)} \right)^{\mathrm{T}}}_{\text{用户间干扰}}$$

$$+\underbrace{\left(\boldsymbol{S}_m^{(i)}+\sum_{j=1,j\neq i}^{N}\boldsymbol{S}_{m-1}^{(i)}\right)+\left(F^{(j)}\left(\boldsymbol{S}_{m-1}^{(i)}\right)\right)\boldsymbol{\xi}_{m-1}^{\mathrm{T}}}_{\text{用户间干扰}}$$

$$+\underbrace{\left[\boldsymbol{S}_m^{(i)}+\sum_{j=1,j\neq i}^{N}F^{(j)}\left[F^{(j)}\left(\boldsymbol{S}_{m-1}^{(i)}\right)\right]\right]\boldsymbol{\xi}_{m-1}^{\mathrm{T}}}_{\text{噪声成分}}$$

$$+\tilde{F}^{(i)}\left(\boldsymbol{\xi}_m\right)\underbrace{\left(\boldsymbol{S}_{m-1}^{(i)}+\sum_{j=1,j\neq i}^{N}\boldsymbol{S}_{m-1}^{(i)}\boldsymbol{\xi}_{l-1}\right)^{\mathrm{T}}}_{\text{噪声部分}} \tag{11.36}$$

当 m 为奇数时, 相关器输出 $\boldsymbol{y}_m^{(i)}$ 为

$$\boldsymbol{y}_m^{(i)}=\left(\boldsymbol{S}_m^{i}+\sum_{j=1,j\neq i}^{N}\boldsymbol{S}_m^{(i)}+\boldsymbol{\xi}_m\right)\left(\boldsymbol{S}_{m-1}^{(i)}+\sum_{j=1,j\neq i}^{N}\tilde{F}^{(i)}\left[\tilde{F}^{(i)}\left(\boldsymbol{S}_{m-1}^{(i)}\right)\right]+\tilde{F}^{(i)}\left(\boldsymbol{\xi}_{l-1}\right)\right)^{\mathrm{T}}$$

$$=\underbrace{\boldsymbol{S}_m^{(i)}\left(\boldsymbol{S}_{m-1}^{(i)}\right)^{\mathrm{T}}}_{\substack{\text{原始信号和第}i\\\text{用户内部干扰}}}+\underbrace{\boldsymbol{S}_m^{(i)}\left(\sum_{j=1,j\neq i}^{N}\tilde{F}^{(i)}\left[F^{(i)}\left(\boldsymbol{S}_{m-1}^{(i)}\right)\right]\right)^{\mathrm{T}}+\left(\sum_{j=1,j\neq i}^{N}\boldsymbol{S}_m^{(i)}\right)\left(\boldsymbol{S}_{m-1}^{(i)}\right)^{\mathrm{T}}}_{\text{用户间干扰}}$$

$$+\underbrace{\left(\sum_{j=1,j\neq i}^{N}\boldsymbol{S}_m^{(i)}\right)\left(\sum_{j=1,j\neq i}^{N}\tilde{F}^{(i)}\left[\tilde{F}^{(i)}\left(\boldsymbol{S}_{m-1}^{(i)}\right)\right]\right)^{\mathrm{T}}}_{\text{用户间干扰}}$$

$$+\underbrace{\left(\boldsymbol{S}_m^{(i)}+\sum_{j=1,j\neq i}^{N}\boldsymbol{S}_m^{(i)}\right)\left(\tilde{F}^{(j)}\boldsymbol{\xi}_{m-1}\right)^{\mathrm{T}}}_{\text{噪声成分}}$$

$$+\underbrace{\boldsymbol{\xi}_m\left(\boldsymbol{S}_{m-1}^{(i)}+\sum_{j=1,j\neq i}^{N}\tilde{F}^{(i)}\left[\tilde{F}^{(i)}\left(\boldsymbol{S}_{m-1}^{(i)}\right)\right]+\tilde{F}^{(i)}\left(\boldsymbol{\xi}_{l-1}\right)\right)^{\mathrm{T}}}_{\text{噪声部分}} \tag{11.37}$$

11.3　超短波条件下集群系统研究

超短波因它本身具有传播信号稳定、受到外界干扰小和通信质量比较高等优点,被广泛应用到应急集群通信系统中。本节采用超短波对加密的语音信号进行传输。

11.3.1　超短波通信

1.超短波系统分析

超短波(ultra-short wave)又称米波、甚高频(very high freguency,VHF)波,是波长位于 1 ～ 10 m (即频率为 30 ～ 300 MHz)的无线电波。超短波的传输频带宽度有 270 MHz,短距离传播依靠电磁的辐射特性,多用于电视广播和无线话筒传输音频信号等业务。超短波的波长非常短,收发天线的对应尺寸也可以做得比较小,所以超短波被广泛应用于移动通信等通信网络中。超短波除了应用于通信外,还可以用于医疗保健等方面,超短波通信拓扑如图 11.16 所示。

2.超短波通信系统传输研究

超短波通信系统主要由两部分组成,它们分别是中继站和终端站。中继站则由三部分组成,分别是发射机部分、接收机部分和天线;终端站由四部分组成,分别是发射机部分、接收机部分、载波终端机部分和天线。

1)发射机

发射机有直接调频和间接调频两种方式,一般采用间接调频方法(通过调相来获得调频信号)。当使用调相的形式进行调制时,使用晶体振荡器作为主要的振荡器,这样可以得到比较稳定的频率,同时也避免了使用比较复杂的频率控制系统。调制过程的一个重要因素就是调制系数,系统要求调制系数的值通常不要过大,因为这样可以尽量减小寄生调幅和非线性失真。

图 11.17 所示为超短波发射机的系统组成框图。首先需要对输入的载波信号进行调制,形成已调载波信号;然后通过中频放大后送入变频器得到射频载波信号,最后得到的射频载波信号经过功率放大器后通过天线传输出去。

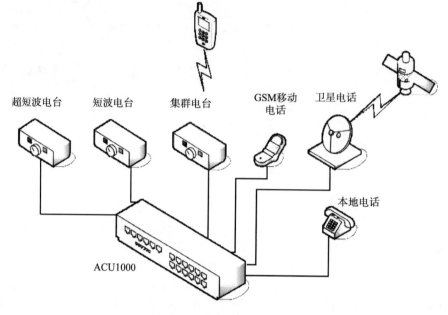

图11.16　超短波通信拓扑图

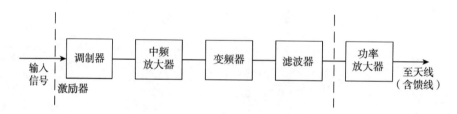

图11.17　超短波发射机的系统组成框图

2)接收机

　　接收电路主要由六部分组成的,分别是高频放大器、变频器、中频放大器、本地振荡器、鉴频器和基带放大器等基本电路。接收电路通常使用比较典型的调频的接收机。首先,超短波的干扰较多,需要在接收端放置滤波器进行滤波来抑制干扰。然后,将通过中频放大得到的调频信号通过限幅器进行限幅,这样可以有效地消除混杂的脉冲干扰和寄生调幅波,也可以有效地改善信噪比。最后就是原始信号的恢复部分,原始信号的恢复需要借助于鉴频器来实现,恢复过后的原始语音信号通过放大最终由终端机分路输给用户。超短波接收机的系统组成如图11.18所示。

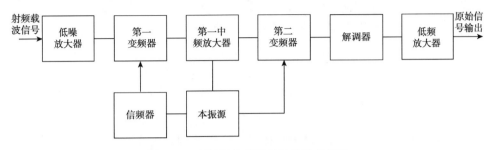

图11.18 超短波接收机的系统组成框图

3）载波终端机

载波需要使用终端机,终端机的主要任务是把超短波的发射机部分和接收机部分的基带信号分不同的路数还原并把还原的信号合并成不同路数的二线语音信号。除此之外,载波终端机还需要在语音信号和用户之间建立连接。

4）天线与馈线

天线是超短波通信中的重要组成部分,通过天线可以将射频载波信号变换成电磁波信号（或者是将接收到的电磁波信号变换成射频信号）。也可以说,天线是负责将处于导航模式状态的射频电流信号转换为扩散模式状态下的在空间中进行传播的电磁波的转换设备。

馈线的用途是将发射机传过来的相应的射频信号传输给天线来发射,这种馈线的传输效率特别高。使用馈线的时候对其有特别的要求,首先要求馈线本身的衰减要特别小,其次就是线与线之间要进行阻抗匹配。

3.超短波通信特点分析

超短波具有很高的频率,因此被应用到不同的领域,超短波通信还具有如下特点:

（1）相对于其他通信方式来说,超短波传输更稳定,很难受到外界坏境或者天气的影响;

（2）超短波通信中的天线结构简单、尺寸较小、增益比较高,因此对发射机的功率要求比较低;

（3）超短波通信最主要的特点带宽比较宽,可用于多路信号的通信;

（4）调制的方法一般是采用间接调频,使用这个方法得到的信噪比往往比较高,通信的质量也比较好。

使用超短波进行信号传输具有很多的优点,如传输信号变得更加稳定、传输语音的质量也比较高、不容易受到外界干扰、所使用的设备很简单等。因此,超短波非常适用于集群通信系统中。

11.3.2　基于超短波集群通信系统研究

1.超短波"超视距"传输

超短波的传播距离有限,被称为视距离通信,但是超短波具有相当强的绕射能力,如果在传输过程中使用中继站,那么超短波就可以"超视距离"通信,并且还可以利用自然条件中的大气流进行散射传播以达到长距离通信的目的。超短波的绕射可通过山峰、城市建筑物等之间的反射实现,超短波中间接力通信示意图如图11.19所示。

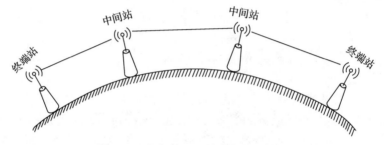

图11.19　超短波中间接力通信示意图

2.超短波在集群中通信

随着数字化技术的快速发展,超短波无线通信设备的全数字化也随之发展起来,模拟系统被淘汰是必然趋势。数字化指的是使用的调制方式由原来的模拟调制变为数字调制。数字集群通信具有强大的指挥调度功能,因此被广泛应用在各个部门,特别是在城市应急通信中数字集群通信更显示出它的优势。而在应急集群通信中,超短波通信占有非常重要的地位。

当重大灾情(如暴雪、洪水、地震等)发生的时候,一个强大的指挥调度系统关系着人们的生命财产安全。"5·12"汶川大地震灾情发生后,当地的通信设备严重受损,通信中断,受灾的实情很难快速发布,救援工作也处在被动地位。而卫星通信信号又容易被国外窃取,建立一个安全可靠的通信系统是迫切需要的问题。

超短波通信信道不容易被破坏,电台结构比较简单并且很容易维护,系统中的语音通信可以被加密,适合在城市通信中使用。XX武警指挥系统超短波通信系统结构如图11.20所示。

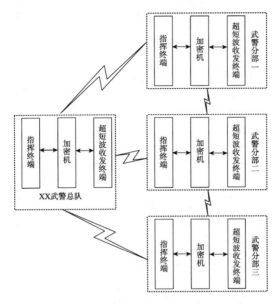

图11.20 XX武警指挥部超短波通信系统结构图

　　武警指挥系统多个部门共同使用一组无线超短波信道,动态地分配这些信道给各个部门,遇到紧急情况时,总指挥部可以快速发送信息给各个分部门,各个分部门之间也可以通信。在系统中,基站选址是关键,要选择高点位置安装基站设备。超短波数字集群通信网有多个固定基地台、多个野外型超短波数字基站和其他相关设备(如链路机、网关、天馈线、电源、电脑服务器等)。系统可以有选择地连入公网,超短波基站还可以与有线电话网相连。有线与无线互联结构如图11.21所示。

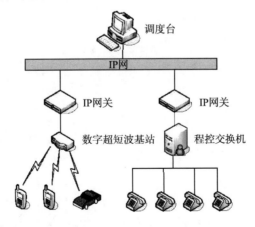

图11.21 有线与无线互联结构

3.超短波通信实现

超短波语音保密系统结构如图11.22所示,其中主要包括语音编码(采样、量化和编码)、混沌加密调制器三个模块。在本章中已经介绍了语音编码、混沌加密。加密后的信号不能满足超短波的传输,需要进行调制,在此采用二进制差分相移键控方式对数字基带信号进行调制。

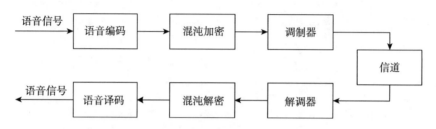

图11.22　超短波语音保密系统结构图

使用载波的相位不同进行数字信号传输,首先对数字语音信号进行电平转换,得到的双极性信号和混沌信号进行调制,将得到的加密信号进行差分编码(绝对码变为相对码,即差分码),将传输的数字信号调制到载波上进行传输,其原理框图如图11.23所示。

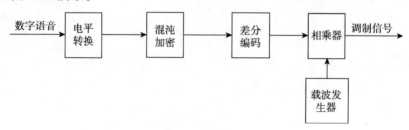

图11.23　语音信号调制原理框图

差分码的编码规则为

$$b_n = a_n \oplus b_{n-1} \quad\quad\quad (11.38)$$

式中,⊕为模2运算,b_n最初的值可以任意设定。差分编码下,载波相位遇到1变化,遇到-1不变化,通过载波相位的这种变化规律来携带所要传输的数字信息。

语音信号对应的解调方式为差分相干解调,该方法解调不需要恢复本地载波信号,只需单纯地将收到的信号单独完成即可。首先将调制的信号延迟一个码元时间间隔T_s,然后将延时后的信号与调制信号本身相乘。相乘器相当于进行相位比较,将乘得的结果通过低通滤波后再进行抽样判决,最终即可恢复出来原始的数字信号。

差分移相键控(differential phase shift keying, DPSK)信号的调制和解调过程如表11.12所示。

表11.12　DPSK信号的调制和解调过程

项目	值								
码元a_n	—	—	1	0	1	1	0	1	0
差分码b_n	0*	—	1	1	0	1	1	0	0
码元相位φ	—	π	0	0	π	0	0	π	π
延迟码元相位φ_D	—		π	0	0	π	0	0	π
$[\varphi \cdot \varphi_D]$ 极性	—	—	—	+	—	—	+	—	+
绝对码$\hat a_n$	—	—	1	0	1	1	0	1	0

调制系统的误比特率为

$$P_b = \frac{1}{2}\mathrm{e}^{-r} \tag{11.39}$$

式中, $r = \dfrac{A^2}{2\sigma^2}$ 为接收信噪比。在码元速率相同的情况下, DPSK的频带利用率要比频移键控(frequency shift keying, FSK)高,可进行高速的数据传输。通常在误比特率一样的条件下, DPSK调制方式要求的功率也会比较小。

11.4　语音信号的仿真和实验分析

11.4.1　数字语音信号的特征分析

语音信号是随时间变化的信号,且性质不稳定。语音信号的频率为300~3400 Hz,由抽样定理可以知道,语音信号的抽样频率$f_s \geqslant 2 \times 3400 = 6800$ Hz。由ITU-T规定语音信号抽样频率统一为$f_s = 8000$ Hz。对于语音信号的处理采用预滤波法,该方法可以抑制频率超出$f_s / 2$所有的分量,防止混叠干扰。PCM编码中采用8位量化,这样语音信号的传输速率为$8000 \times 8 = 64$ kHz。

噪声对系统的通信有很大的影响,噪声来源于系统的内部和外部。判断一个语音通信系统的质量好坏,一般采用SNR和谐波失真来衡量。不同的应用场合要求的SNR的值不同,以超短波对讲系统语音通话为例,谐波失真要在2%至3%,语音信号的SNR不少于30 dB,这样就可以保证语音通话的质量。

11.4.2　加密算法与分析

本系统采用Logistic映射来产生混沌序列,混沌信号的均方值P_s(功率)为

$$P_s = E\left[\left(x_n^{(1)}\right)^2\right] = E\left[\left(x_n^{(2)}\right)^2\right] = \cdots = E\left[\left(x_n^{(N)}\right)^2\right] \tag{11.40}$$

式中,N为用户数,则第i个相关器输出的条件均值与方差分别为

$$E\left[y_m^{(i)} \mid c_m^{(i)} = +1\right] = -E\left[y_m^{(i)} \mid c_m^{(i)} = -1\right] = \tau P_s \tag{11.41}$$

和

$$\mathrm{var}\left[y_m^{(i)} \mid c_m^{(i)} = +1\right] = \mathrm{var}\left[y_m^{(i)} \mid c_m^{(i)} = -1\right]$$

$$= \tau\,\mathrm{var}\left[x_n^2\right] + \left(4N^2 - 1\right)\tau P_s^2 + 2N\tau P_s N_0 + \frac{N_0^2}{4}\tau \tag{11.42}$$

设置参数ψ,使得ψ值为

$$\psi = \frac{\mathrm{var}\left[\left(x_n^{(1)}\right)^2\right]}{E^2\left[\left(x_n^{(1)}\right)^2\right]} = \frac{\mathrm{var}\left[\left(x_n^{(2)}\right)^2\right]}{E^2\left[\left(x_n^{(2)}\right)^2\right]} = \cdots = \frac{\mathrm{var}\left[\left(x_n^{(N)}\right)^2\right]}{E^2\left[\left(x_n^{(N)}\right)^2\right]} \tag{11.43}$$

这时,由式(11.36)和式(11.37)的推导可以得出第i个用户的误比特率BER近似的表示为

$$\mathrm{BER}^{(i)} = \frac{1}{2}\mathrm{Prob}\left(y_m^{(i)} \leqslant 0 \mid c_m^{(i)} = +1\right) + \frac{1}{2}\mathrm{Prob}\left(y_m^{(i)} \leqslant 0 \mid c_m^{(i)} = -1\right)$$

$$= \frac{1}{2}\mathrm{erfc}\left\{\frac{E\left[y_m^{(i)} \mid c_m^{(i)} = +1\right]}{\sqrt{2\,\mathrm{var}\left[y_m^{(i)} \mid c_m^{(i)} = +1\right]}}\right\}$$

$$= \frac{1}{2}\mathrm{erfc}\left\{\left[\frac{\tau\psi}{2} + \frac{\left(4N^2 - 1\right)}{2} + 8N\left(\frac{E_b}{N_0}\right)^{-1} + 2\tau\left(\frac{E_b}{N_0}\right)^{-2}\right]^{\frac{1}{2}}\right\} \tag{11.44}$$

式中,Prob(·)为后验概率函数,erfc(·)表示补误差函数,E_b表示平均比特能量,E_b/N_0表示平均比特能量与噪声功率谱密度之比。利用Logistic映射来产生混沌序列,对于PMA-CDSK方式中,E_b的值为

$$E_b = \left(1 + 2Q^2\right)\beta P_s \tag{11.45}$$

1.参数Q^2值分析

数字集群通信系统是多用户($N \geqslant 1$)进行通信的系统,对于第3章中设计的加/解密机不仅要在单用户下使用,还要可以在多个用户下使用。Q^2是加密机中的一个参数,用于调整信号的幅度从而使误比特率达到最佳值。在单用户系统中,选取不同的Q^2值,系统的误比特率也不相同,选取扩频因子τ=100时,单用户系统中,不同Q^2下误比特率的高斯近似结果如图11.24所示。

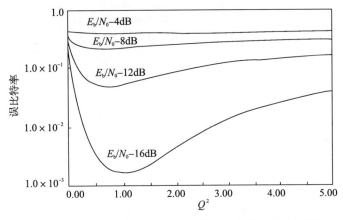

图11.24　单用户系统中,不同Q^2下误比特率的高斯近似结果

在图11.24单用户系统中,E_b/N_0取值很小时,误比特率相当高,这时,Q^2的取值对误比特率的影响减到最小。随着E_b/N_0的不断增加,Q^2取1附近时,对误比特率的影响最大。扩频因子τ=100,在不同的E_b/N_0取值下,Q^2=1 和Q^2=1/2的误比特率的结果如图11.25所示,可以看出Q^2=1比Q^2=1/2时的误比特率低,且更接近最佳值。

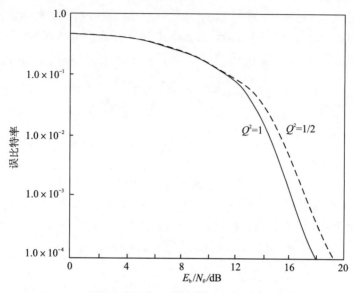

图11.25　单用户系统中，不同E_b/N_0下误比特率的结果

2.扩频因子取值分析

除了参数Q^2的取值对误比特率有直接影响之外，扩频因子的大小也直接影响系统的误比特率。在单用户系统中，扩频因子取不同的值，实验结果如图11.26所示。

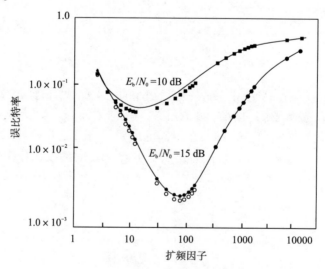

图11.26　不同扩频因子下误比特率的结果

图11.26给出的是E_b/N_0=10 dB和E_b/N_0=15 dB两种情况下的结果,随着扩频因子τ的不断增加,误比特率逐渐减小到最低值,由于噪声的影响,增加扩频因子误比特率不再降低,反而升高。

3.仿真结果与高斯近似结果的比较

数字集群通信是多个用户进行通信,因此实验不仅要在单用户系统中,在多个用户同样也可以适用。不同E_b/N_0下误比特率的仿真结果和高斯近似结果如图11.27所示。取N=1和N=4、扩频因子τ=100进行实验,当E_b/N_0取值较低时(如4 dB)单用户和多用户误比特率没有本质的区别,随着E_b/N_0的不断增加,误比特率有所不同,但是得到的结果和高斯近似结果相符合,用户数越多符合程度越深。

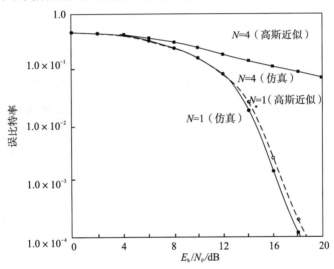

图11.27　不同E_b/N_0下误比特率的仿真结果和高斯近似结果

4.改进方法与传统键控方法结果分析

通过仿真实验,验证了改进方法适合用于数字集群通信系统中,不仅对单用户系统适用,对于多用户的系统同样适用。从图11.26的分析可以看出,扩频因子小于100时,系统性能最好。不同E_b/N_0下,改进方法和传统键控方法的误比特率仿真结果如图11.28所示。传统方法的误比特率明显得到改善,这是因为改进方法的信号内部干扰减小了。实验中取扩频因子τ=200时与传统方法进行比较,单用户和多用户(取N=4)的误比特率不同。当E_b/N_0较小时,单用户和多用户误比特率的性能相符,随着E_b/N_0的增加,单用户系统性能最好。

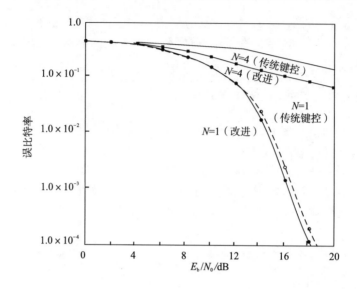

图11.28　不同E_b/N_0下，改进方法和传统方法的误比特率的结果

　　图11.24 ~ 图11.27结果显示，改进方法不论是在参数Q^2值还是在扩频因子取值等方面，在误比特率允许的范围内都适合用于数字通信，且系统性能明显优于传统系统。

11.4.3　语音信号仿真实验与分析

　　这里的设计重点就是对语音信号的加密，本书提出一种新的语音加密方法，为了验证该方法的保密性，选用MATLAB软件对语音信号进行仿真实验。

　　（1）语音处理：f_s=8000 Hz。

　　（2）语音编码：PCM量化编码。

　　利用计算机录制一段女声音频信号，音频内容为"XX您好"，单声道WAV文件格式存储，利用MATLAB中的wavread读取所录制的语音信号如图11.29所示。其中，图11.29 (a)是采样后的时域波形图，图11.29 (b)是对应的频域波形图。对读入的原始语音信号进行数字化，生成二进制序列，通过所设计的置乱相关延迟键控方法对语音信号进行加密，加密的仿真结果如图11.30所示。其中，图11.30 (a) 是数字化的语音序列，图11.30 (b)显示的是通过混沌加密后的语音波形，图11.30 (c)显示了混沌信号具有很好的自相关性，图11.30 (d)是加密后的频域波形。

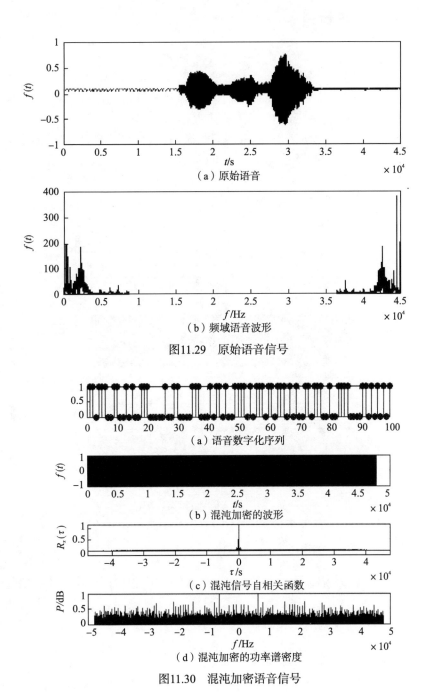

（a）原始语音

（b）频域语音波形

图11.29 原始语音信号

（a）语音数字化序列

（b）混沌加密的波形

（c）混沌信号自相关函数

（d）混沌加密的功率谱密度

图11.30 混沌加密语音信号

11.4.4　实验结果讨论

1.密钥敏感性分析

　　混沌映射信号具有随机性和对初始值的高度敏感性等特点,当系统的参数发生细小的变化时,两个原本近似的混沌轨迹方程都会变成互不相关,特别适合用于加密系统。要想准确地解密出原有的信息,必须使解密的密钥和加密的密钥完全相同。实验仿真中,取初始值为a, $\Delta a=0.000001$,图11.31所示为语音信号的解密过程。从图11.31所示的加密结果可以看出,解密出的两条语音信息完全不一致,验证了密钥的敏感性。

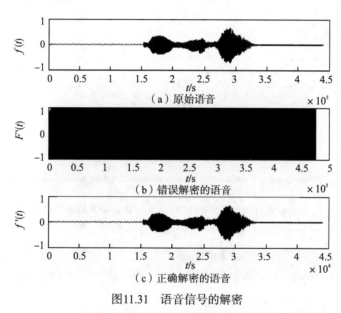

（a）原始语音

（b）错误解密的语音

（c）正确解密的语音

图11.31　语音信号的解密

2.保密性能分析

　　图11.31（a）是语音信号的原始波形,当密钥完成相同时,原始语音和解密后的语音相互一致,属于正确解密。从图11.30混沌加密可以看出,混沌信号完全掩盖住原始的语音信号,使得加密后的语音信号具有混沌特性,不易攻击,保密性很高。

　　1）语音的保真度

　　将原始的语音信息和加密后的信息进行对比,实验中采用MATLAB中的sound函数,对读入的原始语音和解密后的语音信号进行试听,试听效果显示,人耳根本分辨不出两个语音信号的差别,证明语音通信具有良好的保真性能。

2)系统复杂度分析

系统的复杂度主要体现在系统的安全性和抗破译能力方面。假设窃取者已经知道加密系统的结构,并且窃取到信道传输中的信息,但是并不知道系统中的确切参数(混沌初始值、调整最佳值等)。假设窃取者获得的参数和实际的参数值相差 $\Delta a=0.000001$ 时,通过实验得到的图 11.31(b)就显示了解密的错误结果。结果显示,错误解密得到的信息与原始信息完全不一致。验证了加密系统的安全性,从而说明了系统具有较强的抗破译能力。

第12章　视频编码与混沌动态影像加密

12.1　视频加密算法与性能分析

到目前为止,国内外的学者和研究人员已经提出了很多种视频加密算法,而且大多数是针对两种视频压缩国际标准——H.26x和MPEG系列的。可以将这些算法分为两大类:完全加密和选择加密。完全加密是对编码以后的所有信息进行加密,而选择加密仅选择部分数据进行加密。

在视频编码过程中,视频数据经过了以下变换:空域(I帧、P帧)、变换域(分块、DCT变换、小波变换)、熵编码(Huffman编码、算术编码)。选择加密可以在任意一个环节中进行,因此可以把选择加密算法分为三类:空域选择加密、变换域选择加密、压缩编码和加密结合。

12.1.1　完全加密算法

最初的完全加密算法是对压缩之后的整个视频流采用传统的加密算法(如DES算法)进行加密。这种方法的特点是简单、直接,将视频流当成无意义的二进制码流,没有考虑视频图像数据所具有的特点。

也有采用直接置乱的方法对视频进行加密的。例如,对MPEG视频流直接置乱的加密方法,它以字节为基本单位,基于对视频流比特块的统计进行加密。使用这种置乱方法可以根据安全性要求,选择不同的块长度,置乱区域的分块越长,置乱的空间越大,密码强度也就越高。

12.1.2　空域选择加密算法

空域选择加密算法是指在空域中设置加密的算法,如对空域数据进行置乱、替换或者加密运动矢量等。多种文献提到的Aegis安全系统就属于空域选择加密。系统选择视频流里的I帧进行加密,但是对B帧和P帧信息的恢复需要I帧,因此如果解不出I帧,就算是接收到B帧和P帧也没有意义。

该算法运算量小,实时性好,但是安全等级不够。在P帧和B帧中残留有未经预测的I块,这样通过预测累加可以恢复部分视频内容。

12.1.3 变换域选择加密算法

变换域选择加密算法要求与视频数据的格式相结合,并且可以根据安全性要求的不同,选择加密不同的敏感数据,从而满足不同的需要。根据所加密过程中加密数据的不同分为如下几类情况:DCT系数置乱、DCT系数分段加密、DCT系数符号加密等。

MPEG编码中使用二维DCT变换将空间域数据变换到频率域,减小数据的相关性,以实现压缩目的。庞建新等提出在编码传输前对DCT系数加密,即在生成DCT系数后就加密,这样可以影响一个宏块的预测,产生很好的置乱效果,但缺点是下一个宏块的预测参考就会发生变化,对利用相关性来预测减小码率的压缩造成很大的影响,影响了视频的压缩效率。

在DCT变换之后,图像的能量主要集中在直流系数DC上,因此Tang提出了对DC系数进行DES加密,对AC系数进行置乱。但是注意到能量集中的部分未必是数据敏感部分,而且AC系数的置乱易遭受已知明文攻击和伪密文攻击,因此这种加密算法不能较好地保证安全性。

Bhargava等提出部分加密SE算法,对DCT系数符号(0表示正,1表示负)进行加密。算法的基本思想是用随机产生的密钥流与DCT系数符号作按位异或运算,然后将加密后的符号相应地赋回原数据中。该算法仅对DCT系数符号加密,大大降低了运算量,能够满足实时性的要求,但安全性不够,攻击者可以假定各个系数的符号均为正(或负)来获得部分信息。

12.1.4 压缩编码和加密结合算法

压缩编码和加密结合算法是指在编码的过程中设计加密算法。这类加密算法一般具有较高的安全等级,但是通常算法比较复杂,实现起来有一定的难度。其基本原理是:对于那些熵编码采用Huffman编码的视频编码标准,修改Huffman编码表,修改后的Huffman编码表作为密钥。非法接收方无此特殊码表,不能正确解码视频信息。这样的特殊Huffman编码表不是任意选择的,必须保证按此表进行编码的压缩性能与标准码表相比较,不能造成太大的降质。特殊的Huffman编码表的生成可以通过将标准Huffman编码表进行变异来得到。对于一棵 Huffman树,设其终极节点的个数为m,则每个基本编码表有2^m-1个变异树可供选择。编码过程中可以通过密钥来控制具体采用哪一种 Huffman树,从而实现对视频数据的加密。

12.1.5 视频加密算法性能分析

经过对前述四种视频加密算法的描述,比较总结这几种算法的性能,从安全性、压缩性、计算复杂度、数据可操作性和格式不变性等方面,列表总结如表12.1所示。

表12.1 视频加密算法性能分析

加密算法	安全性	压缩性	计算复杂度	数据可操作性和格式不变性
完全加密算法	具有很高的安全性,在两轮或三轮的DES加密之后,几乎不可能通过攻击来获得视频原始内容	此算法是对压缩后的码流进行加密操作,通常不改变加密后的数据量,因此不影响压缩过程的压缩比	使用传统的高强度密码对视频数据完全加密,具有较高的计算复杂度	没有考虑视频数据的数据格式问题,加密后的数据不支持位置索引、剪切、粘贴等功能
空域选择加密算法	选择I帧加密,但P帧和B帧中残留有部分信息,安全等级不够	不改变视频压缩过程的压缩比	采用部分加密,计算复杂度不高	如果对头信息进行加密,将使数据改变初始格式
变换域选择加密算法	与完全加密算法相比较,选择局部信息加密安全性较低	视频加密算法的不同而对压缩比有不同的影响,对利用相关性预测来减小码率的压缩有很大的影响,可以降低对压缩比的影响	降低了加密的数据量,计算复杂度相对降低,具有较高的加、解密速度	考虑到了视频数据的数据格式问题,支持视频数据的位置索引、剪切、粘贴等操作
压缩编码和加密结合算法	其安全性依赖于模型的参数空间,在已知明文攻击的情况下这类算法是不安全的,但可以采取某些措施提高安全性	将编码过程和加密过程结合在一起,即在压缩过程中实现加密操作,因此对压缩比的影响很小	通过密钥控制编码表的选择,其时间损耗主要是密钥的控制,因此计算复杂度很低,同时也保证了算法的实时性	保持所有的数据格式信息不变,支持数据的位置索引、粘贴、裁剪等操作,但不支持编码率控制功能

从表12.1的对比可以清楚地看出,这四种算法各有其特点,对视频的动态影像信息可以进行有效的加密处理,但各种视频信息加密又表现出这样或那样的不足和缺陷,对不同格式的视频加密效果也不尽相同。

12.2 H.264的视频压缩编码标准

视频压缩国际标准主要有:由ITU-T制定的H.261、H.262、H.263、H.264和由MPEG制定的MPEG-1、MPEG-2、MPEG-4,其中H.262/MPEG-2和H.264/MPEG-4 AVC是由ITU-T与MPEG联合制定的。

1995年，ITU-T的视频编码专家组在完成了H.263后，设定了两个新的目标：一个短期目标是在H.263上添加一个新的特性(结果形成了H.263 version 2)，另一个长期目标是开发一种新的低码率标准。在这个长期目标上努力的结果是产生了H.26L草案。2001年，ISO的活动图像专家组看到了H.26L的先进性，成立了联合视频组，包括了MPEG和VCEG的专家。H.264即是由联合视频组开发的一个新的数字视频编码标准，这个标准已于2003年5月正式被ITU-T通过并在国际上正式颁布。

H.264编码标准的最显著特点是高压缩率，在速率上比H.263节省50%的比特率，在高比特率时，质量优良；采用简洁的设计方式、简单的语法描述，避免过多的选项和配置，尽量利用现有的编码模块；低时延，对不同的业务灵活地采用相应的时延限制；加强多误码和丢包的处理，增强解码器的差错恢复能力；在编解码器中采用复杂度可分级设计，在图像质量和编码处理之间可分级，以适应不同复杂性的应用；提高网络适应性，采用网络友好的结构和语法，以适应IP网络、移动网络的应用；H.264编码基本档次的使用无须版权。

H.264标准的优良性能决定了其广泛的应用范围，因此对H.264视频加密方法的研究是非常有意义的。这里重点讨论H.264编解码的基本框架和特性以及一些重要技术。

12.2.1　H.264编解码的基本框架和特性

与先前的一些编码标准相比，H.264标准继承了H.263和MPEG1/2/4视频标准协议的优点，但在结构上并没有变化，只是在各个主要的功能模块内部使用了一些先进的技术，提高了编码效率。主要表现在：编码不再是基于8×8的块进行，而是建立在4×4块上，进行残差的变换编码；所采用的变换编码方式也不再是普通的DCT变换，而是一种整数变换编码；采用了编码效率更高的上下文自适应二进制算术编码(CABAC)，同时与之相应的量化过程也有区别；H.264标准具有算法简单易于实现、运算精度高且不溢出、运算速度快、占用内存小、削弱块效应等优点，是一种更为实用有效的图像编码标准。

由于信道在环境恶劣下是多变的。例如，互联网有时畅通，有时不畅，有时阻塞。又如，无线网络有时发生严重衰落，有时衰落很小。这就要求采取相应的自适应方法来抵抗这种信道畸变带来的不良影响。由于视频内容也在时刻变化，有时空间细节很多，有时大面积的平坦，这种内容的多变性就必须采用相应的自适应的技术措施。这两方面的多变问题带来了自适应压缩技术的复杂性，H.264采用种种技术使得压缩性能得到明显改善。

H.264的编码器仍然采用变换和预测相结合的混合编码法，其基本框架如图12.1和图12.2所示。

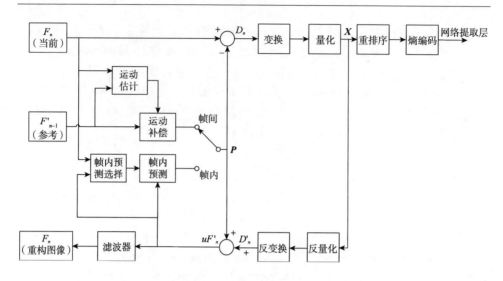

图12.1 H.264编码器示意图

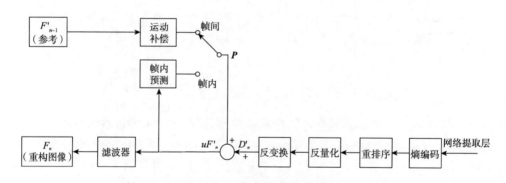

图12.2 H.264解码器示意图

在图 12.1 中,F_n表示输入的视频帧,每一帧是以宏块为单位进行处理的。每个宏块按帧内或帧间预测的模式进行编码,然后生成一个预测宏块P。当宏块以帧内模式进行编码时,当前被编码的第n帧的宏块经过前期的编码、解码和重建,生成预测宏块P。当宏块以帧间模式进行编码时,宏块经对前一个或多个参考帧进行运动补偿得到预测宏块P。预测块和当前块相减后,产生一个残差块D_n,经变换、量化后产生一组量化后的变换系数X,再经熵编码,与解码所需的一些信息(预测模式量化参数、运动矢量等)一起组成一个压缩后的码流,经(网络提取层NAL)供传输和存储用。

为了提供进一步预测用的参考图像,编码器必须有重建图像的功能。因此必须使残差图像经反量化、反变换后得到的D_n与预测值P相加,得到uF_n(未经滤波的帧)。为了去除编码解码环路中产生的噪声,提高参考帧的图像质量,从而提高压缩图像性能,设置了一个环路滤波器,滤波后的输出F_n即为重建图像,可用做参考图像。由图12.1可知,编码器的网络提取层输出一个压缩后的H.264压缩比特流。

解码器从NAL得到经压缩的码流,数据经过熵解码和排序得到一系列的经过量化的参数X,然后经过反量化和反变换得到D'_n,利用码流的头信息,解码器重建预测的P宏块,P与D'_n相加得到未经平滑处理的图像uF_n。编码器的重建得到的参考帧和解码器中的参考帧必须是一样的,如果编解码器中的P帧有所不同,会使图像有误差扩大或漂移的现象。

H.264在诸多方面有很重要的特性,现介绍其在编码和加密方面涉及的几个特性。

(1)帧内预测编码模式。在先前的H.26x系列和MPEG-x系列标准中,都采用的是帧间预测方式。在H.264中,当编码Intra(帧内)图像时可用帧内预测。对于每个4×4块(除了边缘块特殊处理以外),每个像素都可用17个最接近的先前已编码的像素的不同加权和来预测,即此像素所在块的左上角的17个像素。显然,这种帧内预测不是在时间域上的编码,而是在空间域上进行的预测编码算法,可以除去相邻块之间的空间冗余度,取得更为有效的压缩。

(2)帧间预测编码模式。H.264在帧间预测编码模式的运动估计中采用了许多新技术,主要包括可变块大小、多帧运动估计、亚像素精度的运动估计以及去块效应滤波等。

(3)4×4块的整数变换。H.264与先前的标准相似,对残差采用基于块的变换编码,但变换是整数操作而不是实数运算,其过程和DCT基本相似。这种方法的优点在于:在编码器和解码器中允许精度相同的变换和反变换,便于使用简单的定点运算方式。变换的单位是4×4块,而不是以往常用的8×8块。由于用于变换块的尺寸缩小,运动物体的划分更为精确,这样,不但变换计算量比较小,而且在运动物体边缘处的衔接误差也会大为减小。为了使小尺寸块的变换方式对图像中较大面积的平滑区域不产生块之间的灰度差异,可以考虑对帧内宏块亮度数据的16个4×4块的DC系数(每个小块一个,共16个)进行第二次4×4块的变换,对色度数据的4个4×4块的DC系数(每个小块一个,共4个)进行2×2块的变换。

12.2.2　H.264整数变换与量化

H.264对图像或预测残差采用了4×4整数离散余弦变换技术,避免了以往标准中使用的通用8×8离散余弦变换/逆变换经常出现的失配问题。在H.264中,将变换编码和量化的乘法合二为一,并进一步采用整数运算,减少编解码的运算量,提高图像压缩的实时性。H.264中整数变换及量化的具体过程如图12.3

所示。其中，如果输入块是色度块或者帧内 16×16 预测模式的亮度块，则将宏块中各 4×4 块的整数余弦变换的直流分量组合起来再进行 Hadamard 变换，进一步压缩码率。

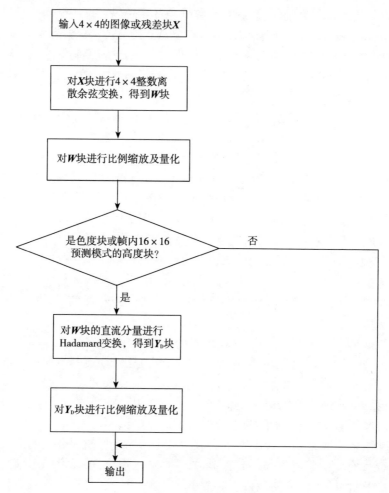

图12.3   编码器中变换编码及量化过程

1.整数变换

二维 $N \times N$ 图像块的 DCT 可以理解为先对图像块的每行进行一维 DCT，然后对经过行变换的块的每列再进行一维 DCT，可以表示为

$$
\begin{cases}
Y_{mn} = C_m C_n \displaystyle\sum_{i=0}^{N-1} \sum_{j=0}^{N-1} X_{ij} \cos\frac{(2j+1)n\pi}{2N} \cos\frac{(2i+1)m\pi}{2N} \\
X_{ij} = \displaystyle\sum_{i=0}^{N-1} \sum_{j=0}^{N-1} C_m C_n Y_{mn} \cos\frac{(2j+1)n\pi}{2N} \cos\frac{(2i+1)m\pi}{2N}
\end{cases}
\tag{12.1}
$$

式中，X_{ij}是图像块X中第i行第j列图像或残差值，Y_{mn}是变换结果矩阵Y相应频率点上的DCT系数，可以用矩阵来表示

$$
\begin{cases}
Y = AXA^{\mathrm{T}} \\
X = A^{\mathrm{T}}YA
\end{cases}
\tag{12.2}
$$

式中，$N \times N$变换矩阵A中的系数为

$$
A_{ij} = C_i \cos\frac{(2j+1)i\pi}{2N}
\tag{12.3}
$$

设 $a = \dfrac{1}{2}$，$b = \sqrt{\dfrac{1}{2}}\cos\left(\dfrac{\pi}{8}\right)$，$c = \sqrt{\dfrac{1}{2}}\cos\left(\dfrac{3\pi}{8}\right)$，则有

$$
A = \begin{bmatrix}
a & a & a & a \\
b & c & -c & -b \\
a & -a & -a & a \\
c & -b & b & -c
\end{bmatrix}
$$

这样根据DCT系数矩阵的变换核得到等式

$$
Y = AXA^{\mathrm{T}} = \begin{bmatrix}
a & a & a & a \\
b & c & -c & -b \\
a & -a & -a & a \\
c & -b & b & -c
\end{bmatrix}
X
\begin{bmatrix}
a & b & a & c \\
a & c & -a & -b \\
a & -c & -a & b \\
a & -b & a & -c
\end{bmatrix}
\tag{12.4}
$$

将矩阵的乘法因式分解成等价形式

$$
Y = (CXC^{\mathrm{T}}) \otimes E = \left(
\begin{bmatrix}
1 & 1 & 1 & 1 \\
1 & d & -d & -1 \\
1 & -1 & -1 & 1 \\
d & -1 & 1 & -d
\end{bmatrix}
X
\begin{bmatrix}
1 & 1 & 1 & d \\
1 & d & -1 & -1 \\
1 & -d & -1 & 1 \\
1 & -1 & 1 & -d
\end{bmatrix}
\right) \otimes
\begin{bmatrix}
a^2 & ab & a^2 & ab \\
ab & b^2 & ab & b^2 \\
a^2 & ab & a^2 & ab \\
ab & b^2 & ab & b^2
\end{bmatrix}
$$

$$
\tag{12.5}
$$

在式（12.5）中，C^T和C是一对交换基，E是一个标准化因子矩阵，符号$\otimes$指示出CXC^T的每个元素都与标准化因子E中相同位置的元素相乘（标量相乘相当于矩阵相乘）。常量a和b不变，$d=c/b$（大约是0.414），为了简化系数，d约为0.5，最后取$a=\dfrac{1}{2}$，$b=\sqrt{\dfrac{2}{5}}$及$d=\dfrac{1}{2}$。为了消除无理数和小数，矩阵C的第2行和第4行，矩阵C^T的第2列和第4列都被2的因子量化，量化矩阵E_f是缩放矩阵，用来匹配补偿，最终得到的矩阵变成了式（12.6）形式。由于C_f和C_f^T矩阵中全是整数，而且只剩下整数的加法、减法和移位（乘以2）运算，这样在变换和反变换后得到的就是一样的系数

$$Y=(C_f X C_f^T)\otimes E_f=\left(\begin{bmatrix} 1 & 1 & 1 & 1 \\ 2 & 1 & -1 & -2 \\ 1 & -1 & -1 & 1 \\ 1 & -2 & 2 & -1 \end{bmatrix} X \begin{bmatrix} 1 & 2 & 1 & 1 \\ 1 & 1 & -1 & -2 \\ 1 & -1 & -1 & 2 \\ 1 & -2 & 1 & -1 \end{bmatrix}\right)\otimes \begin{bmatrix} a^2 & \dfrac{ab}{2} & a^2 & \dfrac{ab}{2} \\ \dfrac{ab}{2} & \dfrac{b^2}{4} & \dfrac{ab}{2} & \dfrac{b^2}{4} \\ a^2 & \dfrac{ab}{2} & a^2 & \dfrac{ab}{2} \\ \dfrac{ab}{2} & \dfrac{b^2}{4} & \dfrac{ab}{2} & \dfrac{b^2}{4} \end{bmatrix}$$

$$(12.6)$$

H.264将DCT中$\otimes E_f$运算的乘法融合到量化过程中，实际的DCT输出为

$$W=CXC^T$$

2.量化

量化是将处于取值范围X的信号映射到一个较小的取值范围Y中，压缩后的信号比原信号所需的比特数减少。量化分为标量量化和矢量量化，前者是将输入信号的一个样本值映射为一个量化输出值，后者是将输入信号的一组样本值（一个矢量）映射成一组量化值。

H.264采用标量量化技术，它将每个图像样本映射成较小的数值。一般标量量化器的原理为

$$Z_{ij}=\text{round}(Y_{ij}/Q_{\text{step}}) \qquad (12.7)$$

式中，Y_{ij}是一个样本点，Q_{step}是量化步长尺寸，Z_{ij}是Y_{ij}的量化值，round()是取整函数（其输出为与输入实数最近的整数）。

在H.264标准中支持52个Q_{step}，用量化参数QP进行索引，H.264中编解码器的

量化步长如表12.2所示。当QP取最小值0时代表最精细的量化,而当QP取最大值51时代表最粗糙的量化。QP每增长6,Q_{step}就增加一倍。量化步长的广阔范围使编码器能够灵活准确地控制比特率和质量之间的权衡。对于色度编码,一般使用与亮度编码同样的量化步长。为了避免在较高量化步长时出现颜色量化人工效应,H.264草案规定,亮度QP的最大值为51,而色度QP的最大值为39。

表12.2　H.264中编解码器的量化步长

QP	Q_{step}	QP	Q_{step}	QP	Q_{step}	QP	Q_{step}	QP	Q_{step}	QP	Q_{step}
0	0.625	9	1.75	18	5	27	14	36	40	45	112
1	0.6875	10	2	19	5.5	28	16	37	44	46	128
2	0.8125	11	2.25	20	6.5	29	18	38	52	47	144
3	0.875	12	2.5	21	7	30	20	39	56	48	160
4	1	13	2.75	22	8	31	22	40	64	49	176
5	1.125	14	3.25	23	9	32	26	41	72	50	208
6	1.25	15	3.5	24	10	33	28	42	80	51	224
7	1.375	16	4	25	11	34	32	43	88		
8	1.625	17	4.5	26	13	35	36	44	104		

在H.264中,量化过程同时要完成DCT中$\otimes E_f$运算,可以表示为

$$Z_{ij} = \text{round}\left(W_{ij}\frac{PF}{Q_{step}}\right) \tag{12.8}$$

式中,W_{ij}是矩阵W中的转换系数,PF是矩阵E_f中的元素,根据样本点在图像块中的位置(i,j)的取值,PF取a^2,$ab/2$及$b^2/4$三者之一,即

$$PF=\begin{cases} a^2 & ((0,0),(2,0),(0,2) \text{ 或} (2,2)) \\ b^2/4 & ((1,1),(1,3),(3,1) \text{ 或} (3,3)) \\ ab/2 & \text{其他} \end{cases} \tag{12.9}$$

为了简化算法,在参考模型软件JM中,因子PF/Q_{step}是通过乘上一个因子MF,然后右移位得到的,以此来避免除法操作

$$Z_{ij} = \text{round}\left(W_{ij}\frac{PF}{2^{qbits}}\right) \tag{12.10}$$

式中,$\frac{PF}{2^{qbits}}=\frac{PF}{Q_{step}}$,并且qbits=15+floor(QP/6),floor()为取整函数(其输出为不大于输入实数的最大整数)。

在整数算法中,式(12.10)可以按照以下方式实现:

$$\left|Z_{ij}\right| = \left(\left|W_{ij}\right| \cdot MF + f\right) >> \text{qbits}$$
$$\text{sign}(Z_{ij}) = \text{sign}(W_{ij}) \tag{12.11}$$

这里>>表示二进制右移位,F为偏移量,它的作用是改善恢复图像的视觉效果,对于帧内块,f是$2^{\text{qbits}}/3$,对于帧间块,f是$2^{\text{qbits}}/6$。

以上量化过程即为整数运算,避免了使用除法,并且确保用16位算法来处理数据,在没有PSNR性能恶化的情况下实现最小的运算复杂度。

12.2.3　H.264帧内预测编码

帧内预测是用邻近块的像素(当前块的左边和上边)做外推来实现对当前块的预测,预测块和实际块的残差被编码,以消除空间冗余。尤其是在变化平坦的区域,利用帧内预测可以大大提高编码效率。

在帧内预测模式中,预测块P是基于已编码重建块和当前块形成的。对亮度像素而言,P块用于4×4子块或者16×16宏块的相关操作。4×4亮度子块有9种可选预测模式,独立预测每一个4×4亮度子块,适用于带有大量细节的图像编码;16×16亮度块有4种预测模式,预测整个16×16亮度块,适用于平坦区域图像编码;色度块也有4种预测模式,类似于16×16亮度块预测模式。编码器通常选择使P块和编码块之间差异最小的预测模式。

12.2.4　4×4亮度预测模式

在帧内4×4模式编码中,由于相邻的4×4块模式高度相关,采用相邻块的预测模式预测当前块的最可能模式,只需要存储上边4×4块和左边4×4块的编码模式,如图12.4所示。

图12.5为4×4亮度预测样本示例,从图中可以看出利用相邻块中的几个或所有13个像素点(A~M)来预测4×4亮度块中的像素点(其中a~p为待预测的像素点),然后通过选择4×4亮度块9种预测模式中效果最好的一个,对该块进行预测。图12.6所示为4×4的亮度块的9种预测模式,通过这9种预测模式能够很好地对所有方向的结构进行预测。

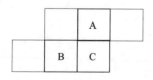

图12.4　相邻的4×4帧内编码块

M	A	B	C	D	E	F	G	H
I	a	b	c	d				
J	e	f	g	h				
K	i	j	k	l				
L	m	n	o	p				

图12.5　4×4亮度预测样本

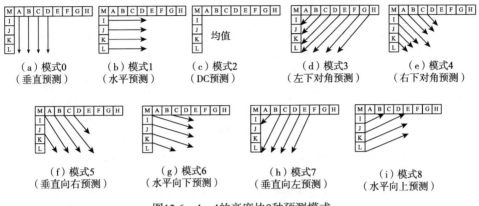

图12.6 4×4的亮度块9种预测模式

模式0：垂直预测。上方采样点的值被分别用做各列的预测值。

模式1：水平预测。左边采样点的值被分别用做各行的预测值。

模式2：均值预测(DC预测)。采样点A~L值的均值被用做整个P的预测值。

模式3：左下对角预测。各子块预测值由采样点从右上方到左下方沿45°方向插值得到。

模式4：右下对角预测。各子块预测值由采样点从左上方到右下方沿45°方向插值得到。

模式5：垂直向右预测。各子块预测值由采样点从左上方到右下方沿与垂直方向夹角26.6°插值得到。

模式6：水平向下预测。各子块预测值由采样点从左上方到右下方沿与水平方向夹角26.6°插值得到。

模式7：垂直向左预测。各子块预测值由采样点从右上方到左下方沿与垂直方向夹角26.6°插值得到。

模式8：水平向上预测。各子块预测值由采样点从左下方到右上方沿与水平方向夹角26.6°插值得到。

12.2.5 16×16亮度预测模式

与4×4子块预测方式相似，16×16宏块的预测分为4种模式。

模式0：垂直预测。宏块上方各子块采样值被用做宏块对应一整列的预测值。

模式1：水平预测。宏块左边各子块采样值被用做宏块对应一整行的预测值。

模式2：均值预测。宏块上方与左边各子块采样值的均值被用做宏块预测值。

　　模式3：平面预测。宏块预测值右上方和左边各子块采样值按左下到右上的方向插值得到。

　　16×16宏块的预测模式如图12.7所示。

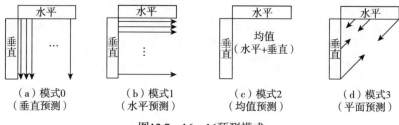

（a）模式0　　　　（b）模式1　　　　（c）模式2　　　　（d）模式3
（垂直预测）　　　（水平预测）　　　（均值预测）　　　（平面预测）

图12.7　16×16预测模式

12.2.6　色度块的预测模式

　　8×8色度块的预测方式和16×16亮度块预测方式非常相似,也是利用上边和左边已经重建的色度块采样值从4种方法中选取一种预测模式进行预测。但有一点不同,它们的模式编号不同,分别为DC(模式0)、水平(模式1)、垂直(模式2)、平面(模式3)。

12.2.7　H.264帧间预测编码

　　帧间预测编码利用连续帧中的时间冗余来进行运动估计和补偿,通过采用多帧参考和更小运动预测区域等方法对下一帧精确预测,从而减少传输的数据量。

　　1.不同大小和形状的宏块分割

　　每个亮度宏块被划分成形状不等的区域,作为运动描述区域。其划分方法有16×16, 16×8, 8×16和8×8四种。当选用8×8方式时,可以进一步划分成8×8,8×4, 4×8和4×4共4个子区域。每个区域对应一个独立的运动向量,每个运动向量和区域选取信息必须通过编码传输。因此,当选用较大区域时,用于表示运动向量和区域选取的数据量减少,但运动补偿后的残差会增大;当选用小区域时,残差减少,预测更精确,但用于表示运动向量和区域选取的数据量增大。大区域适合反映帧间同质部分,小区域适合表现帧间的细节部分。

2.运动矢量之间再进行预测编码

运动估计、运动补偿单位的减小,在提高预测精度的同时也带来一定的系统开销(如比原来多的运动矢量,形状多变的运动补偿单元等),为此,对各单元(宏块、宏块分区、宏块子分区)运动矢量之间再进行预测编码,利用各矢量间的相关性,降低传送矢量的码率开销。

另外,在预测方面还有高精度的亚像素运动补偿、多帧预测、去块滤波器等特征,这里不再赘述。

12.3 基于混沌和H.264的视频加密系统设计

通过对视频加密算法和H.264编码的描述,发现在选择性加密算法中,经过合理设计不仅可以具备良好的实时性,而且能够保证较好的加密安全性和格式复合性。本章提出了一种改进型分段线性混沌复合映射,构造出两种密码序列,选择视频的局部数据进行加密。

12.3.1 国内外H.264常用视频加密算法验证

前面已经对现阶段国内外H.264常用视频加密算法进行了简单的介绍,在此通过H.264的编解码平台JM10.2对这些常用算法进行测试和分析,并对这些算法的加密效果作一评价。

1.DCT系数加密

有文献对H.264标准中基于DCT的视频加密算法进行了研究,提出了几种视频加密算法:①对DCT系数符号的翻盘;②对4×4块的随机洗牌;③高低频系数之间洗牌。图12.8所示为stefan序列采用这三种算法的加密效果图,第二种算法虽然对4×4块的随机洗牌没有改变系数的统计特性,可是由于系数位置的巨大变动,总体效果要优于符号的翻盘,不过对信噪比和码率会有所影响,而且这种影响是随机的,可能优化信噪比和码率,也可能使其变差。第三种方法完全破坏了系数的统计特性,使系数处于极其无序的混乱状态,其效果在理论上与前两种相比是最优的,然而该方法在编码端对时间及计算机资源的占用较多,密钥开销也大,而且置乱范围越大,开销越大。并且在解码器反量化之前的解密也要比前两种加密算法复杂,时间的延迟大,适用于安全性要求更高的视频文件。

（a）初始图像

（b）DCT系数的翻盘

（c）4×4块的随机洗牌

（d）高低频系数之间洗牌

图12.8　DCT系数加密效果图

2.帧内、帧间预测模式加密

对于4×4亮度块对应的9种预测模式在H.264码流语法中可用3 bit来表示，对这个3 bit的码字加密不会影响到码流的语法格式，因此，从密钥流中依次提取3 bit与原始的3 bit预测模式进行异或。在试验中选择Foreman测试序列进行加密，加密效果如图12.9所示。

（a）初始图像

（b）预测模式加密效果图

图12.9　帧内、帧间预测模式加密效果图

3.运动矢量加密

在H.264中预测的残差和运动矢量分别编码传输,对运动矢量加密可以实现视频的加密,几帧过后就面目全非。图12.10是对stefan序列进行试验的结果,当运动变得越来越复杂时,随着运动矢量的累积,加密有显著的效果。从图中可以看出,序列的第2帧加密之后,只有很少量的信息被加密,视频信息很容易被获取到,而随着运动矢量的累积,在第10帧的时候,信息已经几乎全部被加密了,视频信息变得比较模糊,在第90帧的时候运动员和观众已经无法识别。然而采用运动矢量加密的方法对于不运动的块却显得无能为力,在stefan序列加密的过程中无论视频加密时间有多长,还是可以隐约看到运动场地的一些信息。试验中又对news序列进行了测试,该测试序列的特点是前景有两个工作人员,基本是静态的,而背景是一个大的投影机,播放的视频具有较大的动态变化,可以用此测试序列来验证运动矢量加密的效果,加密效果如图12.11所示。

（a）第2帧原始图像

（b）第2帧加密图像

（c）第10帧原始图像

（d）第10帧加密图像

（e）第90帧原始图像

（f）第90帧加密图像

图12.10　强运动序列stefan运动矢量加密

（a）第2帧原始图像　　　　　　　　　　（b）第2帧加密图像

（c）第10帧原始图像　　　　　　　　　　（d）第10帧加密图像

（e）第80帧原始图像　　　　　　　　　　（f）第80帧加密图像

图12.11　强弱运动结合序列news运动矢量加密

　　从图12.11中可以看出,强运动随着运动矢量的累积,不断置乱,在第10帧时,背景已经比较模糊,在第80帧时背景无法识别,可是对于前景,随着视频中的运动矢量不断加密而未发生较大的变化,可见采用这种方法对于那些没有剧烈运动的视频来说几乎不起作用。另外这类算法还有一个缺点就是没有对关键帧I帧进行密码保护,故不能单独对视频加密,必须与其他加密算法结合起来。

12.3.2　视频加密系统设计基本思想

视频加密系统可以分解为若干功能独立的模块：视频实时采集模块、视频显示模块、视频编码模块、加/解密模块、视频解码模块。各个模块之间通过接口函数互相连接，最终实现视频加解密。

图12.12是视频加/解密系统的程序流程图，从图中可以看出，采集模块采集到一帧数据，触发视频显示模块，将视频信息显示在指定窗口。随后调用编码函数，触发编码模块，按照H.264标准进行编码，同时触发加密模块选择视频安全等级、应用环境，并设置加密参数、分配密钥，对编码过程中的相关数据进行加密，实现视频信源的加密，然后传输。在接收端，首先将数据按照相应的顺序进行重排序、解码，同时触发解密模块设置解密参数，分配密钥，最终实现解密。其中加密、解密过程均是建立在H.264编解码平台基础之上的。

12.3.3　一种改进型分段线性混沌复合映射

通常低维的混沌系统模型都是由代数方程描述的，求解速度很快，但是单一的低维混沌系统的安全性是不够的，并且目前已经出现了低维混沌加密的攻击算法，很容易受到攻击，如用混沌模型重构的方法攻击。高维混沌一般为复杂的微分或者是差分方程组，求解的复杂度和计算量都很大，会降低加密运算的速度。因此运用低维的混沌系统进行复合，得到复合的混沌加密系统，既能满足安全性的要求，又能加快加密速度。在此主要运用这种思路设计一种新的混沌复合映射。

1.改进型分段线性混沌复合映射的定义

不同于其他混沌映射，本节在一维分段线性混沌映射的基础上提出了一种新的改进型分段线性混沌复合映射，它是对一维分段线性混沌映射的改进，其定义如下：

$$\begin{cases} X_{n+1} = \sin(X_n / p) & \left(X_n \in (0, p) \right) \\ X_{n+1} = \sin\left[(X_n / p)/(0.5 - p) \right] & \left(X_n \in (p, 0.5) \right) \\ X_{n+1} = f(1 - X_n) & \left(X_n \in (0.5, 1) \right) \end{cases} \quad (12.12)$$

式中，$0 < p < 0.5$，因为该映射的各个分段的导数大于0，所以其李指数大于0，又由于正的李指数意味着混沌。因此，该映射为混沌映射。另外再选择切比雪夫映射来控制参数p，切比雪夫映射的迭代方程如下

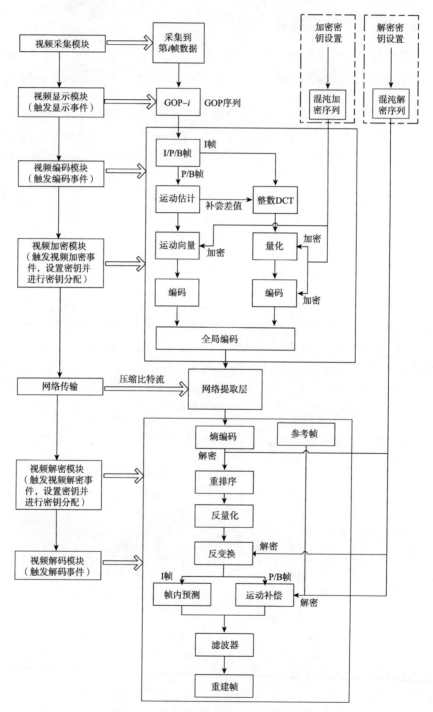

图12.12 视频加/解密系统的程序流程图

$$Y_{n+1} = \cos[k \arccos(Y_n)] \tag{12.13}$$

当参数k=6时,切比雪夫映射处于混沌状态,用此混沌方程的迭代输出作为分段映射的控制参数,将极大地增加p的变化量,从而增大了分段映射序列的周期。切比雪夫映射的迭代值域是[−1,1],应通过线性映射变换到分段映射的控制参数p的变化区间。由于分段函数的参数p在区间(0,0.5)上分段函数处于混沌状态,所以可以把切比雪夫映射的迭代值取绝对值然后乘以1/2,就可以把迭代值域[−1,1]映射到(0, 0.5)。

2.改进型分段线性混沌复合映射的类随机性

图12.13是初始值X_0=0.654321,Y_0=0.789012,迭代次数为200的混沌映射随机性测试图。从图中可以明显地观察到其随机性,当初始值取其他合适的初值时,系统通常也能体现出这样的类随机性。

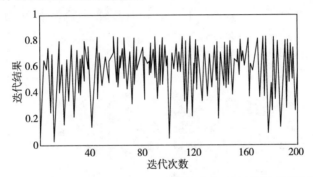

图12.13　X_0=0.654321,Y_0=0.789012的复合混沌映射随机性测试图

3.改进型分段线性混沌复合映射的初值敏感性

设定分段线性混沌映射的初值分别为0.654321和0.654322,其他参数设置相同,复合映射将体现出对初值极端敏感的特性,效果如图12.14所示。从图12.14中可以看出,初始条件的微小差别将会使迭代结果呈指数级发散。有关文献已经证明,一维分段线性混沌映射的李雅普诺夫时间在同等条件下比Logistic短,这也正是本节采用此混沌映射的主要原因之一。

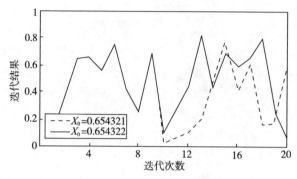

图12.14　初始值X_0分别为0.654321和0.654322的混沌映射曲线

4.改进型分段线性混沌复合映射的遍历性

现分别以X_{10}=0.654321和X_{20}=0.123456为初值迭代3000次,得到2个混沌序列$\{X_{1n}\}$和$\{X_{2n}\}$,分别以$\{X_{1n}\}$和$\{X_{2n}\}$作为横轴和纵轴绘制散点图,如图12.15所示。图12.15中的小圆点表示空间中的一点,其坐标为(X_{1i},X_{2i}),从图中可以看出当迭代次数增加时,该混沌映射将体现出明显的遍历性。

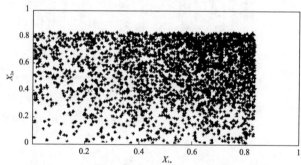

图12.15　改进型分段线性混沌复合映射的遍历性

5.改进型分段线性混沌复合映射的返回映射分析

设初始值X_0=0.654321,Y_0=0.789012生成长度为4096的一维复合映射混沌序列。以X_n为横轴,X_{n+1}(X_n的下一个状态值)为纵轴,绘制散点图,即可构造出此复合映射的返回映射曲线,如图12.16所示。

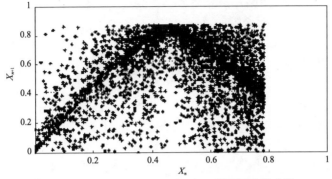

图12.16　X_0=0.654321，Y_0=0.789012的返回映射曲线

　　而在参数p不变的情况下，即单独使用分段线性混沌映射生成的一维映射混沌序列，其返回映射曲线是有较强的规律性的，设初始值X_0=0.654321，p=0.189012，生成长度为4096的一维映射混沌序列，根据此混沌序列绘制出了如图12.17所示的返回映射曲线。

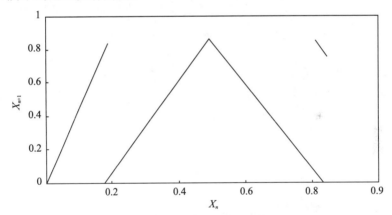

图12.17　X_0=0.654321，p=0.189012的返回映射曲线

　　通过比较图12.16和图12.17可以看出，单一的分段线性混沌映射的返回映射曲线虽为分段曲线，但有一定的规律可循，按照这种方法可以计算参数p，而采用混沌复合的方法得到的返回映射曲线已经比较复杂，给破解参数p带来了较大的困难。采用这种复合混沌映射构造混沌序列进行视频加密，增加了安全性，同时也增大了密钥空间。

12.3.4　混沌序列密钥分配

　　在H.264视频编码过程中，视频首先被分割成图像序列，然后再分成帧，帧再分成包含一定数量宏块的片。码流就是以宏块、片、帧、图像序列为单元存放的，各个单元都有相应的格式头信息，设计这些格式头信息用于同步。在实际应用中，传输错误是不可避免的，视频流中的错误通常会破坏流密码的同步，可见采用单密钥加密不太现实。为了解决这个问题，本节使用多密钥分块的方式来加密视频流。

根据H.264视频流的特点，图像序列、帧、宏块都可以被选为块。究竟选择哪一个取决于在传输信道中发生的错误。例如，如果只有很少的宏块出错，那么可以选择宏块为一个块；如果宏块经常丢失，则可选择帧。此外，如果帧经常丢失，则图像序列可作为一个块。在此以宏块为块加密视频，给每个宏块分配一个不同的密钥。如果一个宏块发生错误，只有相应的宏块解密时会发生错误，其他的宏块仍可以正确解密。

1.生成加密密钥一

密钥一是基于帧—宏块密钥来分配的，生成过程如下。

（1）给出初始值X_{00}、n和μ。其中X_{00}为初始迭代值，n为迭代次数。根据式（4.1）迭代陆续生成X_{0n}，再由X_{0n}迭代陆续生成X_{0n+1}，X_{0n+2}，$\cdots$，$X_{0n+(s-1)}$，这样生成连续的s个实数值序列。

（2）对这s个实数值序列，生成对应的二值序列，按照行优先顺序排列成式（12.14）的矩阵，其中$A_{0,0}=\text{sign}(X_{0n})$，$A_{0,1}=\text{sign}(X_{0n+1})$，其余的以此类推而得

$$\begin{bmatrix} A_{0,0} & A_{0,1} & A_{0,2} & \cdots & A_{0,r-1} \\ A_{1,0} & A_{1,1} & A_{1,2} & \cdots & A_{1,r-1} \\ A_{2,0} & A_{2,1} & A_{2,2} & \cdots & A_{2,r-1} \\ \vdots & \vdots & \vdots & & \vdots \\ A_{(s/r-1),0} & A_{(s/r-1),1} & A_{(s/r-1),2} & \cdots & A_{(s/r-1),r-1} \end{bmatrix} \qquad (12.14)$$

（3）对初始值X_{10}，X_{20}，X_{30}，$\cdots$，$X_{(n-1)0}$，按照上面的步骤同样可以生成（s/r）$\times r$的矩阵。这样总共是生成n个（s/r）$\times r$的矩阵，这n个相同大小的矩阵对应为n个帧密钥。可以将帧密钥组用于对P/B帧中运动预测得到的运动矢量进行加密。

2.生成加密密钥二

密钥二用于对P/B帧中运动预测得到的运动矢量进行加密。这里，对视频流分组进行加密，宏块子密钥按照帧密钥来管理。视频中的帧密钥组为（$K_0,K_1,K_2,\cdots,K_{n-1}$），如图12.18所示。首先生成用于加密帧内预测模式和变换、量化块中系数

的密钥。其中$K_0=(K_{0,0},K_{0,1},\cdots,K_{0,s-1})$,$K_1=(K_{1,0},K_{1,1},\cdots,K_{1,s-1})$,以此类推。视频帧的大小为$W\times H$,对视频图像的帧来说,分为$W\times H/(16\times16)$个宏块,这里的$s=W\times H/(16\times16)$,按此方法计算,每帧总共要生成$W\times H/(16\times16)$个宏块密钥。宏块密钥生成过程如下。

（1）给出初始值X_{00}、n,其中X_{00}为初始迭代值,n为迭代次数。根据式(12.12)迭代陆续生成X_{0n},再由X_{0n}陆续生成X_{0n+1},X_{0n+2},$\cdots$,$X_{0n+(s/r-1)}$,这样生成连续的s/r个实数值序列。

（2）对生成的s/r个实数值序列,每个实数值序列取小数点后r位。这样每个实数值序列生成一个r位的位序列。X_t生成的序列为$(B_{0,0},B_{0,1},B_{0,2},\cdots,B_{0,r-1})$,$X_{t+1}$生成的序列为$(B_{1,0},B_{1,1},B_{1,2},\cdots,B_{1,r-1})$,$\cdots$,$X_{t+(m/r-1)}$生成的序列为$(B_{(s/r-1),0}$,$B_{(s/r-1),1},B_{(s/r-1),2},\cdots,B_{(s/r-1),r-1})$。

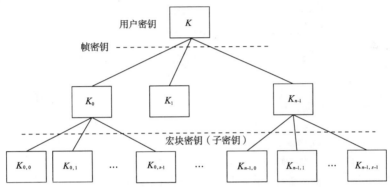

图12.18 密钥分配示意图

（3）将s/r个r位的位序列按顺序排列生成一个$(s/r)\times r$的矩阵,矩阵的元素即是加密所需的宏块密钥

$$\begin{bmatrix} B_{0,0} & B_{0,1} & B_{0,2} & \cdots & B_{0,r-1} \\ B_{1,0} & B_{1,1} & B_{1,2} & \cdots & B_{1,r-1} \\ B_{2,0} & B_{2,1} & B_{2,2} & \cdots & B_{2,r-1} \\ \vdots & \vdots & \vdots & & \vdots \\ B_{(s/r-1),0} & B_{(s/r-1),1} & B_{(s/r-1),2} & \cdots & B_{(s/r-1),r-1} \end{bmatrix} \quad (12.15)$$

（4）对初始值X_{10},X_{20},X_{30},$\cdots$,$X_{(n-1)0}$,按照上面的步骤同样生成$(s/r)\times r$的矩阵,这样总共生成n个$(s/r)\times r$的矩阵,这n个矩阵对应为n个帧密钥。

上面矩阵元素的位置与图像帧中宏块的位置是一一对应的关系,因此每帧图像中每一宏块加密所用的密钥对应矩阵中相同位置的元素。

在H.264定义的码流中,句法元素被组织成有层次的结构,分别描述各个层次的信息。句法元素分别描述序列、图像、片、宏块、子宏块五个层次的信息。设片的目的是限制误码的扩散和传输,某一片的预测不能以其他片中的宏块为参考图像,这样某一片中的预测误差才不会传播到其他片中。

片中的宏块是按照一定规则排列的,每片的宏块按照光栅扫描次序进行编码。由于编码的过程与加密的过程是密切相关的,对每一帧中的宏块进行加密时,从相应的矩阵中提取对应位置的元素作为当前宏块的加密密钥进行加密。在对每一帧进行加密时,依次提取对应的宏块密钥进行加密,宏块密钥按照编码的逻辑顺序重新排列,即为图12.18中的帧密钥。例如,对第一帧图像的第一个编码宏块加密所用的密钥是$K_{0,0}$(从矩阵中提取),第二个编码宏块加密所用的密钥是$K_{0,1}$,以此类推。

n帧图像分为一组进行加密,则有n个帧密钥,最后形成一个n帧密钥组,帧密钥组用来对视频分组加密,该帧密钥组同时也是解密密钥。

12.3.5 一种基于H.264的安全等级可调的加密算法

1.H.264加密候选域分析

视频信源具有数据量大、实时在线处理能力要求高和单位比特信息价值低等特点,需要根据H.264的编码结构设计特殊的加密算法。适合H.264加密的有2个最直接的区域,如图12.19所示。一个是在压缩编码之前加密视频流(图12.19中的①),但一般观点认为这类方法会显著地改变信源的结构和语法,对后续编码效率影响很大。国外学者Johnson提出的理想Gaussian信源先加密后DSC(分别信源编码)压缩算法,不仅能够满足数据安全性要求,而且对压缩增益影响很小,不足之处在于对非理想Gaussian信源加密后再进行DSC压缩,其编码效率明显降低。另外一个区域是在压缩编码之后对码流进行加密(图12.19中的⑤和⑥),这类方法通常利用传统密码(如DES、IDEA、RSA等)高强度的优点来满足高安全性的要求,可以克服加密造成的编码效率降低问题,但同时也带来了高计算复杂度和视频格式不相容的缺点。

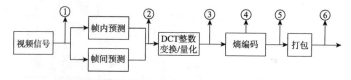

图12.19 适合于H.264加密的候选域

围绕压缩域(图 12.19中②和③)展开加密研究主要是基于信源特征,选择加密图像/视频重建中的关键数据,如预测模式、残差系数、运动矢量和编码参数等信息。针对 H.264标准,目前具有代表性的研究成果有帧内预测模式复合算法、图像信息与运动信息相结合的视频加密算法、基于4×4整数变换的残差系数加密/置乱算法,以及 QP 参数和环路滤波系数加密算法等。该类算法可以根据实际需求选择加密关键数据,缺点是加密强度与计算复杂度互为矛盾,而且加密过程在熵编码之前,对后续熵编码效率影响较大。另外,编码的帧间相关性、误码弹性和错误隐藏也可能会泄露一些重要信息。

　　基于熵编码(其候选域为图12.19中的④)的加密方案具有明文加密空间大和加/解密速度快的优点,而且不会改变视频中的格式信息和控制信息,不影响码流的原误码顽健性。

　　2.基于H.264的安全等级可调加密方案设计

　　从前述加密方法可以看出,常规的视频加密算法有各自的优缺点,而在现实环境下,视频的加密也需要根据具体要求对加密性能有所限制,在此提出一种基于H.264的安全等级可调的加密方案,根据视频不同的应用途径和安全需求,选择视频信息中不同的局部信息进行加密,实现了视频加密的安全等级可调,可以适应复杂多变的网络环境。综合各方面因素,最终确定的加密方案如图12.20所示。实线部分为H.264的编解码框图,阴影部分为加密区域。从图中可以看出,可以对压缩域中的运动矢量、DCT系数、帧内/帧间预测模式进行加密。

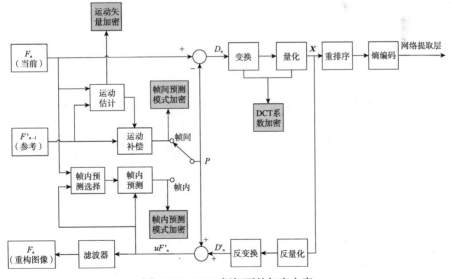

图12.20　H.264框架下的加密方案

根据视频流技术的应用范围,可以将视频分为以下三个安全等级。

第1级:网络广告、视频点播和远程教育。视频服务供应商往往希望未付费的用户不仅能看到电台图标,而且对节目的内容有一定的了解,吸引他们的注意力,使他们成为付费用户,此时只需要对视频内容进行轻微加噪处理,安全级别不能过高。

第2级:视频聊天、视频电话。这种应用场合静态信息比较多,因此不能单独采用运动矢量加密的方法加密视频。经过该级别加密的图像应当无法识别,安全性要求在第1级别之上。

第3级:电子商务、视频监控以及高级别的视频会议。视频会议可以节约大量的时间、费用,但高级别的会议对视频的保密性要求极高,任何一部分内容的泄露都有可能造成重大的损失。

对于这3个级别,分别用不同的方法进行加密,具体方案如下。

第1级:运动矢量加密

H.264视频序列中P帧是根据I帧预测的,预测的残差和运动矢量分别编码传输,由于运动矢量具有累积效应,几帧过后就面目全非,所以可以采用运动矢量置换和运动矢量符号加密两种方法进行视频加密。

1)运动矢量置换

对X、Y方向上的运动矢量分别用一个表进行置换,也就是随机置乱X、Y方向的运动矢量,效果比符号加密好,对码率也没有影响。

2)运动矢量符号加密

采用一个密钥K来改变运动矢量的符号位P,则得到的密文如下:

$$D_{ij} = E(P) = P \oplus K_{ij} \qquad (12.16)$$

第2级:预测模式加密

在前面已经提到对4×4块的预测模式加密的方法,为了提高视频加密的安全性,这里对预测模式加密的方法进行改进,将16×16亮度块和色度块的预测模式也进行加密。

(1)对于16×16亮度块,其预测模式是和亮度CBP(CBP指各个子块的残差的编码方案)、色度CBP一起采用Exp-Golomb的ue(v)方式作为宏块类型码字来变长编码的。为了保持视频格式兼容,不能任意改变CBP的值。表12.3列出了H.264标准的部分宏块类型语义及编码变长码字,从表中可以看出,H.264标准中色度和亮度CBP组合依次每四行是相同的。为了保持格式兼容并且码流大小不变,该算法将每两行分为一组,对每组中变长码字的最后一位直接加密,以达到加密预测模式的目的。

表12.3　H.264标准的部分宏块类型语义及编码变长码字

宏块类型	帧内16×16预测模式	色度块CBP	亮度块CBP	变长码字	组号	加密位
1	0	0	0	010	1	最后一位
2	1	0	0	011		
3	2	0	0	00100	2	最后一位
4	3	0	0	00101		
5	0	1	0	00110	3	最后一位
6	1	1	0	00111		
7	2	1	0	0001000	4	最后一位
8	3	1	0	0001001		

（2）对于色度块的预测模式，即intra_chroma_pred_mode，采用Exp-Golomb的ue（v）方式单独编码，如表12.4所示，为了保持语义格式兼容，不能对整个码字加密。例如，若加密模式3的后缀00变为01，则会解码出错。该算法因此加密其预测模式为1或2，选择加密这两种模式下码字的最后一位。

表12.4　色度块帧内预测模式语义及编码变长码字

色度块帧内预测模式	预测模式	变长码字	组号	可加密位
0	直流	1	无	无
1	水平	010	1	最后一位
2	垂直	011		
3	平面	00100	无	无

第3级：DCT系数的分类加密和预测模式加密相结合

DCT变换之后的系数，分为亮度块的DC、AC系数和色度块的DC、AC系数。其中DC系数能量较高，值较大，AC系数能量较低，含有大量不大的值，其他大部分为零。对于这几类系数，采用不同的方式进行加密，以满足实时性和安全性等要求，加密方法如图12.21所示。亮度信号较色度信号对人眼来说更为敏感，DC系数比AC系数的能量更高，出现的频率却为AC系数总的出现频率的1/16，对亮度块的DC系数采用VEA这种高强度的加密算法可以确保视频图像高能量区域的信息安全。

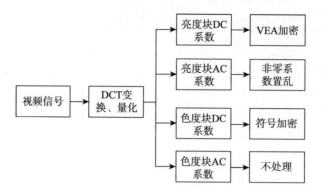

图12.21　DCT系数的分类加密流程图

　　视频图像的细节部分主要是由大量的AC系数构成,如果对这部分也用高强度的加密算法加密,则会增加运算复杂度,对这部分信息进行简单的置乱,既可以减小运算负担的增加,又能起到加密的效果。但置乱算法最大的缺点在于改变编码的压缩比,为了减小压缩比的改变,考虑尽量不破坏DCT系数的统计特性,可以只对4×4亮度块内部非0的AC系数进行置乱。这样做遵循zig-zag扫描的能量大小排列顺序,从而对熵编码后的压缩比不产生太大的负面影响。

　　最后,对色度信息的DC系数只进行符号异或,运算复杂度最低,同时对压缩比的影响最小。而色度信息的AC系数含信息量极低,可以不用加密。

　　DCT系数的分类加密的程序实现如下。

```
while block ( )                         //宏块处理
  {
     Macroblock ×currMB;                //当前宏块
     int new infra mode;                //帧内宏块的类型
     if(new infra mode==dct lama 16x 16)  //当前宏块为帧内16×16
                                          亮度编码模式
      {
       case(currMB->mb type==DCcoeff):   //当前宏块为亮度DC系数

       VEA(currMB);                      //对亮度DC系数用VEA算
                                          法加密

case(currMB->mb_type==AC):               //当前宏块为亮度AC系数

       for  (i=0; i<BLOCK SIZE; i++)
        {
          for  (j=0; j<BLOCK SIZE; j++)
           {
```

```
            if ( currMB[i][j] != 0 )          //比特流序列当前值非零

            encrypt ( currMB );               //置乱AC非0系数
        }
    }
}
if ( new infra mode==dct chroma )             //当前宏块为帧内色度
{                                             编码模式
    case ( currMB->mbtype==DCcoeff ):         //当前宏块为色度DC系数
    currMB[i][j]=currMB[i][j] xor key[n];     //色度DC系数与密钥异
    case ( currMB->mb_type == AC ):           或运算
    break;                                    //色度AC系数不加密
    }
}
```

在设计时,由于第三级的加密对安全性有很高的要求,所以将预测模式加密也结合到第3级的加密中,这样可以在一定程度上提高安全性,而对实时性的影响较小。

12.3.6　试验结果分析

本章提出的三种算法均可在H.264的JM10.2平台上实现,采用标准视频测试序列Foreman序列(352×288)进行测试,选择的安全级别为2级,加密效果如图12.22所示。

（a）初始图像　　　　　　　　　　　　　　　（b）加密效果图

图12.22　DCT系数分段加密效果图

1.安全性

此方案采用CIF格式的视频,每个宏块由4个亮度块Y、一个Cr块及一个Cb块组成。帧内预测采取两种亮度预测模式: Intra_ 4×4 和Intra_16×16。Intra- 4×4 适合图像中细节丰富的区域,而Intra_16×16 模式更适合粗糙的图像区域。如果图像只进行帧内编码,一帧图像将至少被划分为(352×288)/(16×16)=396个宏块,至多被划分为(352×288)/(4×4)=6336个宏块。在进行帧内预测加密时,加密方法是从给定密钥流中依次提取3bit与原始3bit的预测模式进行异或,此时可以算出所需的密钥流范围为(396×1)~(6336×3)bit。如果图像只采用帧间预测,产生的密钥流只加密运动矢量的符号位,此时所需的密钥量为(396×1)~(6336×3)bit。因此,三种加密级别加密一帧图像所需的密钥流范围分别为

第1级:(396×1)~(6336×1)bit/帧

第2级:(396×1)~(6336×3)bit/帧

第3级:(396×1)~(6336×3)bit/帧

可以看出,该方案三种级别所需的密钥量范围逐渐增大,当第一帧I1进行加密后,后续帧在编码过程中会采用加密过后的I_1作为参考帧,因此就会对整个图像产生加密累积效应,破译难度加大。第2级与第3级密钥量虽相同,但由于第3级加密方法敏感信息量最多,而且加密方式也根据信息的敏感程度而不同,因此,可以说第3级的加密效果最好。

2.压缩比、信噪比、加密复杂度

对于测试序列,列出了三种安全级别的加密方案对压缩比和信噪比的影响,如表12.5所示,对比这些性能参数可以看出,三种级别加密后的亮度Y、色度U分量和色度V分量的峰值信噪比(PSRN)与加密前相比,变化非常小,而对于压缩比来说,加密以后的文件大小几乎没有差别。可见这三种级别的加密方案对压缩比及信噪比的影响非常小。同时,使用加解密过程占整个编解码过程时间的百分比(τ)来衡量加密复杂度,随着安全级别的提高,加密复杂度也随之增加。当τ在10%以下时,就能够达到比较好的实时效果。可见,这三种方案的加密都不会影响到视频的实时性效果。

表12.5 三种安全级别的加密方案对压缩比和信噪比的影响

加密方法	YSUNR/dB	USUNR/dB	VSUNR/dB	文件大小/KB	加密复杂度/%
初始序列	36.97	34.93	35.28	11 138	0.0
第1级	35.84	32.04	32.55	11 138	1.1
第2级	35.02	31.77	30.25	11 138	1.5
第3级	32.45	30.58	31.23	11 138	2.3

3.语义格式兼容性

本章的加密方法不破坏H.264句法语义,完全兼容H.264标准。在试验中,对测试序列的密文码流,使用解码器均可以流畅地解码,得到加密的不可识别内容的图像。

12.3.7　视频加密系统设计

1.视频的采集及显示

在设计视频加密系统时,数字视频的采集是一个关键的前提。Visual C++提供了功能强大、简单易行的窗口类AVICap。AVICap为应用程序提供了一个简单的、基于消息的接口,支持实时的视频流捕获和单帧捕获,并提供对视频源的控制。它能直接访问视频缓冲区,不需要生成中间文件,实时性很强,效率很高。

在设计时,利用capGetDriverDescription获取摄像头驱动程序的版本信息,接着调用capCreateCaptureWindow来创建一个窗体用于显示视频,随后调用cap-PreviewRate和capPreview进行视频模式的设置。最后执行capSetCallbackOnFrame设置每帧结束后所调用的回调函数。在这个设计中采用了一种虚拟摄像头e2eSoft VCam,它可以进行视频的播放,同时可以实现动态屏幕捕获、录制视频等功能。采用这样的设备不但节省了成本,而且试验效果好,视频采集模块及设备信息如图12.23所示。

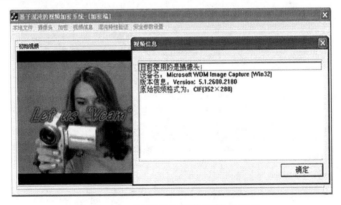

图12.23　视频采集模块及设备信息

另外系统可以支持本地文件的播放,在OnOpenFile事件中实现,首先设置文件格式过滤,选择YUV格式的文件,然后执行OnCoder,在OnCoder中创建一个编码线程coder来调用编码函数,执行视频的编码、传输等,另外单击视频信息按钮,可以显示出当前视频的格式、文件名、帧率、量化步长等视频相关信息,如图12.24所示。

图12.24　本地视频文件演示

2.编码器参数设置和加密方案参数设置

用户在选择了本地文件之后,应可以对文件的参数进行设置,包括视频文件播放的起始帧号、结束帧号、量化步长以及视频格式等。单击本地文件标签,弹出下拉菜单,选择参数设置,弹出如图12.25所示的界面,进行相关参数设置。

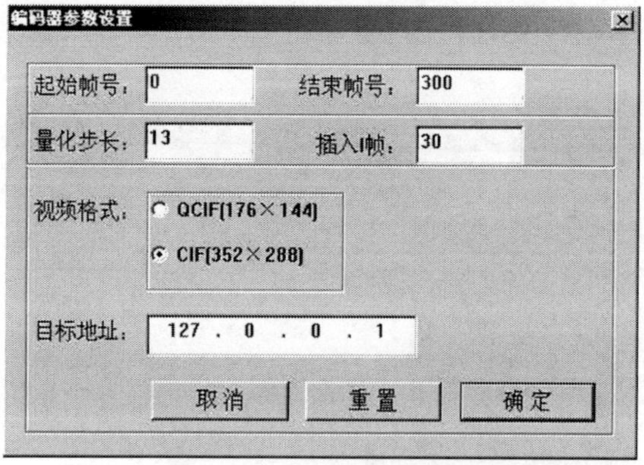

图12.25　编码器参数设置

在加密端,单击加密标签即可弹出如图12.26所示的界面,在其中可以进行视频文件的加密方案参数设置,包括混沌映射和加密方案的选择以及加密密钥的设置。其中混沌映射包括Logistic映射、一维分段线性映射以及改进型一维分段线性复合映射。安全级别分为3级,可以根据实际情况选择不同的加密级别。

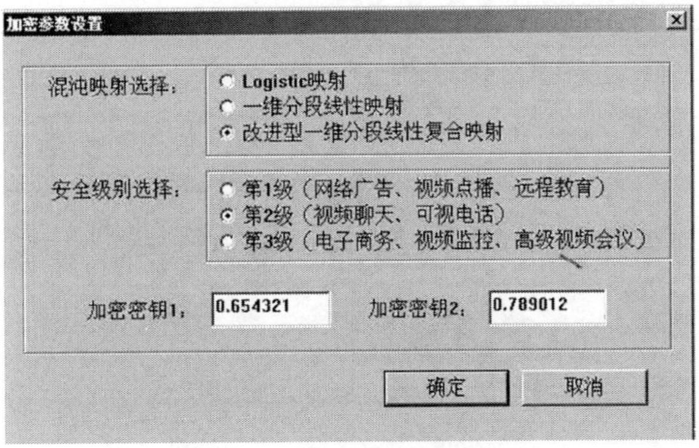

图12.26　加密端加密参数设置

　　在对加密参数设置之后，单击"确定"按钮即可以实现对视频文件的加密，图12.27是对视频安全级别为2时的加密效果图。在解密端，在设定了解码参数（其参数设置应和图12.25编码参数设置相同），之后单击解密标签，即可弹出如图12.28所示的界面，在其中可以进行视频文件的解密方案参数设置。同样包括混沌映射的选择、解密方案的选择以及解密密钥的设置。为了实现正常解密，混沌映射、解密方案以及解密密钥应当和加密端的设置相同，单击"确定"按钮，即可实现对视频文件的解密。图12.29是对视频安全级别为2时的解密效果图，从图中可以看出，在选择正确的解密参数之后，视频可以无失真地正确解密。然而当密钥错误时，由于采用的混沌映射具有初值敏感性，所以即使密钥和正确的密钥有微弱的差别，也无法正确解密视频图像，图12.30就是在设定初始密钥一为0.123457，密钥二为0.789012时的解密效果图，从视觉效果中即可看出采用错误的密钥无法正确解密视频序列。

图12.27　视频加密数据的回放

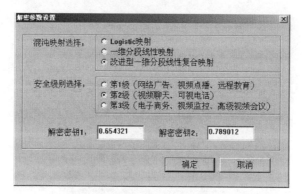

图12.28　解密端解密参数设置

图12.29　正确密钥下视频解密数据的回放

图12.30　错误密钥下视频解密数据的回放

12.4　基于混沌和提升小波的视频加密研究

小波变换可以同时考察信号的视频特性,它的多分辨率特性有利于提取信号的特征。目前,小波变换已经成功应用于许多图像编码算法中。但是在图像编码中,图像的像素值是整数,对其实施整数到整数的变换,可以保证信息的无损表示,这一点是传统的小波变换不能做到的。Sweldens提出了一种新的小波构造方法——提升方法,基于提升方法的小波变换不依赖于傅里叶变换,计算简单,易于硬件实现,可以实现图像的完全无损编码,被称为第二代小波变换。这里尝试将提升小波变换应用于视频编码加密中,研究设计了一套基于混沌和提升小波的视频加密方案。

12.4.1　基于混沌和提升小波的视频加密流程

与传统的视频编码标准不同,提升小波编码并没有对原始图像进行分块和DCT变换,而是直接对图像进行提升小波变换,因此不会出现"块效应",而且提升小波继承了传统小波的渐进传输特性,能够灵活地控制视频质量。该加密方案主要包含以下几个步骤:混沌序列发生、小波分解、纹理块确定、小波系数置乱、小波系数加密、扫描、量化和熵编码。视频编码加密流程如图12.31所示。

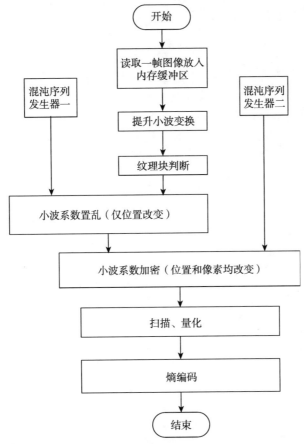

图12.31　基于混沌和提升小波的视频加密流程图

12.4.2　提升小波变换过程

提升小波变换是一种基于空域的小波构造方法,它脱离了傅里叶分析,变换将整数映射为整数,图像的重构质量与变换时边界采用的延拓方式无关。由于不需要对变换后的系数进行取整量化,提升小波变换具有真正意义上的可逆性,可以提高重构图像的质量。提升小波算法的正向提升过程可分解成分裂、预测和更新三个部分。

(1)分裂(split)。把原始信号S_j分裂成不相交的两个序列,通常是分裂成偶数序列d_{j+1}和奇数序列a_{j+1},即

$$\left\{a_{j+1}, d_{j+1}\right\} = \text{spilt}(S_j) \tag{12.17}$$

(2)预测(predict)。主要是消除分裂后留下的冗余,给出最紧致的数据表示,其目的是用a_{j+1}预测d_{j+1},预测误差形成新的d_{j+1},即

$$d_{j+1} = d_{j+1} - P(a_{j+1}) \tag{12.18}$$

式中,$P(\cdot)$为预测算子,是独立于数据的一个确定的运算形式。

(3)更新(update)。经过分裂步骤产生的序列a_{j+1}的某些性质并不和原始数据一致,因此需要采用一个更新过程。其方法是通过更新算子U产生一个更好的序列a_{j+1},使之保存原有信号的一些特性,更新过程表达式如下。

$$a_{j+1} = a_{j+1} + U(a_{j+1}) \tag{12.19}$$

至此完成信号的一次提升,相当于小波的一层分解。重构时,首先反修正恢复出偶数序列,然后逆预测恢复出奇数序列,最后将奇数序列和偶数序列交叉放置,重构出原始信号,提升小波变换的提升过程如图12.32所示。

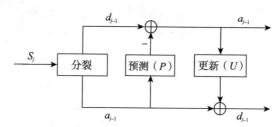

图12.32　提升过程示意图

利用提升小波变换具有以下几个优点。

(1)可以实现更加快速的小波变换算法,一般通过提升方法可以达到比常规

算法快两倍的离散小波分解。

（2）利用提升方法,正向小波变换和反向小波变换结构是非常一致的,仅有正负号的区别。

（3）提升小波变换的描述非常简单,可以避免使用傅里叶变换。

12.4.3　基于混沌和提升小波的视频加密算法

1.纹理块判定

长期以来,通过对人眼某些视觉现象的观察并结合视觉生理、心理学等方面的研究成果,发现了人眼的各种视觉掩蔽效应:①人眼对不同的灰度具有不同的敏感性,通常对中等灰度最为敏感,并且向低灰度和高灰度两个方向呈非线性下降;②人眼对图像平滑区的噪声较敏感,相对纹理区域的噪声则不敏感;③人眼对图像的边缘信息是比较敏感的。

根据这些特性,对于经过提升小波变换之后的低频子带,可以按照以下方法确定纹理块:①将低频子带分解成若干大小为 2×2 的子块;②计算每个子块中的4个像素的灰度平均值;③用子块的灰度平均值减去该子块中的每个像素点的灰度值,同时求出这些差值的绝对值之和sum;④计算出低频子带中sum的最大值max和最小值min;⑤按照式（12.20）判断各个子块是否为纹理块

$$子块=\begin{cases}纹理块 & (sum>th) \\ 非纹理块 & (sum \leqslant th)\end{cases} \qquad (12.20)$$

式中, th=（ max+min ）/2。

2.扫描与量化

小波变换之后,图像的能量大都集中在低频分量上,高频部分小波系数的幅值接近零,而且不同子带之间系数的幅值差异很大。考虑到这种情况,实现中采用的扫描方式如图12.33所示:按照编号的顺序从低频到高频逐级扫描;低频子带中按照先扫描纹理块后扫描非纹理块的顺序扫描,其他子带内部逐行扫描。

扫描之后还需要量化,量化的原则是低频子带使用较小的量化步长,高频子带使用较大的量化步长。每个子带内部的量化步长相同(低频子带例外,纹理块使用较小的量化步长,非纹理块使用较大的量化步长)。在提升小波编码中对图像进行了3级分解,采用的量化表为{2, 6, 7, 10, 8, 10, 12, 10, 12, 16}。在量化表中不含有低频子带的量化步长,它被默认为1。表中的第1个系数表示低频子带中

非纹理块的量化步长为2，其他元素代表相应子带的量化步长，例如，元素6代表子带2的量化步长。

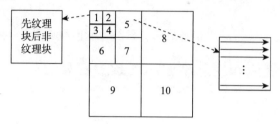

图12.33　小波系数（3级分解）扫描顺序示意图

3.混沌序列的生成及加密

仍然采用前面所提到的改进型分段线性混沌复合映射产生混沌序列，具体生成过程如下。

（1）输入密钥一，产生混沌序列，为了提高混沌序列的随机性，先初始迭代100次。

（2）以迭代100次之后的值作为新的混沌序列m的初始值，进行二次迭代，然后将m按升序排列，其中p为升序排列的混沌序列，i为索引序列。

（3）将索引序列i转换成二维矩阵L，假设小波分解之后的低频子带纹理块大小为$M \times N$，则有$L=$reshape(i, M, N)。

（4）按置乱索引矩阵L重排低频子带矩阵纹理块W，得到置乱后的低频子带纹理块矩阵E，其长度为N，取$N=2^j, j \in \mathbf{Z}^+$以方便小波变换。

（5）输入密钥二，生成另外一个实值混沌序列，采用阈值门限法构造一个阈值函数，取阈值为0.5，通过实值混沌序列$\{x_k/k = 0, 1, 2, 3, \cdots\}$得到一个二值混沌序列

$$\Gamma(x) = \begin{cases} 0 & (0 \leqslant x < 0.5) \\ 1 & (0.5 \leqslant x < 1) \end{cases} \tag{12.21}$$

（6）将二值混沌序列和置乱后的小波系数E按位异或，得到加密之后的小波系数。这样做的目的是让小波系数位置及小波系数值都发生变化，提高加密的安全性。

12.4.4　试验结果分析

在试验中，首先通过MATLAB仿真验证了提升小波变换在压缩编码中的作用，尤其是压缩性能，然后从Foreman测试序列中提取出若干帧数据进行小波提升

和混沌加密,以满足视频加密的要求。

1.提升小波编码的压缩性能分析

提升小波的多分辨率特性使一幅图像分成近似和细节两部分,细节对应的小尺度瞬变,但在本尺度内看起来很稳定。因此将细节存储起来,对近似部分在一个尺度上进行分解,重复该过程即可。另外,提升小波实现整数到整数的变换,使得正反变换完全可逆,因此失真很小,人眼基本察觉不到。图12.34是Lena.bmp采用提升小波压缩前后的对比图。

　　　（a）原始Lena图像　　　　　　　　（b）压缩以后的图像

图12.34　原始Lena图像与压缩后的图像

由于提升小波编码没有在帧内进行分块,所以暂时没有考虑到帧内预测,借鉴H.264编码标准中的帧间预测,使得压缩比相对于未采取帧间预测要低一些,表12.6所示为常用测试图像和序列在提升小波变换之后的压缩比。

表12.6　提升小波编码的压缩性能表

文件名	原始大小	压缩以后的大小	压缩比
Lena.bmp	768KB	48.8KB	1∶16
Foreman.qcif	14.5MB	3.8MB	1∶4
Claire.qcif	17.9MB	2.3MB	1∶8
Akiyo.cif	43.5MB	4.4MB	1∶10

从表12.6可以看出,编码的压缩效果与视频的具体内容相关。如果图像细节比较丰富,帧内冗余度较小,则压缩比较低;反之,色调比较单一、帧内冗余比较大的图像,压缩比相对要高出很多。

2.视频加密的安全性能分析

由小波分析理论知道图像的纹理和边缘信息包含在具有较大值的小波系数上,在高频子带中包含有大量的大值小波系数,但这些系数易受外来噪声、常规图像处理等因素影响,其稳定性较差,如果对这些系数加密,效果势必很好,但是在接收端因外来噪声等的影响,即使正确的密钥解密视频之后也很难和初始视频拟合。为此,选择低频系数进行加密。为了进一步提高视频加密的实时性,通过判断低频系数的纹理块,选择这些纹理块进行加密,效果如图12.35所示,从图中可以看出,在加密纹理块之后,视频中的纹理已经变得比较模糊,可以满足要求。

（a）初始图像

（b）加密效果图

图12.35　三级提升小波后低频纹理块加密效果图

3.视频加密的计算复杂度分析

该算法利用混沌序列发生器只对提升小波变换之后的低频系数加密,由于提升小波在压缩比方面有很好的效果,使得加密数据量不大,解密过程独立于视频编解码器,不影响编解码的各种特性。

对于格式为 352×288 的视频图像,一个I帧经过三级提升小波变换之后的低频子带大小为 44×36,纹理块的大小按照低频子带的一半计算,那么需要加密的系数大小为 $44 \times 36/2=792$,一个I帧所有系数为 $352 \times 288=101376$,则所加密的I帧中纹理块占总数比例为0.78%,可见这种加密方法的加密数据量很小,对时间的开销小,可以保证编解码器的实时工作,加密系统的计算复杂度很低。

参 考 文 献

柏逢明, 沈柯. 2001. 构造三阶混沌运放电路的Rössler自治系统. 长春光学精密机械学院学报, 24(2): 1-5

柏逢明, 沈柯. 2002. 基于软件无线电的混沌语音保密通信系统. 长春理工大学学报, 25(2): 30-34

柏逢明, 沈柯. 2004. 混沌扩频序列的复合映射研究. 兵工学报, 25(6A): 107-111

柏逢明. 2000. 软件无线电结构合成与开发研究. 长春光学精密机械学院学报, 23(2): 9-14

柏逢明. 2003a. 电光混合系统超混沌控制、同步与应用研究. 长春理工大学博士学位论文

柏逢明. 2003b. 扩频序列超混沌保密通信系统设计研究. 长春理工大学学报, 26(3): 36-41

柏逢明. 2004. 软件无线电Rossler超混沌语音保密通信系统. 长春理工大学学报, 27(2): 1-5

柏逢明. 2005. 软件无线电技术程序设计研究. 长春理工大学学报, 28(1): 1-3

柏逢明. 2008. 双运放电调制半导体激光器超混沌. 长春理工大学学报, 31(3): 49-51

毕厚杰. 2005. 新一代视频压缩编码标准——H.264/AVC. 北京: 人民邮电出版社, 97-164

蔡新国, 丘水生. 1999. 基于斜率调制的混沌信号通信系统. 电子科学学刊, 21 (3): 416-419

陈立群, 刘曾容. 2001. 一类超混沌离散系统的控制. 应用数学和力学, 22(7): 661-665

陈鸣, 柏逢明. 2012. 数字音频中同时嵌入鲁棒水印和脆弱水印的算法研究. 长春理工大学学报, 35(4): 164-
166, 170

陈予恕, 唐云. 2000. 非线性动力学中的现代分析方法. 北京: 科学出版社

成雁翔. 1995. 用非线性反馈实现混沌的同步化. 物理学报, 44(9): 1382-1389

仇洪冰. 1997. 分段线性取样鉴相频率合成器的混沌现象, 电子学报, 25: 98-101

方锦清. 1995. 超混沌同步及其超混沌控制. 科学通报, 40(4): 306-310

方锦情. 1996. 非线性系统中混沌的控制与同步及其应用前景. 物理学进展. 16(1): 1-74; 16(2): 137-201

高金峰. 2000. 实现连续时间标量(超)混沌信号同步控制的非线性反馈方法. 物理学报, 49(5): 838-843

葛真. 1989. 非线性电路及混沌, 重庆: 重庆大学出版社, 157

顾春明, 沈柯. 1998. 全光型延时反馈控制外腔式半导体激光器的混沌. 物理学报, 47(5): 733-737

郝柏林. 1983.分岔混沌、奇怪吸引子、湍流及其它——关于确定论系统中的内在随机性.物理学进展, 3: 330-416

郝柏林. 1993. 从抛物线谈起: 混沌动力学引论. 上海: 上海科技出版社

何大韧. 1997. 一个不连续映像中的混沌稳定或混沌抑制. 物理学报, 46(8): 1464-1472

贺明峰. 2000. 基于参数自适应控制的混沌同步. 物理学报, 49(5): 830-832

化存才, 陆启邵. 1999. 抽运参数随时间慢变所诱发Laser-Lorenz方程的分岔与光学双稳态. 物理学报, 48(3):
409-415

蒋国平, 王锁萍. 2000. 蔡氏混沌电路的单向耦合同步研究. 电子学报, 28(1): 67-69

蒋亦民, 1998. 能谱曲线的平展与量子混沌. 物理学报, 47（4）: 551-558

焦李成, 谭山. 2003. 图像的多尺度几何分析:回顾和展望. 电子学报, 31(z1): 1975-1981

金涛, 柏逢明. 2010. 基于过零周期技术的混沌检测系统状态阈值判据研究. 长春理工大学学报, 33(1): 67-69

柯熙政, 吴振森. 1998. 原子钟噪声中的混沌现象及其统计特性, 物理学报, 47（9）: 1436-1449

李伟. 1999. 用改进周期脉冲方法控制保守系统的混沌. 物理学报, 48(4):581-588

李文化, 王智顺, 何振亚. 1996. 用于跳频多址通信的混沌跳频码. 通信学报, 17(6):17-21

李月, 杨宝俊. 2004. 混沌振子检测引论. 北京: 电子工业出版社

刘秉正. 1994. 非线性动力学与混沌基础. 长春: 东北师范大学出版社

刘峰. 1999. Rössler混沌系统的脉冲同步. 物理学报, 48(7): 1198-1203

刘怀玉. 1999. 声光双稳系统中的混沌调制效应. 物理学报, 48(5): 801-975

刘剑波. 2000. 混沌通信系统中自适应解调技术的仿真研究. 电子学报, 28(1): 99, 100

刘金刚, 沈柯, 周立伟. 1997. 声光双稳系统的自控制反馈耦合驱动混沌同步. 物理学报, 46(6): 1041-1047

刘卓, 王相海. 2006. 一种基于提升方案小波和纹理块的图像鲁棒水印算法. 微电子学与计算机, 23(6):20-26

刘宗华. 2006. 混沌动力学基础及其应用. 北京: 高等教育出版社

罗晓曙. 1998. 用数字有限脉冲响应滤波器控制混沌. 物理学报, 47(7): 1078-1083

罗晓曙. 1999. 利用相空间压缩实现混沌与超混沌控制. 物理学报, 48(3): 402-407

马文麒. 1999. 混沌振子的广义旋转数和同步混沌的Hopf分岔. 物理学报, 48(5): 787-794

南明凯. 1999. 一种分段线性超混沌同步系统的解析设计. 信息与控制, 28(3): 172-178

南洋, 柏逢明. 2013. 基于小波改良动态Mel倒谱系数的声纹识别算法研究. 长春理工大学学报(自然科学版), 36(3-4): 131-133,147

彭建华. 1995. 在小信号激励下含非线性负阻网络电路系统的动力学行为. 物理学报, 44: 177-183

沈柯. 1995. 量子光学导论. 北京: 北京理工大学出版社

沈柯. 1999. 光学中的混沌. 长春: 东北大学出版社

沈颖, 刘国岁. 2000. 混沌相位调制雷达信号的模糊函数.电子科学学刊, 22 (1): 55-60

孙军强. 1997. 基于半导体激光放大器增益饱和的波长转换的小信号分析. 物理学报, 46(12): 2369-2375

唐芳, 邱琦. 1999. 混沌系统的辅助参考反馈控制, 物理学报, 48(5): 803-807

唐国宁, 罗晓曙, 孔令江. 2000. 用负反馈控制Lorenz系统到达任意目标. 物理学报, 49(1): 30-32

童培庆, 何金勇. 1995a. 双参数动力学系统中混沌的控制. 物理学报, 44(10): 1551-1557

童培庆, 赵灿东. 1995b. 强迫布鲁塞尔振子行为的控制. 物理学报, 44(1): 35-41

童培庆. 1995. 混沌的自适应控制. 物理学报, 44(2): 169-176

童勤业. 1999. "混沌"理论在测量中的应用. 电子科学学刊, 21 (1): 42-49

童勤业. 2000. 混沌测量的一种改进方案. 仪器仪表学报, 21 (1): 22-27

王东生, 曹磊. 1995. 混沌、分形及其应用. 北京: 中国科学技术大学出版社

王亥, 胡健栋. 1997. Logistic-Map混沌扩频序列. 电子学报. 25(1):19-23

王俊平, 柏逢明. 2009. 基于提升小波和纹理块的图像自适应水印算法. 计算机仿真, 26(12): 107-110, 104

王启亮, 柏逢明. 2011. 基于Arnold变换和DWT彩色图像数字盲水印算法. 吉林大学学报(信息科学版),
　　28(4): 304-310

王铁邦. 2001. 超混沌系统的耦合同步. 物理学报, 50(10): 1851-1855

王文杰. 1995. 储存环型自由电子激光器光场混沌的控制. 物理学报, 44(6): 862-871

王忠勇. 1999. 混沌系统的小波基控制. 物理学报, 48(2): 207-212

吴景棠. 1990. 非线性电路原理. 北京: 国防工业出版社, 258

吴敏, 丘水生. 2003. 一种图像混沌加密方法的研究. 通信学报, 24(8): 31-35

邢永忠, 徐躬耦. 1999. 经典混沌系统在相应于初始相干态的量子子空间中的随机性. 物理学报, 48(5): 769-774

徐云. 1999. 电学中的混沌. 长春: 东北师范大学出版社

薛月菊. 2000. 用基于输入-输出线性化的自适应模糊方法控制混沌系统. 物理学报, 49(4): 641-645

燕慧英, 柏逢明. 2010. 基于混沌序列的跳频通信仿真. 长春理工大学学报, 33(2): 40-43

燕慧英, 王松林, 柏逢明. 2010. 基于LDPC编码的QAM调制系统性能研究. 长春理工大学学报, 33(3): 68-70

杨娟, 杨丹, 雷明, 等. 2007. 基于二代小波和图像置乱的数字图像盲水印算法. 计算机应用. 27(2):23-31

杨林保. 2000a. 陈氏混沌系统的采样数据反馈控制. 物理学报, 49(6): 1039-1042

杨林保. 2000b. 非自治混沌系统的脉冲同步. 物理学报, 49(1): 33-37

仪垂祥. 非线性科学及其在地学中的应用, 北京: 气象出版社

尹元昭. 1998. 混沌同步和混沌保密通信的实验研究. 电子科学学刊, 20(1): 93-96

余建祖. 1998. 混沌Lorenz系统的控制研究. 物理学报, 47(3): 397-402

袁坚, 肖先赐. 1997a. 低信噪比下的状态空间重构. 物理学报, 46 (7): 1290-1299

袁坚, 肖先赐. 1997b. 混沌信号在子值域中的特性分析. 物理学报, 46 (7): 1300-1306

袁坚, 肖先赐. 1998. 非线性时间序列的高阶奇异谱分析. 物理学报, 47(6): 897-905

张家树, 肖先赐. 2000a. 混沌时间序列的Volterra自适应预测. 物理学报, 49(3): 403-408

张家树, 肖先赐. 2000b. 混沌时间序列的自适应高阶非线性滤波预测. 物理学报, 49 (7): 1221-1227

张涛. 2000. 声光双稳态系统混沌的外周期激励控制. 光子学报, 29(3): 231-234

张晓辉, 沈柯. 1999. 高周期混沌轨道的构造方法和应用. 物理学报, 48(12): 2186-2190

张晓辉. 1999. 超混沌控制、同步及应用研究. 北京理工大学博士学位论文

赵力. 2009. 语音信号处理(第2版). 北京: 机械工业出版社

周红, 凌燮亭. 1996. 混沌保密通信原理及其保密性分析. 电路与系统学报, 1(3): 57-62

周红, 罗杰, 凌燮亭. 1997. 关于数字混沌系统保密通信的探讨. 电子科学学刊, 19(2): 203-208

Abuelma'atti M T. 1995. Chaos in an autonomous active-R circuit. IEEE Trans. Circuits and Systems-I, 42: 1-5

Altman E J. 1993. Normal form analysis of Chua's circuit with applications for trajectory recognition. IEEE
　　Trans. Circuits and Systems-II, 40 (10): 675-682

Bai F M. 2002. Data information management system of police base on client/server mode. APOC, 4911:354-359

Bai F M, Shen K. 2000a. Chaos self adaptive parameter modulate system base on semiconductor laser. SPIE,
　　174-178

Bai F M, Shen K. 2000b. Electronic parameter modulate hyperchaos system base on semiconductor laser. SPIE, 4222: 179-183

Bai F M, Shen K. 2002. Synchronized hyperchaos under drive-response with applications to communication of semiconductor laser. SPIE, 4929:342-349

Baird B, Hirsch M W, Eeckman F. 1993. A neural network associative memory for handwritten character recognition using multiple chua attractors. IEEE Trans. Circuits and Systems-II, 40 (10): 667-674

Bogris A, Rizomiliotis P, Konstantinos E. 2008. Feedback phase in optically generated chaos: a secret key for cryptographic applications. IEEE Journal of Quantumelectronics, 44: 119-124

Brown R. 1993. Generalizations of the Chua equations. IEEE Trans. Circuits and Systems-I 40 (11): 878

Brun E, Derighetti B, Meier D, et al. 1985. J. O. S. A. B2: 156

Carroll T L, Triandaf I, Schwartz I, et al. 1992. Tracking unstable orbits in an experiment. Phys. Rev. A, 46 (10): 6189-6192

Chen G, Dong X. 1993. On feedback control of chaotic continuous-time systems. IEEE Trans. Circuits Systems. -I, 40 (9): 591-601

Chen G. 1993. Controlling Chua's global unfolding circuit family. IEEE Trans. Circuits and Systems-I, 40 (11): 829-832

Chrostowski J. 1983. Self-pulsing and chaos in acousto-optic bistability. J. Phs., 61 (8): 1143-1148

Chua L O, Hasler M. 1982. Dynamics of a piecewise-linear resonant circuit. IEEE Trans. Circuits, 323

Chua L O. 1993. A Universal circuit for studying and enerating chaos—Part I: Routes to chaos. IEEE Trans. Circuits and Systems-I, 40 (10): 745-761

Chua L O. 1994. Chua's circuit 10 years later. Inter. J. Circuit Theory & Application, 22: 279

Corron N J, Pethel S D, Hopper B A. 2000. Controlling chaos with simple limiters. Phys. Rev. Lett., 84(17): 3835-3838

Creagh S C, Whelan N D. 1999. Homoclinic structure control chaotic tunneling. Phys. Rev.Lett., 82(26):5237-5240

Creagh S C. 2000. Statistics of chaotic tunneling. Phys. Rev. Lett., 84 (18): 4084-4087

Cruz J M, Chua L O. 1993. An IC chip of Chua's circuit. IEEE Trans. Circuit and System-II, 40 (10): 614-625

Cuomo K M, Oppenheim A V. 1993a. Synchronization of lorenz-based chaotic circuits with applications to communications. IEEE Trans. Circuits and Sys.-II:A Nalog and Digital Signal Processing, 40(10):626-633

Cuomo K M, Oppenheim V. 1993b. Circuit implementation of synchronized chaos with applications to communications. Phys. Rev. Lett., 71(1): 65-68

Dabrowski A M, Dabrowski W R, Ogorzalek M J. 1993. Dynamic phenomena in chain interconnections of Chua's circuit. IEEE Trans. Circuits and Systems-I, 40 (11): 868

Dedieu H, Kennedy M P, Hasler M. 1993. Chaos shift-keying: modulation and demodulation of a chaotic carrier using self-synchronizing Chua's circuits. IEEE Trans. Circuits and Systems-II, 40 (10): 634-642

Delgado-Restituto M, Rodriguez-Vasquez A, Espejo S, et al J L. 1992. A chaotic switch-capacitor circuit for 1/f noise generation. IEEE Trans. Circuits and Systems-I, 39 (4): 325-328

Diestelhorst M, Hegger R, Jaeger L, et al. 1999. Experimental verfication of noise induced attractor deformation. Phys. Rev. Lett., 82 (11): 2274-2277

Dimitriadis A, Fraser A M. 1993. Modeling doubled-scroll time series. IEEE Trans. Circuits and Systems-II, 40 (10): 683-687

Ditto W L, Rauseo S N, Spano M L. 1990. Experimental contrl of chaos. Phys. Rev. Lett., 65 (26):3211-3214

Echebarria B, Riecke H. 2000. Defect chaos of oscillating hexagons in rotating convecton. Phys. Rev. Lett., 84(21):4838-4841

Elgar S, Chandran V. 1993. Higher order spectral analysis of Chau's circuit. IEEE Trans. Circuits and Systems-I, 40 (10): 689-692

Feigenbaum M J. 1978. Quantitative universality for a class of nonlinear transformations. J. Stat. Phys., 19: 25-52

Feigenbaum M J. 1979. The universal metric properties of nonlinear transformations. J. Stat. Phys., 21: 669-706

Gadomsk W, Ratajska-Gadomska B. 2000. Homoclinic obits and caos inthe vibronic short-cavity standing-wave alexandrite laser. J. Opt. Soc. Am, B17(2): 188-197

Gao J B, Hwang S K, Liu J M. 1999. When can noise induce chaos? Phys. Rev. Lett., 82 (6): 1132-1135

Gilli M. 1993. Strange attractors in delayed cellular neural network. IEEE Trans. Circuits and Systems-I, 40 (11): 849-853

Gilli M. 1995. Investigation of chaos in large arrys of Chua's circuits via a spectral technique. IEEE Trans. Circuits and Systems-I, 42: 802-806

Glass L, Mackey M C. 1988. From Clocks to Chaos: The Rhythms of Life.Princeton: Princeton University Press

Goedgebuer J P, Larger L, Porte H. 1998. Optical cryptosystem based on synchronization of hyperchaos generated by a delayed feedback tunable laser diode. Phys. Rev. Lett., 80(10): 2249-2252

Goedgebuer J P, Levy P. 2002. Optical communication with synchronized hyperchaos genarateed electrooptically. J. Quantum Electronics, 38(9):1178-1183

Gonzalez-Marcos A, Martin-Pereda J A. 1998. Chaos synchronization in optically programmable logic cells. SPIE, 3491: 340-345

Gotz M. Feldman U, Schwarz W. 1993. Synthesis of higher-dimensional Chua's circuit. IEEE Trans. Circuits and Systems-I, 40 (11): 854

Green M M, Orchard H J, Willson A N. 1992. Stabilizing polynomials by making their higher order coefficients Sufficiently small. IEEE Trans. Circuits and Systems-I, 39 (10): 840-844

Gu C M, Shen K. Instability and chaos of CO2 laser induced by external optical feedback. SPIE, 3549: 212-216

Hassan K. 非线性系统. 第三版. 2005. 朱义胜, 东辉, 李作州,等译. 北京: 电子工业出版社

Hayes S. 1993. Communicating with chaos. Phys. Rev. Lett., 70 (20): 3031-3038

Haykin S, Li X B. 1995. Detection of signals in chaos. Proceeding of the IEEE, 83 (1): 94-122

Hu G, He K F. 1993. Controlling chaos in systems described by partial differential equations. Phys. Rev. Lett., 71(23): 3794-3797

Hunt E R. 1991. Stabilizing high-period in a chaotic system: The diode resonator. Phys. Rev. Lett., 67 (15): 1953-1955

Iezekil S. 1991. Chaos from third-order phase-locked loops with a slowly varying parameter. IEEE Tran. On Circuits and Systems, 38 (6): 677-678

Izumi A, Ueshige Y, Sakutai T K. 2007. A proposal of efficient scheme of key management using ID-based encryption and Biometrics. International Conference on Multimedia and Ubiquitous Engineering, 29-34

Johnson G A, Hunt E R. 1993. Derivative control of the steady state in Chua's circuit driven in the Chaos region. IEEE Trans. Circuits and Systems-I, 40 (11): 833

Kennedy M P. 1993. Three steps to chaos—Part II: A chua's circuit primer. IEEE Trans. Circuits and Systems-I, 40 (10): 657-674

Kennedy M P. 1994. Chaos in the colpitts oscillator. IEEE Trans. Circuits and Systems-I, 41: 771-774

Kevorkian P. 1993. Snapshots of dynamical evolution of attractors from Chua's oscillator. IEEE Trans. Circuits and Systems-I, 40 (10): 762-780

Kocarev L, Chua L O. 1993. On chaos in digital filters: chase b=-1. IEEE Trans. Circuits and Systems-II, 40 (6): 404-407

Kocarev L, Parlitz U. 1995. General approach for chaotic synchronization with applications to communication. Phys. Rev. Lett., 74: 5208

Kokarev L, Parlitz U. 1996. An application of synchronized chaotic dynamics arrays. Physics Letters A, 217(4, 5):280-284

KokarevL, Parlitz U.1996. Encode message using chaotic synchronization. Physical Reviw E, 53(5):4351-4361

Lai Y C, Grebogi C. 1999. Modeling of coupled chaos oscillators. Phys. Rev. Lett., 82 (24): 4803-4806

Lee C H, et al. 1985. Period doubling and chaos in a directly modulated laser diode. Appl. Phys. Lett., 46(1):95-97

Levin J. Gravity waves, chaos, and spinning compact binaries. Phys. Rev. Lett., 2000, 84 (16): 3515-3518

Li J Q, Bai F M. 2011. A distributed cross-realm identification scheme based on hyperchaos system. Adv. Intell. Soft Comput, 105:147-152

Li J Q, Bai F M. 2013. New color image encryption algorithm based on compound chaos mapping and hyperchaotic cellular neural network J. Electronic Imaging, 22 (1): 1-10

Li T Y, York J A. 1975. Period three implies chaos. Amer. Math. Monthly, 82:985-992

Lin T, Chua L O. 1991. On chaos of digital filters in the real world. IEEE Tran. on Circuits and Systems, 38 (5): 557-561

Ling C, Wu X F. 1999. A general efficient method for chaotic signal estimation. IEEE Trans. on Signal Processing, 47(5): 1424-1427

Linsay P S. 1981. Period doubling and chaotic behavior in a driven anharmonic oscillator. Phys. Rev. Lett. ,47: 1349

Liu J M. 2002. Synchronization chaotic optical communications at high bit rates. J. Quantum Electronics, 38(9):1184-1196

Lorenz E N. 1963. Deterministic nonperiodic flow. J. Atmospheric Sci., 20:130-141

Lu W, Rose M, Pance K, et al. 1999. Quantum resonances and decay of chaotic fractal repeller observed using microwaves. Phys. Rev. Lett., 82 (26): 5233-5236

Lv X L, Bai F M. 2012. Review of ultra-wideband communication technology based on compressed sensing, Procidio Engineering, IWIEE, 29: 3262-3266

Mainieri R, Rehacek J. 1999. Projective synchronization in three-dimensional chaos systems. Phys. Rev. Lett., 82(15): 3042-3045

Maritan A, Banavar J R. 1994. Chaos, noise, and synchronization. Phys. Rev. Lett., 72 (10): 1451-1454

Massimo C, Claudio T. 1994. Approximate identity neural networks for analog synthesis of nonlinear dynamical systems. IEEE Trans. Circuits and Systems-I, 41: 841-858

Matias M A. 1994. Stabilization of chaos by proportional pulses in the system variables. Phys. Rev. Latt.,72 (10): 1455-1458

Matsumoto T, Chua L O, Kobayashi K. 1986. Hyperchaos: laboratory experiment and numerical confirmation. IEEE Trans. Circuits Syst., CAS-33: 1143-1147

Matsumoto T. 1984. Simplest chaotic nonautonomous circuit. Phys. Rev., A30: 1155

May R. 1976. Simple mathematical models with very complicated dynamics. Nature, 261: 465-467

Mayer-Kress G, Choi I, Weber N, et al. 1993. Musical signal from Chua's circuit. IEEE Trans. Circuits and Systems-II, 40 (10): 688-695

Mitsubori K, Saito T. 1994. A four-dimensional plus hysteresis chaos generator, IEEE Trans. Circuits Syst. -I, 41: 782-789

Morantes D S, Rodriguez D M. 1998. Chaotic sequences for multiple access. Electronics Letters,(34):235-237

Morantes D S, Rodriguez D M. 1998. Chaotic sequences for multiple access. Electronics Letters, (34):235-237

Morgül Ö. 1999. Necessary condition for observer-based chaos synchronization. Phys. Rev. Lett., 82 (1): 77-80

Murali K, Lakshmanan M. 1992. Effect of sinusoidal excitation on the Chua's circuit. IEEE Trans. Circuits and Systems-I, 39 (4): 264-270

Murali K, Lakshmanan M. 1993. Chaotic dynamics of the driven Chua's circuit. IEEE Trans. Circuits and Systems-I, 40 (11): 836

Nam K, Ott E. 2000. Lagrangian chaos and the effect of drag on the enstrophy cascade in two-dimensional turbulence. Phys. Rev. Lett., 84 (22): 5134-5137

Nekorkin V I. 1995. Homoclinic orbits and solitary waves in a one-dimensional array of Chua's circuit. IEEE Trans. Circuits and Systems-I, 42: 785-801

Ning C Z, Haken H. 1990. Deturned laser and the complex lorenz equations:subcritical and supercritical hopf bifurcations. Phys. Rev., A41(7):326

Ohnishi M. 1994. A singular bifurcation into instant chaos in a piecewise-linear circuit. IEEE Trans. Circuits and Systems-I, 41: 433-442

Ohtsubo J J. 2002. Member, chaos synchronization and chaotic signal masking in semiconductor laser with optical feedback. J. Quantum Electronics, 38(9):1141-1154

Padmanabhan M, Martin K. 1993. A second-order hyperstable adaptive filter for frequency estimation. IEEE Trans. Circuits and Systems-II, 40 (6): 398-403

Parlitz U, Ergezinger S. 1994. Robust communication based on chaotic spreading sequence. Phys Lett. A, 146-150

Pecora L M, Carroll T L. 1991. Driving systems with chaotic signals. Phys. Rev., A44 (4): 2347-2383

Pecora M L, Carroll T L. 1990. Sychronization in chaotic systems. Phys. Rev. Lett., 64: 821

Peng J H. 1996. Synchronizing hyper chaos with a scalar transmitted signal. Phys. Rev. Lett., 76 (6): 904-907

Politi A, Witt A. 1999. Fractal dimension of space-time chaos. Phys. Rev. Lett., 82(15): 3034-3037

Pyragas K. 1992. Phys. Lett., A170: 421

Ravula R, Rai S. 2010. A robust audio watermarking algorithm based on statistical characteristics and DWT+DCT transforms. 6th International Conference on Wireless Communications Networking and Mobile Computing(WiCOM), 1-4

Richardson I E G. 2003. H.264 and MPEG-4 Video Compression，Video Coding for Next-generation Multimedia. Chichester: John Wiley & Sons Ltd，177-184

Rodet X. 1993. Models of musical instruments from Chua's circuit with time delay. IEEE Trans. Circuits and Systems-II, 40 (10): 696-701

Rodriguez-Vasquez A, Delgado-Restituto M. 1993. CMOS design of chaotic ocillators using state variables: A monolithic Chua's circuit. IEEE Trans. Circuits and Systems-II, 40 (10): 596-613

Rössler O E. 1976. An equation for continuous chaos. Physics Letters, 57A(5):397, 398

Rössler O E.1979. An equation for continuous chaos. Phys. Lett., A57: 397-398

Ruelle D, Takens F. 1975. On the nature of turbulence. Commun. Math. Phys., 82:985-992

Sciamarella D, Mindlin G B. 1999. Topological structure of chaotic flows from human speech data. Phys. Rev. Lett., 82 (7): 1450-1453

Settiger M. 1997. Chaotic complex spreading sequences for asynchronous DS-CDMA-part I: System modeling and results. IEEE Trans Circuits and Syst., CAS-I-44: 937-947

Sharkovsky A N. 1993. Chaos from a time-delayed Chua's circuit. IEEE Trans. Circuits and Systems-I, 40 (10): 781-783

Shibata T, Chawanya T, Kaneko K. 1999. Noiseless collective motion out of noisy chaos. Phys. Rev. Lett., 82 (22): 4424-4427

Shill'nikov L P. 1993. Chua's circuit: rigorous results and future problems. IEEE Trans. Circuits and Systems-I, 40 (10): 784-786

Sivaprakasam S, Spence P S, Rees P, et al. 2002. Regimes of chaotic aynchronization in external-cavity laser diodes. J. Quantum Electronics, 38(9):1155-1161

Starck J L, Starck J L, Fadili J M. 2010. Sparse image and Signal Processing Wavelets, Curvelets, Morphological Diversity. Cambridge: Cambridge University Press

Suzuki T, Saito T. On fundamental bifurcations from a hysteresis hyperchaos generator. IEEE Trans. Circuits Syst. -I, 194, 41: 876-884

Tran P X, Brenner D W, White C T. 1990. Complex route to chaos in velocity-driven atoms. Phys. Rev. Lett., 65 (26): 3219-3222

Valero A L. 2002. Characterization of a chaotic telecommunication laser for different fiber cavity lengths. J. Quantum Electronics, 38(9):1171-1177

Wang R, Shen K. 2001. Synchronization of chaotic erbium-doped fiber dual-ring lasers by using the method of another chaotic system to drive them. Physical Review E, 16027-16031

Wang R, Shen K. 2001. Synchronization of chaotic system modulated by another chaotic system in an erbium-doped fiber dual-ring laser system. IEEE J. Quantum Electronics, 37: 960-965

Wolf A, Swift J B, Swinney H L, et al. 1985. Determining lyapunov exponents from a time sSeries. Physica, 16D:285-317

Wu X, Huang T Y. 2003. Computation of Lyapunov exponents in general relativity.Physics Letters A, 313:77-81

Zhang S H, Shen K. 2002. Controlling hyperchaos in erbium-doped fiber laser. Chinese Physics, 11(9): 149-153

Zhang S H, Shen K. 2003. Generalized synchronization of chaos in erbium-doped fiber laser. Chinese Physics, 12(2): 894-899

Zhang X H, Shen K. 1998. Study on stability and chaos of optical second-harmonic generation. SPIE, 3556: 233-238

Zou F, Katerle A, Nossek J. 1993. Homoclinic and heteroclinic orbits of the three-cell cellular neural network. IEEE Trans. Circuits and Systems-I, 40 (11): 843-848

Zou F, Nossek J A. 1993. Bifurcation and chaos in cellular neural networks. IEEE Trans. Circuits and Systems-I, 40 (3): 166-173